国家级高技能人才培训基地建设项目成果

MySQL 数据库技术项目教程

向守超　余家红　徐露瑶　编著

西安电子科技大学出版社

内 容 简 介

MySQL 是一个开放源码的小型关系型数据库管理系统，具有体积小、速度快、总体拥有成本低等特点，目前被广泛应用于 Internet 的中小型网站中。

本书共包含 10 个项目 34 个任务，以数据库的设计、操作和管理为主线，借助深入浅出的案例和浅显易懂的解说语言，围绕 MySQL 8.0 的新特性和用法，从数据库的安装配置，数据库的基本操作、存储引擎、数据类型与字符集，数据表的基本操作，数据库运算符、函数，视图与索引，数据库编程，存储过程与触发器，数据的备份与恢复，管理数据库安全性和数据库设计与建模等方面作了详细的讲解。

本书可作为应用型本科院校"数据库开发与管理"相关课程的教材，也可作为数据库开发爱好者的参考书。

图书在版编目(CIP)数据

MySQL 数据库技术项目教程 / 向守超，余家红，徐露瑶编著. —西安：西安电子科技大学出版社，2022.2(2024.7 重印)
ISBN 978-7-5606-6267-1

Ⅰ. ①M…　Ⅱ. ①向…　②余…　③徐…　Ⅲ. ①SQL 语言—关系数据系统—教材
Ⅳ. ①TP311.138

中国版本图书馆 CIP 数据核字(2021)第 237873 号

策　　　划　刘玉芳
责任编辑　刘玉芳
出版发行　西安电子科技大学出版社(西安市太白南路 2 号)
电　　话　(029)88202421　88201467　　　　邮　　编　710071
网　　址　www.xduph.com　　　　　　电子邮箱　xdupfxb001@163.com
经　　销　新华书店
印刷单位　咸阳华盛印务有限责任公司
版　　次　2022 年 2 月第 1 版　　2024 年 7 月第 3 次印刷
开　　本　787 毫米×1092 毫米　1/16　印张　19
字　　数　447 千字
定　　价　48.00 元
ISBN 978 - 7 - 5606 - 6267 - 1
XDUP 6569001-3
如有印装问题可调换

教材编写委员会

编委会主任： 张旭东

编委会成员： 邓永生　向守超　余家红　曾　莉　张永志

陈　敏　成志伟　刘　平　李　琳　彭光彬

胡宝梅　徐露瑶　刘　恋　黄　荣

高　明（深圳市讯方技术股份有限公司）

张　韬（深圳市讯方技术股份有限公司）

扈月秋（深圳市讯方技术股份有限公司）

陈　恳（阿里云计算有限公司）

谭荣辉（重庆管畅软件股份有限公司）

田　洪（重庆一夫当关科技有限公司）

前　　言

数据库技术是研究数据库的结构、存储、设计、管理以及应用的基本理论和实现方法，并利用这些理论和方法对数据库中的数据进行处理、分析和理解的技术，是信息系统的核心技术，是现代信息科学与技术的重要组成部分。MySQL 是一种关系型数据库管理系统，具有稳定性高、速度快、跨平台、源码开放等优点，目前被广泛应用在 Internet 的中小型网站上。特别是 MySQL 8.0，增加了很多新特性，尤其是改进了 MySQL Optimizer 优化器和支持隐藏索引等功能，使得数据库又进入一个新的开拓时代。

本书以数据库的设计、操作和管理为主线，借助深入浅出的案例和浅显易懂的解说语言，围绕 MySQL 8.0 的新特性和用法，从数据库的安装配置，数据库的基本操作、存储引擎、数据类型与字符集，数据表的基本操作，数据库运算符、函数，视图与索引，数据库编程，存储过程与触发器，数据的备份与恢复，管理数据库安全性和数据库设计与建模等方面作了详细的讲解。为了加强学习效果，在每个项目后配有相应的课后练习，使读者能够运用所学知识完成实际的工作任务，达到举一反三、学以致用的目的。

本书结构紧凑，示例丰富，注重理论联系实践；语言浅显易懂，具有较强的实用性和可操作性。

本书是重庆机电职业技术大学完成的国家级高技能人才培训基地建设项目成果之一。各项目编写分工如下：余家红老师（重庆机电职业技术大学）负责项目一、项目二、项目三和项目四的编写，徐露瑶老师（重庆机电职业技术大学）负责项目五的编写，向守超老师（重庆机电职业技术大学）负责项目六、项目七、项目八、项目九、项目十的编写和全书的统稿工作。张旭东教授主审了全书。编委会的其他老师为本书的编写也付出了辛勤的劳动，在此一并表示衷心的感谢。

为便于读者学习，本书配有 PPT 等教学资料，需要的读者可登录出版社网站，免费下载。由于编著者水平有限，书中难免存在不足之处，敬请读者提出宝贵意见和建议。

编著者
2021 年 11 月于重庆

目　　录

项目一

走进 MySQL 8.0 数据库

数据库技术是计算机应用领域中非常重要的技术，是现代信息系统的核心和基础，它的出现与应用极大地促进了计算机技术向各领域的渗透。MySQL 作为关系型数据库管理系统的重要产品之一，具有企业级数据库管理系统的特性，加上其体积小、源码开放、成本低等优点，被广泛地应用在 Internet 的中小型网站上。MySQL 8.0 是 2018 年 4 月 20 日发布的全球最受欢迎的开源数据库的新版本，其在 MySQL 5.7 的基础上增强了一些关键功能，包括 SQL 窗口函数、公用表表达式、NOWAIT 和 SKIP LOCKED、降序索引、分组、正则表达式、字符集、成本模型和直方图等。

本项目在介绍数据库基本概念的基础上，通过安装、配置 MySQL 8.0 数据库，使读者学会在 Windows 平台上安装和配置 MySQL，并掌握 MySQL 数据库的一般使用方法。

学习目标

(1) 了解数据库的基本概念。

(2) 了解 SQL 语言。

(3) 掌握 Windows 操作系统下安装 MySQL 8.0 数据库的方法。

(4) 会启动、登录和配置 MySQL 8.0 数据库以及设置 MySQL 8.0 字符集。

任务 1.1 认 识 数 据 库

【任务描述】 在设计和使用 MySQL 8.0 数据库之前，需要了解数据库的基本概念、相关新技术以及数据库三级模式等知识。

1.1.1 数据库的基本概念

1. 数据(Data)

数据(Data)是数据库中存储的基本单元，是一种描述事物的符号。例如，数字、文字、图像、视频等信息，都可以称为数据。

2. 数据库(Database)

数据库(Database，DB)是长期存储在计算机内、有组织、可共享、统一管理的相关数据的集合。

3. 数据库管理系统(Database Management System)

数据库管理系统(Database Management System，DBMS)是位于用户应用程序与操作系统之间的一层数据管理软件，是数据库系统的核心组成部分，它为用户或应用程序提供访问数据库的方法，包括数据库的建立、查询、更新以及各种数据的控制。利用数据库管理系统，可科学地组织和存储数据，以及高效地获取和维护数据。

DBMS 的工作模式如图 1.1 所示。首先，DBMS 接收应用程序的数据请求和处理请求；然后将用户的数据请求(高级语言/指令)转换成复杂的机器代码(底层指令)，实现对数据库的操作(底层指令)，从对数据库的操作中接收数据查询结果，对查询结果进行处理(格式转换)；最后，将处理结果返回给应用程序。

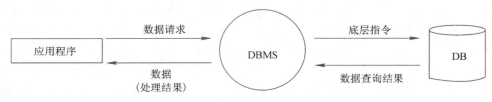

图 1.1　DBMS 的工作模式

4. 数据库系统(Database System)

数据库系统(Database System，DBS)是指在计算机系统中引入数据库后的系统。数据库系统一般由 4 个部分组成：数据库、硬件(存储设备)、应用软件(包含 DBMS)、数据库管理员(Database Administrator，DBA)。

5. 数据库管理员(Database Administrator)

顾名思义，数据库管理员是对数据库原理非常熟悉并从事管理和维护数据库管理系统的人员。

1.1.2　关系型数据库

随着计算机应用领域的不断拓展和多媒体技术的发展，数据库已是计算机科学技术中发展最快、应用最广泛的重要分支之一，数据库技术的研究也取得了重大突破，它已成为计算机信息系统和计算机应用系统的重要技术基础和支柱。关系型数据库具有数据结构化、最低冗余度、较高的程序与数据独立性、易于扩充、易于编制应用程序等优点，在 20 世纪七八十年代得到了长足的发展和广泛的应用，成为应用数据库的主流，几乎所有新推出的数据库管理系统产品都是关系型的，它在计算机数据管理的发展史上是一个重要的里程碑。

关系型数据库是指按关系模型组织数据的数据库，采用二维表来实现数据存储，其中二维表中的每一行(row)在关系中称为元组(记录，record)，表中的每一列(column)在关系中称为属性(字段，field)，每个属性都有属性名，属性值是各元组属性的值。

图 1.2 描述了一个应用软件系统后台数据库中 T_user 表的一部分。在该表中有 User_id、

User_name 和 User_sex 等字段，分别代表用户 ID、用户名和用户性别。表中的每条记录代表了系统中的一个具体的 User 对象，如用户张三、李四等。

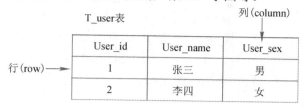

图 1.2　用户信息表

常见的关系型数据库产品有以下几种：

1. Oracle

Oracle 是商用关系型数据库管理系统中的典型代表，是甲骨文公司的旗舰产品。Oracle 作为一个通用的数据库管理系统，不仅具有完整的数据管理功能，还是一个分布式数据库系统，支持各种分布式功能。作为一个应用开发环境，Oracle 提供了一套界面友好、功能齐全的数据库开发工具。Oracle 使用 PL/SQL 语言执行各种操作，具有可开放性、可移植性、可伸缩性等特点。

2. MySQL

MySQL 是一种流行的开放源码的关系型数据库管理系统，它具有快速、可靠和易于使用的特点。MySQL 由 MySQL AB 公司开发和发布。2008 年 MySQL AB 公司被 Sun 公司收购。2009 年 Sun 公司又被 Oracle 公司收购，因而 MySQL 成为了 Oracle 公司又一重量级数据库产品。MySQL 具有跨平台的特性，可以在 Windows、UNIX、Linux 和 Mac OS 等平台上使用。由于其开源免费，运营成本低，受到越来越多公司的青睐，如雅虎、Google、新浪、网易、百度等企业都使用 MySQL 作为数据库。

3. SQL Server

SQL Server 是一种典型的关系型数据库管理系统，广泛应用于电子商务、银行、电力、教育等行业，它使用 Transact-SQL 语言完成数据操作。SQL Server 版本的不断升级，使得该 DBMS 具有可靠性、可伸缩性、可用性、可管理性等特点，可为用户提供完整的数据库解决方案。

4. DB2

DB2 是美国 IBM 公司开发的一套关系型数据库管理系统，主要应用于大型应用系统，具有较好的可伸缩性，可支持从大型机到单用户环境，应用于所有常见的服务器操作系统平台。DB2 提供了高层次的数据利用性、完整性、安全性、可恢复性，以及小规模到大规模应用程序的执行能力，具有与平台无关的基本功能和 SQL 命令。

1.1.3　SQL 语言

SQL (Structured Query Language，结构化查询语言)是关系型数据库语言的标准，最早由 IBM 公司开发。1986 年，美国国家标准化组织和国际标准化组织共同发布了 SQL 标准 SQL-86。随着时间的变迁，SQL 版本经历了 SQL-89、SQL-92、SQL-99、SQL -2003 及 SQL

-2006。SQL 语言根据功能的不同被划分成数据定义语言、数据操纵语言和数据控制语言。

1. 数据定义语言

数据定义语言(Data Definition Language，DDL)用于创建数据库和数据库对象，为数据库操作提供对象。例如，数据库、表、存储过程、视图等都是数据的对象，都需要通过定义才能使用。DDL 中主要的 SQL 语句包括 CREATE、ALTER、DROP，分别用来实现数据库及数据库对象的创建、更改和删除操作。

2. 数据操纵语言

数据操纵语言(Data Manipulation Language，DML)用于操纵数据库中的数据，包括 INSERT、UPDATE、DELETE、SELECT 等语句。INSERT 语句用于插入数据；UPDATE 语句用于修改数据；DELETE 语句用于删除数据；SELECT 语句则可以根据用户需要从数据库表中查询一条或多条数据。

3. 数据控制语言

数据控制语言(Data Control Language，DCL)主要实现对象的访问权限及对数据库操作事务的控制，主要语句包括 GRANT、REVOKE、COMMIT 和 ROLLBACK。GRANT 语句用于给用户授予权限；REVOKE 语句用于收回用户权限；COMMIT 语句用于提交事务；ROLLBACK 语句用于回滚事务。

数据库中的操作都是通过执行 SQL 语句来完成的，这些语句可以方便地嵌套在 Java、C#、PHP 等程序语言中，以实现应用程序对数据的查询、插入、修改和删除等操作。

1.1.4　MySQL 概述

MySQL 作为关系型数据库的重要产品之一，具有体积小、源码开放、成本低等优点，当前被广泛地应用在 Internet 的中小型网站上。

MySQL 的主要特点如下：

(1) 可移植性好。MySQL 支持超过 20 种开发平台，包括 Linux、Windows、 FreeBSD、IBM AIX、HP-UX、Mac OS、OpenBSD、Solaris 等，这使得用户可以选择多种平台实现自己的应用，并且在不同平台上开发的应用系统可以很容易在各种平台之间进行移植。

(2) 数据保护功能强大。MySQL 具有灵活和安全的权限与密码系统，允许基于主机的验证。连接到服务器时，所有的密码传输均采用加密形式，同时提供 SSH 和 SSI 支持，以实现安全和可靠的连接。

(3) 提供多种存储器引擎。MySQL 中提供了多种数据库存储引擎，这些引擎各有所长，适用于不同的应用场合，用户可以选择最合适的引擎以得到最高的性能。

(4) 功能强大。无论是大量数据的高速传输系统，还是每天访问量超过数亿的高强度的搜索 Web 站点，强大的存储引擎使 MySQL 能够有效应用于任何数据库应用系统，高效完成各种任务。MySQL 5 是 MySQL 发展历程中的里程碑，它使 MySQL 具备了企业级数据库管理系统的特性，可以提供强大的功能，例如子查询、事务、外键、视图、存储过程、触发器、查询缓存等。而 MySQL 8.0 版本中又添加了数据字典、原子数据定义语句、升级程序、安全和账户管理、资源管理、表加密管理、JSON 增强等多种功能，将 MySQL 的功能推向了一个新的高峰。

(5) 支持大型数据库。InnoDB 存储引擎将 InnoDB 表保存在一个表空间内，该表空间可由数个文件创建。这样，表的大小就能超过单独文件的最大容量。表空间还可以包括原始磁盘分区，从而使构建很大的表成为可能，最大容量可以达到 64 TB。

(6) 运行速度快。运行速度快是 MySQL 的显著特性。在 MySQL 中使用了极快的 "B 树" 磁盘表(MyISAM)和索引压缩；通过使用优化的 "单扫描多连接"，能够实现快速连接；SQL 函数使用高度优化的类库实现。

1.1.5　三级模式和映像

为了有效地组织、管理数据，提高数据库的逻辑独立性和物理独立性，人们为数据库设计了一个严谨的体系结构。数据库领域公认的标准结构是三级模式结构，即外模式、模式和内模式，如图 1.3 所示。

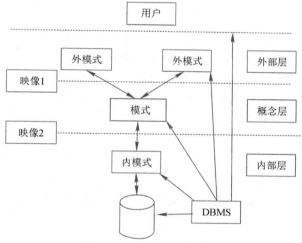

图 1.3　三级模式和两级映像图

美国国家标准协会(American National Standard Institute，ANSI)的数据库管理系统研究小组于 1978 年提出了标准化的建议，将数据库结构分为三级：面向用户或应用程序员的用户级，面向建立和维护数据库人员的概念级，面向系统程序员的物理级。

用户级对应外模式，概念级对应模式，物理级对应内模式，不同级别的用户对数据库具有不同的视图。所谓视图，就是指观察、认识和理解数据的范围、角度和方法，是数据库在用户 "眼中" 的 "像"。显然，不同层次(级别)用户所 "看到" 的数据库是不相同的。

1. 模式

模式又称概念模式或逻辑模式，对应于概念级。它是由数据库设计者综合所有用户的数据，按照统一的观点构造的全局逻辑结构，是对数据库中全部数据的逻辑结构和特征的总体描述，是所有用户的公共数据视图(全局视图)。它是由数据库管理系统提供的数据模式描述语言(Data Description Language，DDL)来描述、定义的，体现了数据库系统的整体观。

2. 外模式

外模式又称子模式，对应于用户级。它是某个或某几个用户所看到的数据库的数据视图，是与某一应用有关的数据的逻辑表示。外模式是从模式导出的一个子集，包含模式中允许特定用户使用的那部分数据。用户可以通过外模式描述语言来描述、定义对应于用户的数据记录(外模式)，也可以利用数据操纵语言(Data Manipulation Language，DML)对这些数据进行记录。外模式反映了数据库的用户观。

3. 内模式

内模式又称存储模式，对应于物理级，它是数据库中全体数据的内部表示或底层描述，是数据库最低一级的逻辑描述，它描述了数据在存储介质上的存储方式的物理结构，对应于实际存储在外存储介质上的数据库。内模式由内模式描述语言来描述、定义，它是数据库的存储观。

在一个数据库系统中，只有唯一的数据库，因而作为定义、描述数据库存储结构的内模式和定义、描述数据库逻辑结构的模式，也是唯一的，但建立在数据库系统之上的应用则是非常广泛、多样的，所以对应的外模式不是唯一的，也不可能是唯一的。

4. 三级模式间的映像

数据库的三级模式是数据库在三个级别 (层次)上的抽象，使用户能够有逻辑、抽象地处理数据而不必关心数据在计算机中的物理表示和存储。实际上，对于一个数据库系统而言，物理级数据库是客观存在的，它是进行数据库操作的基础，概念级数据库不过是物理数据库的一种逻辑的、抽象的描述(即模式)，用户级数据库则是用户与数据库的接口，它是概念级数据库的一个子集(外模式)。

用户应用程序根据外模式进行数据操作，通过外模式-模式映射，定义和建立某个外模式与模式间的对应关系，将外模式与模式联系起来，当模式发生改变时，只要改变其映射，就可以使外模式保持不变，对应的应用程序也可保持不变；此外，通过模式-内模式映射，定义和建立数据的逻辑结构(模式)与存储结构(内模式)间的对应关系，当数据的存储结构发生变化时，只需改变模式-内模式映射，就能保持模式不变，因此应用程序也可以保持不变。

任务 1.2　安装和配置 MySQL 8.0 数据库

【任务描述】要使用 MySQL 8.0 来存储和管理数据库，首先要安装和配置 MySQL 8.0数据库。本任务介绍 MySQL 8.0 的安装和配置过程。

MySQL 8.0 根据操作系统的类型可以分为 Windows 版、UNIX 版、Linux 版和 Mac OS版。当下载 MySQL 8.0 时，读者先要了解自己使用的是什么操作系统，然后根据操作系统来下载相应的 MySQL 8.0。本书安装和配置的 MySQL 8.0 产品在 Windows 操作系统下运行。

1.2.1　MySQL 8.0 的安装步骤

MySQL 8.0 的安装过程与其他版本应用程序的安装类似，首先要确认准备安装该软件的操作系统是否支持该软件，以及是否有足够的空间容量进行安装。本书是将该数据库安装到 Windows 10 的环境中，主要安装步骤如下：

(1) 建议读者到 MySQL 的官方网站下载 MySQL 8.0 或更高版本，或通过 https://cdn.mysql.com//Downloads/MySQLInstaller/mysql-installer-community-8.0.22.0.msi 直接下载。下载后，双击 mysql-installer-community-8.0.22.0.msi 文件，进入 MySQL 选择安装类型界面，如图 1.4 所示；直接选择默认的开发者选项，然后单击"Next" 按钮，进入检查要求界面，如图 1.5 所示，再单击"Next" 按钮。

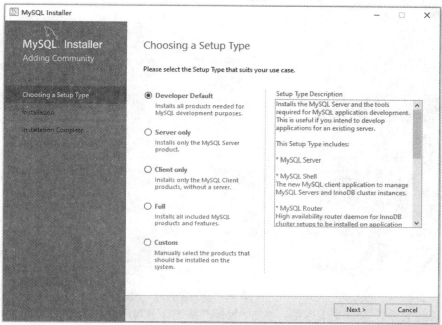

图 1.4　MySQL 选择安装类型界面

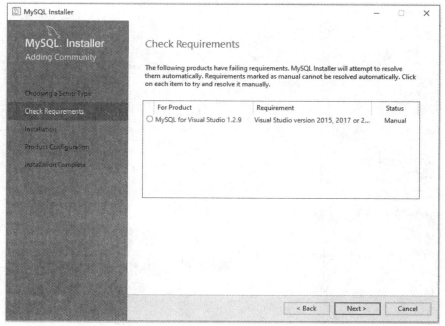

图 1.5　检查要求界面

(2) 程序可能会弹出"一个或多个产品要求没有得到满足"的警告对话框，直接单击"Yes"按钮，进入安装产品清单界面，如图 1.6 所示，单击"Execute"按钮。

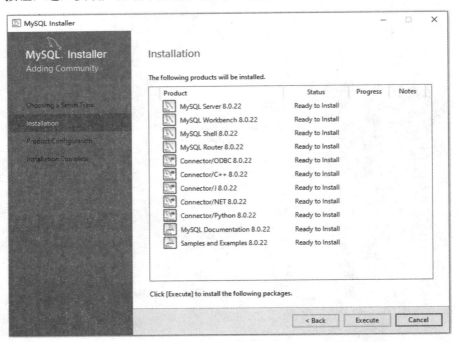

图 1.6　安装产品清单界面

(3) 待相关软件安装完成以后，单击"Next"按钮，进入产品配置界面，如图 1.7 所示；单击"Next"按钮，进入类型和网络界面，如图 1.8 所示，再单击"Next"按钮。

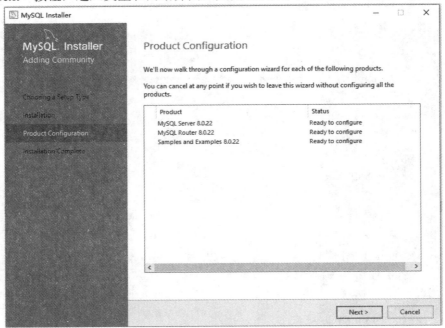

图 1.7　产品配置界面

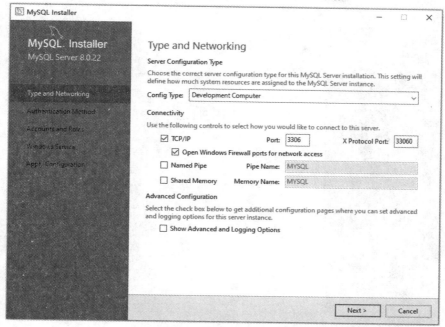

图 1.8 类型和网络界面

(4) 进入身份验证方法界面(如图 1.9 所示)，选择默认的使用强密码加密验证(推荐)方式，单击"Next"按钮，进入账号和角色界面，如图 1.10 所示；输入 MySQL 登录密码(一般默认密码是 root，可以根据用户喜好修改，但需要记住此密码，该密码既是登录 MySQL 数据库的密码，也是应用程序连接 MySQL 数据库的验证密码)，单击"Next"按钮。

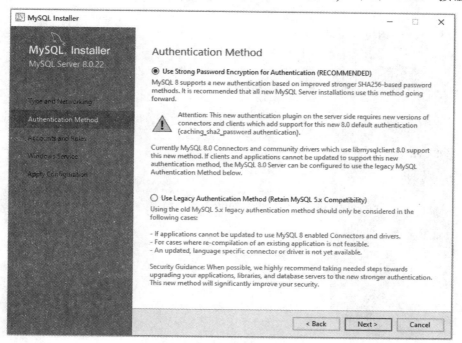

图 1.9 身份验证方法界面

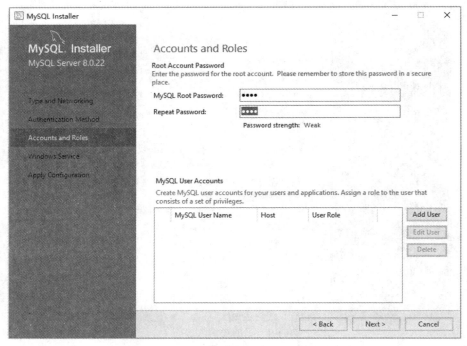

图 1.10　账号和角色界面

(5) 进入 Windows 服务界面(如图 1.11 所示)，Windows 服务名称默认是 MySQL80，也可以修改，Windows 运行服务直接选择默认的标准系统账户，一般不选择自定义用户；单击"Next"按钮，进入应用配置界面，如图 1.12 所示，直接单击"Execute"按钮。

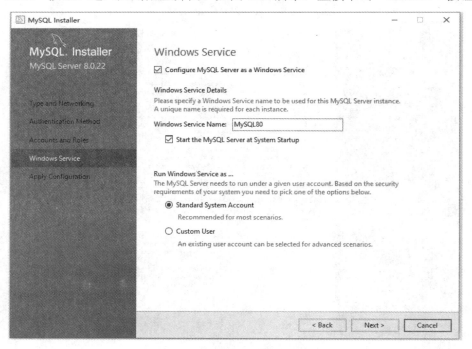

图 1.11　Windows 服务界面

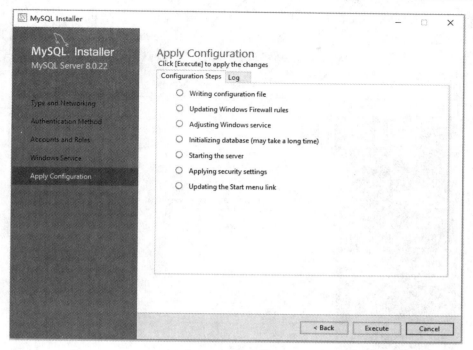

图 1.12　应用配置界面

(6) 待应用配置界面的相关应用安装完成以后，进入产品配置界面(如图 1.7 所示)，单击"Next"按钮，进入路由器配置模式界面，如图 1.13 所示，直接单击"Finish"按钮，返回产品配置界面，继续单击"Next"按钮。

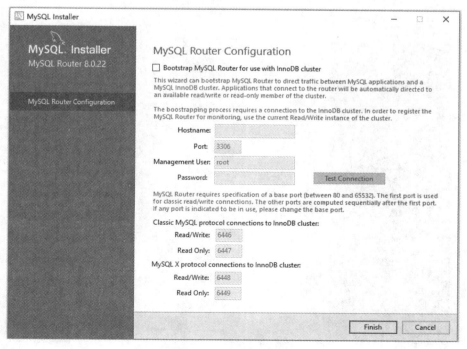

图 1.13　路由器配置模式界面

（7）进入连接服务器配置界面(如图 1.14 所示)，输入前面账号和角色安装配置的密码，如 root，单击"Check"按钮检查，当检查正确后，单击"Next"按钮，进入应用配置模式界面，如图 1.15 所示，单击"Execute"按钮。当配置完成以后，单击"Finish"按钮，返回产品配置界面，继续单击"Next"按钮。

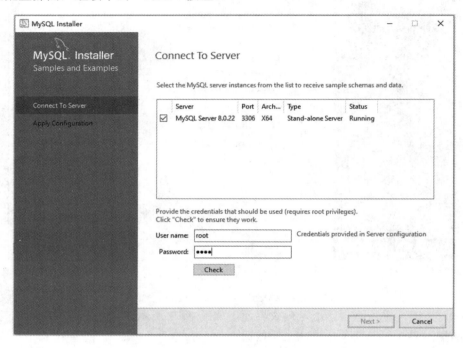

图 1.14　连接服务器配置界面

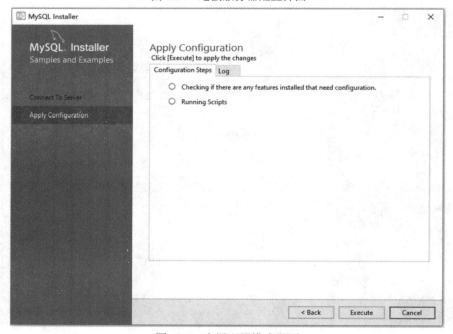

图 1.15　应用配置模式界面

　　(8) 进入安装完成界面，如图 1.16 所示。其中有两个复选框表示是否立即启动 MySQL，如果直接勾选复选框并单击"Finish"按钮，则进入图 1.17 所示的 MySQL Shell 运行界面，如果去掉复选框选项，单击"Finish"按钮，就直接完成安装程序。

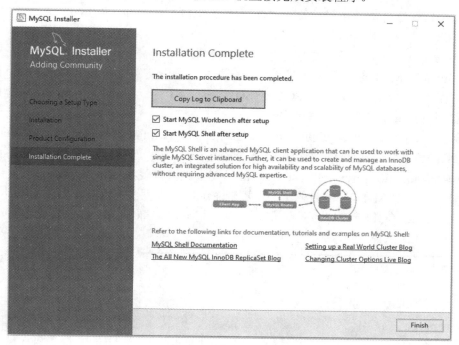

图 1.16　安装完成界面

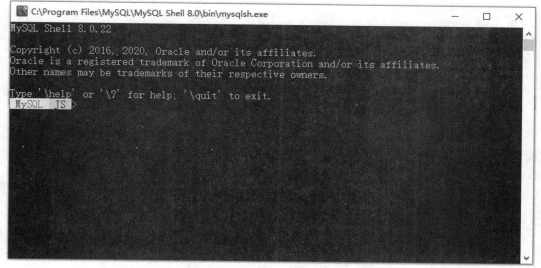

图 1.17　MySQL Shell 运行界面

1.2.2　MySQL 8.0 的配置

　　MySQL 8.0 安装成功后，在安装目录 C:\Program Files\MySQL\MySQL Server 8.0 中包

含有启动文件、配置文件、数据库文件和命令文件等。其主要文件夹的简单释义如下：

（1）bin 文件夹：用于放置可执行文件，如 mysql.exe、mysqlld.exe、mysqlshow.exe 等。

（2）data 文件夹：用于放置日志文件以及数据库文件。

（3）include 文件夹：用于放置头文件，如 mysql.h、mysqlld_ername.h 等。

（4）lib 文件夹：用于放置库文件。

（5）share 文件夹：用于存放字符集、语言等信息。

（6）my.ini：MySQL 数据库中最重要的配置文件，该文件位置不在 MySQL 8.0 的安装目录中，而在 C:\ProgramData\MySQL\MySQL Server 8.0 下。注意：ProgramData 是隐藏文件，需要通过查看隐藏文件的方式才能看到。

如果安装完成后，在 MySQL 8.0 安装目录 C:\Program Files\MySQL\MySQL Server 8.0 下找不到 data 文件夹，则应以管理员的身份打开 cmd，进入到 MySQL 8.0 的 bin 目录下，执行 mysqld --initialize-insecure --user=mysql 语句，就可以找到 data 文件夹了。

一般在不使用 MySQL 的时候，为了不让 MySQL 进程占据内存，可以通过计算机服务管理把进程 MySQL80 设置为手动方式。在使用 MySQL 8.0 之前，首先需要启动 MySQL 8.0 服务器，如图 1.18 所示。

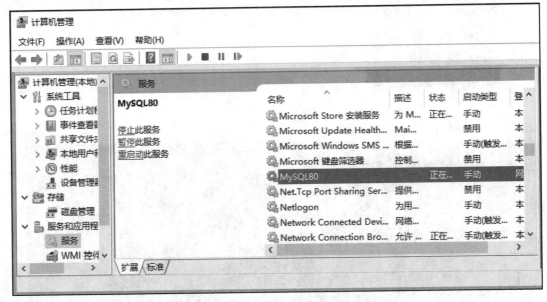

图 1.18　Windows 管理工具中的服务列表界面

任务 1.3　使用图形化管理工具 Navicat

【任务描述】掌握好 MySQL 图形化管理工具的使用，可以极大地方便数据库的操作和管理。本任务的主要目的是让读者了解具有代表性的图形化管理工具 Navicat 的使用。

MySQL 常用的图形化管理工具有 Navicat for MySQL、MySQL WorkBench、phpMyAdmin、MySQL Front 等。每种图形管理工具在 MySQL 的管理上都有一定的相似性，

鉴于笔者的操作习惯，本书选用 Navicat 作为 MySQL 图形化管理工具，版本号为 Navicat Premium 15，其安装包可以通过 Navicat 官网 http://www.navicat.com 下载。

Navicat 是可视化的 MySQL 管理和开发工具，用于访问、配置、控制和管理 MySQL 数据库服务器中的所有对象及组件。Navicat 将多样化的图形工具和脚本编辑器融合在一起，使 MySQL 的开发和管理人员可进行数据库的管理、查询及维护等操作。

1.3.1　使用 Navicat 登录 MySQL 服务器

正确安装 MySQL 服务器和 Navicat 图形化管理工具后，即可使用 Navicat 来管理和操作 MySQL 数据库服务器。

【例 1.1】　使用 Navicat 连接 MySQL 服务器。

操作步骤如下：

(1) 启动 Navicat。执行 Windows 桌面"开始"→"所有程序"→"Navicat Premium"→"Navicat Premium"命令，或者单击桌面的 Navicat 快捷方式图标，就可以打开 Navicat 操作界面，如图 1.19 所示。操作界面由连接资源管理器、对象管理器及对象等组成。

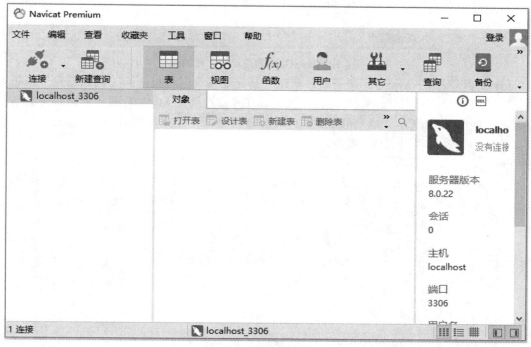

图 1.19　Navicat 操作界面

(2) 连接 MySQL 服务器。单击操作界面"连接"图标，选择"MySQL"，打开"新建连接"对话框，并输入要连接的服务器的连接名"mysql"(连接名用户可以自行定义)、主机名(或 IP 地址，本机 IP 地址可以用 127.0.0.1 代替)、端口号、用户名和密码，如图 1.20 所示。

图 1.20   MySQL "新建连接"对话框

(3) 打开连接的 MySQL 服务器。单击"新建连接"对话框中的"测试连接"按钮，测试连接成功后，双击"mysql"连接，就可以打开该连接的 MySQL 服务器中管理的所有数据库，如图 1.21 所示。成功登录到 MySQL 服务器后，用户就可以使用 Navicat 管理和操作数据库、表、视图、查询等对象。

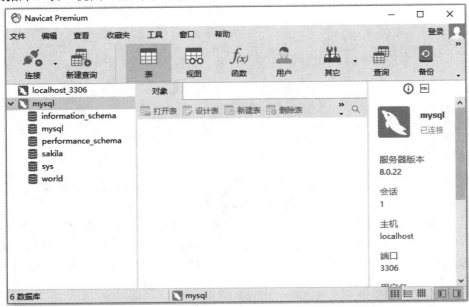

图 1.21   "mysql"连接界面

1.3.2 使用 Navicat 工具中的命令列

Navicat 工具除了具有强大的界面管理外，还提供了命令列工具来方便用户使用命令操作。

【例 1.2】 使用 Navicat 工具中命令行操作 MySQL。

操作步骤如下：

(1) 单击菜单项"工具"→"命令列界面"(或按 F6 键)，打开 MySQL 命令列界面，如图 1.22 所示。从图中可以看到 MySQL 的命令提示符"mysql>"，用户可以输入相关命令进行操作。

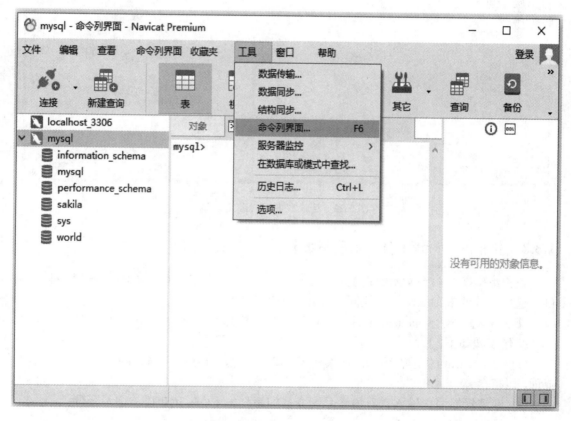

图 1.22 Navicat 命令列界面

(2) 在命令行中输入如下代码：

```
mysql> use mysql;
Database changed
mysql> use sys;
Database changed;
```

执行结果如图 1.23 所示。该命令先后切换了 mysql 和 sys 为当前数据库的操作。注意：在 MySQL 中，每一行命令结束都要用分号";"作为结束标志。

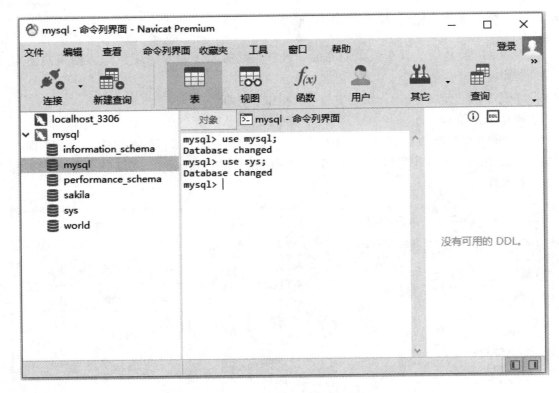

图 1.23　切换数据库的操作命令

1.3.3　使用 Navicat 工具中的查询编辑器

查询编辑器是一个文本编辑工具，主要用来编辑、调试或执行 SQL 命令。Navicat 提供了选项卡式的查询编辑器，能同时打开多个查询编辑器视图。

【例 1.3】　执行 Navicat 工具中的查询命令，查看 MySQL 内置的系统变量。

操作步骤如下：

(1) 在 Navicat 的主界面中单击"新建查询"按钮，即可打开 MySQL 查询编辑器运行界面。

(2) 在编辑界面中输入查看内置系统变量的命令如下(MySQL 语法中不区分大小写)：

SHOW VARIABLES；

如图 1.24 所示，单击查询编辑器中的"运行"按钮，可以执行当前查询编辑器中的所有命令，若只需要执行部分语句，则可以选中要执行查询命令的语句，单击"运行已选择的"命令即可。

(3) 运行完成后，查询编辑器会分析查询命令，并给出查询结果，查询结果包括信息、结果、剖析和状态 4 个选项，分别显示该查询命令影响数据记录情况、结果集、每项操作所用时间和查询过程中系统变量的使用情况，并在结果状态栏中显示查询用时及查询结果集的行数。其界面也可能会因为 Navicat 版本不一样而有所变化。

用户若要对查询命令进行分析，可以单击查询编辑器工具栏中的"解释"按钮；若要保存查询编辑器的查询文本，则单击"保存"按钮即可；若要对输入文本进行格式排版，单击"美化 SQL"按钮即可。

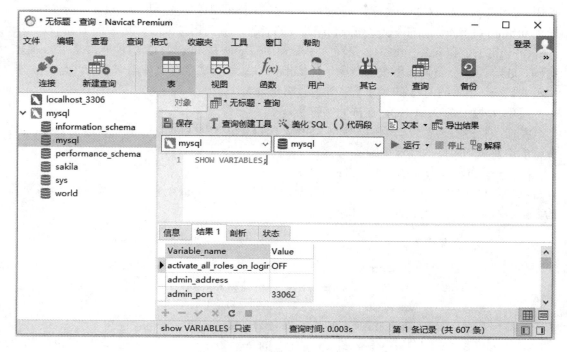

图 1.24　查询编辑器运行界面

任务 1.4　设置 MySQL 字符集

【任务描述】　MySQL 支持服务器、数据库、数据表和连接层 4 个层次的字符集，其默认字符集为拉丁文(latin1)，本任务详细介绍了 MySQL 中常用字符集，并结合实际应用阐述如何设置和选择合适的字符集。

1.4.1　MySQL 支持的常用字符集和校对规则

字符集是一套符号和编码的规则。MySQL 的字符集包括字符集(Character)和校对规则(Collation)两个概念，其中字符集是定义 MySQL 存储字符串的方式，校对规则是定义比较字符串的方式。MySQL 8.0 支持 41 种字符集和 100 多种校对规则，每个字符集至少对应一种校对规则。

MySQL 支持的常用字符集如下：

(1) latin1：一个 8 位的字符集，它把介于 128～255 之间的字符用于拉丁字母表中的特殊字符的编码，也因此而得名。默认情况下，当向表中插入中文数据、查询包括中文字符的数据时，可能出现乱码。

(2) utf8：也称为通用转换格式(8-bit Unicode Transformation Format)，是针对 Unicode

字符的一种变长字符编码。它由 Ken Thompos 在 1992 年创建，用以解决国际上字符的一种多字节编码，对英文使用 8 位、中文使用 24 位来编码。utf8 包含了全世界所有国家需要用到的字符，是一种国际编码，通用性强，在 Internet 中广泛使用。MySQL 之后增加了这个 utf8mb4 的编码，mb4 就是 most bytes 4 的意思，专门用来兼容 4 字节的 Unicode。

(3) gb2312 和 gbk：gb2312 是简体中文集，而 gbk 是对 gb2312 的扩展，是中国国家编码。gbk 的文字编码采用双字节表示，即不论中文和英文字符都使用双字节，为了区分中英文，gbk 在编码时将中文每个字节的最高位设为 1。

【例 1.4】 查看 MySQL 支持的字符集。

在命令行或查询编辑器中输入如下 SHOW CHARACTER SET 命令即可查看 MySQL 8.0 支持的字符集和对应的校对规则：

mysql> SHOW CHARACTER SET;

运行结果如图 1.25 所示(仅展示了部分信息)，图中列出了 MySQL 8.0 支持的每一种字符集的名称、描述、默认的校对规则和字符最大长度。

Charset	Description	Default collation	Maxlen
armscii8	ARMSCII-8 Armenian	armscii8_general_ci	1
ascii	US ASCII	ascii_general_ci	1
big5	Big5 Traditional Chinese	big5_chinese_ci	2
binary	Binary pseudo charset	binary	1
cp1250	Windows Central Europea	cp1250_general_ci	1
cp1251	Windows Cyrillic	cp1251_general_ci	1
cp1256	Windows Arabic	cp1256_general_ci	1
cp1257	Windows Baltic	cp1257_general_ci	1
cp850	DOS West European	cp850_general_ci	1
cp852	DOS Central European	cp852_general_ci	1
cp866	DOS Russian	cp866_general_ci	1
cp932	SJIS for Windows Japane	cp932_japanese_ci	2

图 1.25 MySQL 8.0 支持的字符集及默认校对规则(部分)

1.4.2 设置 MySQL 字符集

MySQL 支持服务器(Server)、数据库(Database)、数据表(Table)、字段(Field)和连接层(Connection) 5 个层级的字符集设置。在同一台服务器、同一个数据库甚至同一个表的不同字段都可以指定使用不同的字符集，相比其他的关系数据库管理系统中在同一个数据库只能使用相同的字符集，MySQL 明显存在更大的灵活性。

1. 描述字符集的系统变量

MySQL 数据库提供了若干个系统变量用来描述各层级字符集，如表 1.1 所示。

表 1.1　MySQL 字符集系统变量

系统变量名	说　　明
character_set_server	默认的内部操作字符集，标识服务器的字符集。服务器启动时通过该变量设置字符集，当未设置值时，系统默认为 utf8mb4。该变量为 create database 命令提供默认值
character_set_client	客户端来源数据使用的字符集，该变量用来决定 MySQL 如何解释客户端发到服务端的 SQL 命令
character_set_connection	连接层字符集，用来决定 MySQL 如何处理客户端发来的 SQL 命令
character_set_results	查询结果字符集，当 SQL 返回结果时，该变量的值决定了发给客户端的字符编码
character_set_database	当前选中数据库的默认字符集
charader_set_system	系统元数据 (字段名等)字符集，数据库、数据表和字段都用这个字符集

此外，表和列的字符集没有相应的系统变量，但用户在创建表和字段时，可以使用 CHARACTER SET 显示为表和字段设定相应的字符集。

在 MySQL 中，字符集转换过程可以描述如下：

(1) 当 MySQL Server 收到请求时，将请求数据从 character_set_client 转换为 character_set_connection。

(2) 在服务器进行内部操作前，将请求数据从 character_set_connection 转换为内部操作的字符集，其确定方法如下：

① 使用每个数据字段的 character set 设定值。

② 若①中设定值不存在，则使用对应数据表的 default_character_set 设定值(MySQL 扩展，非 SQL 标准)。

③ 若①中设定值不存在，则使用对应数据库的 default_character_set 设定值。

④ 若①中设定值不存在，则使用 character_set_server 设定值。

(3) 将操作结果从内部操作字符集转换为 character_set_results。

MySQL 各层级间字符集的依存关系可以描述为服务器级的字符集决定客户端、连接级、结果级和数据库级的字符集，数据库的字符集决定表的字符集，表的字符集决定字段的字符集。

2. 设置和修改默认字符集

要实现各层级字符集的设置和管理，可以通过修改配置文件相关属性或设置相关系统变量来实现默认字符集的修改。

【例 1.5】　修改配置文件 my.ini，设置客户端和服务器的默认字符集为 utf8。

操作步骤如下：

(1) 打开 MySQL 安装目录下的 my.ini 文件，分别修改 "client" 和 "server" 的 default-character-set 和 character-set-server 的值为 utf8，如图 1.26 所示。

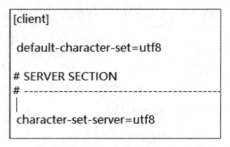

图 1.26　修改 my.ini 中客户端和服务器的字符集

(2) 保存修改结果，重新启动 MySQL8.0 服务器，使修改生效。

(3) 在命令行中输入查看各字符集变量的命令如下：

    mysql>SHOW VARIABLES LIKE 'CHARACTER%';

运行结果如图 1.27 所示。

图 1.27　查看字符集变量的值

【例 1.6】　使用 MySQL 命令修改字符集。

MySQL 的 SET 命令可以修改变量的值。修改当前 MySQL 服务器中各字符集的 SQL 命令如下：

    mysql> SET character_set_client = gbk；

    mysql> SET character_set_connection = gbk；

    mysql> SET character_set_database = gbk；

    mysql> SET character_set_results = gbk；

    mysql> SET character_set_server = gbk；

使用"SHOW VARIABLES LIKE 'CHARACTER%'"命令查看各字符集变量的修改结果，如图 1.28 所示。

图 1.28 查看字符集变量的修改结果

课 后 练 习

一、单项选择题

1. 数据库系统的核心是( )。

A. 数据   B. 数据库

C. 数据库管理系统   D. 数据库管理员

2. 数据库管理系统是( )。

A. 操作系统的一部分   B. 在操作系统支持下的系统软件

C. 一种编译系统   D. 一种操作系统

3. 用二维表来表示的数据库称为( )。

A. 面向对象数据库   B. 层次数据库

C. 网状数据库   D. 关系数据库

4. SQL 语言具有( )的功能。

A. 数据定义、数据操纵、数据管理

B. 数据定义、数据操纵、数据控制

C. 数据规范化、数据定义、数据操纵

D. 数据规范化、数据操纵、数据控制

5. 实现数据库中查询操作的数据库语言是( )。

A. 数据定义语言   B. 数据管理语言

C. 数据操纵语言   D. 数据控制语言

6. 以下关于 MySQL 的说法错误的是( )。

A. MySQL 是一种关系型数据库管理系统

B. MySQL 是一种开源软件

C. MySQL 完全支持标准的 SQL 语句

D. MySQL 服务器工作在客户端/服务器模式下

7. MySQL 系统的默认配置文件是( )。

A. my.ini   B. my-larger.ini

C. my-huge.ini   D. my-small.ini

二、简述题

1. 简述什么是数据库、数据库管理系统、数据库系统，说明它们之间的关系。

2. 简述修改 MySQL 配置文件的方法。

项目二

操作数据库与数据表

数据库(Database)是存储数据的仓库，数据表是数据库中存储数据的基本单位。软件开发中，学会数据库和数据表的基本操作，是实现轻松管理数据的基础。数据库和数据表的基本操作主要包括创建、修改、删除、查看等。

本项目将以网上商城系统数据库为例，讲解在 MySQL 8.0 数据库系统中创建和维护数据库及数据表。

学习目标

(1) 了解 MySQL 8.0 数据库文件和存储引擎。
(2) 会创建和维护数据库。
(3) 会创建和维护数据表。
(4) 会设计合理的表约束。

任务 2.1 了解数据库文件和存储引擎

【任务描述】 本任务主要是了解数据库文件的存储路径和名称，并掌握系统数据库的名称和功能，了解 MySQL 8.0 数据库的存储引擎。

2.1.1 MySQL 数据库文件

1. 数据库文件

MySQL 中每个数据库都对应存放在一个与数据库同名的文件夹中，MySQL 数据库文件包括 MySQL 所创建的数据库文件和 MySQL 存储引擎创建的数据库文件。由 MySQL 所创建的数据库文件扩展名为 ".ibd"，用于存储数据库中数据表的框架结构，MySQL 的数据库文件名与数据库中的表名相同，每个表都对应有一个同名的 ".ibd" 文件，它与操作系统和存储引擎无关。

除必要的 ibd 文件外，MySQL 的不同存储引擎会创建各自不同的数据库文件。当存储引擎为 MyISAM 时，表文件的扩展名为".MYD"和".MYI"。其中，MYD (My Data)文件为表数据文件，MYI(My Index)文件为索引文件；扩展名为"log"的文件用于存储数据表的日志文件。当存储引擎为 InnoDB 时，采用表空间来管理数据，其数据库文件包括 ibdata1、ibdata2、ibd 和日志文件。其中 ibdata1、ibdata2 是系统表空间 MySQL 数据库文件，存储 InnoDB 系统信息和用户数据表数据及索引，为所有表共用；ibd 文件表示单表表空间文件，每个表使用一个表空间文件，存储用户数据表数据和索引；日志文件则是用 ib_logfile0、ib_logfile1 文件名存放。

以 Windows 10 操作系统为例，当存储引擎为 InnoDB 时，默认存放位置为"C:ProgramData\ MySQLMySQL Server 80\data"，其中数据表空间的 ibd 文件存放在与数据库同名的单独文件夹中，ibdata1 文件、日志文件等则默认存放在 MySQL 的安装目录下的 data 文件夹中。

2. 数据库对象

数据库中的数据按不同的形式组织在一起，构成了不同的数据库对象。当用户连接到数据库服务器后，看到的是这些逻辑对象，而不是存放在物理磁盘上的文件。一个数据库对象在磁盘上没有对应的文件。

MySQL 数据库对象主要包括以下几个方面：

(1) 表：MySQL 最主要的数据库对象，是由行和列组成的二维表，作为存放和操作数据的一种逻辑结构。

(2) 视图：从一个或多个基表中创建的虚拟表，数据库中只存放视图的定义，数据仍然存放在基表中。

(3) 索引：提供加快检索数据的方式，是对数据表某些列的数据进行排序的一种结构。

(4) 同义词：在架构范围内为存在于本地或远程服务器上的其他数据库对象提供备用名称的一种技术手段。

(5) 存储过程：一组经过预编译的 SQL 语句集合，用于完成特定功能。

(6) 触发器：能够被某些操作激发并自动触发执行的一种特殊的存储过程。

(7) 规则：用来限制表列数据范围，保障数据完整性的一种手段。

(8) 默认值：在用户没有给出具体数据时，系统自动生成的数值。

(9) 约束：用来保障数据的一致性与完整性的简便方法。

2.1.2　系统数据库

MySQL 的数据库包括系统数据库和用户数据库。用户数据库是由用户创建的数据库，为用户特定的应用系统提供数据服务；系统数据库是由 MySQL 安装程序自动创建的数据库，用于存放和管理用户权限和其他数据库的信息，包括数据库名、数据库中的对象及访问权限等信息。

在 MySQL 8.0 中共有 6 个可见的系统数据库，其具体说明如表 2.1 所示。

表 2.1 MySQL 8.0 系统数据库说明

系统数据库名	说 明
information_schema	信息数据库，用于保存 MySQL 服务器所维护的所有数据库的信息，包括数据库名、数据库的表、表中列的数据类型与访问权限等。此数据库中的表均为视图，因此在用户或安装目录下无对应数据文件
mysql	核心数据库，用于存储 MySQL 服务器的系统信息表，包括授权系统表、系统对象信息表、日志系统表、服务器端辅助系统表等。此数据库中的表默认情况下多为 InnoDB 引擎
performance_schema	用于收集数据库服务器的性能参数，此数据库中所有表的存储引擎为 performance_schema，用户不能创建存储引擎为 performance_schema 的表。默认情况下该数据库为关闭状态
sakila	样本数据库，是 MySQL 官方提供的一个模拟 DVD 租赁信息管理的数据库，它提供了一个标准模式，可作为书中例子、教程、文章、样品等，对学习测试来说是个不错的选择
sys	一些涉及系统配置内容的数据库
world	可查询世界主要国家、城市和语言信息的数据库

2.1.3 MySQL 的存储引擎

存储引擎就是数据的存储技术。针对不同的处理要求，对数据采用不同的存储机制、索引技巧、读/写锁定水平等，在关系数据库中数据是以表的形式进行存储的，因此存储引擎即为表的类型。

数据库的存储引擎决定了数据表在计算机中的存储方式，DBMS 使用数据存储引擎进行创建、查询、修改数据。MySQL 数据库提供多种存储引擎，用户可选择合适的存储引擎，获得额外的速度或者功能，从而改善应用的整体性能。MySQL 的核心就是存储引擎。

1. 查看 MySQL 支持的存储引擎

使用 SQL 语句可以查询 MySQL 支持的存储引擎。其语法格式如下：

SHOW ENGINES;

【例 2.1】 查看 MySQL 服务器系统支持的存储引擎。

在查询分析器或者命令列中执行 SHOW ENGINES 语句，结果如图 2.1 所示。

Engine	Support	Comment	Transactions	XA	Savepoints
MEMORY	YES	Hash based, stored in memory, useful for temporary tables	NO	NO	NO
MRG_MYISAM	YES	Collection of identical MyISAM tables	NO	NO	NO
CSV	YES	CSV storage engine	NO	NO	NO
FEDERATED	NO	Federated MySQL storage engine	(Null)	(Null)	(Null)
PERFORMANCE_SCHEMA	YES	Performance Schema	NO	NO	NO
MyISAM	YES	MyISAM storage engine	NO	NO	NO
InnoDB	DEFAULT	Supports transactions, row-level locking, and foreign keys	YES	YES	YES
BLACKHOLE	YES	/dev/null storage engine (anything you write to it disappears)	NO	NO	NO
ARCHIVE	YES	Archive storage engine	NO	NO	NO

图 2.1 查看 MySQL 服务器系统支持的存储引擎

图 2.1 中：Engine 表示存储引擎名称；Support 参数表示 MySQL 是否支持该类引擎；Comment 参数表示对该引擎的说明；Transactions 参数表示是否支持事务处理；XA 参数表示是否支持分布式交易处理的 XA 规范；Savepoints 参数表示是否支持保存点，以便事务回滚到保存点。

从查询结果集可以看出，本书中的 MySQL 8.0 服务器支持的存储引擎包括 MRG_MYISAM、MyISM、BLACKHOLE、CSV、MEMORY、ARCHIVE、InnoDB、PERFOR-MANCE SCHEMA，其中 InnoDB 为默认存储引擎，只有 InnoDB 支持事务处理、分布式处理和支持保存点。

使用 SHOW VARIABLES 语句可以查询系统默认的存储引擎。其语法格式如下：

　　SHOW VARIABLES LIKE 'default_storage_engine';

【例 2.2】　查看 MySQL 服务器系统支持的默认存储引擎。

在查询分析器或者命令列中执行 SHOW VARIABLES LIKE 'default_storage_engine'语句，结果如图 2.2 所示。

Variable_name	Value
default_storage_engine	InnoDB

图 2.2　查看 MySQL 服务器系统支持的默认存储引擎

结果显示，默认的存储引擎为 InnoDB。若要修改系统默认的存储引擎为 MyISAM，则可以修改 my.ini 文件，将该文件中"default-storage-engine = InnoDB"更改为"default-storage-engine = MyISAM"，然后重启 MySQL 服务器，修改即可生效。

2. MySQL 中常用的存储引擎

1) InnoDB 存储引擎

InnoDB 是 MySQL 的默认事务型引擎，也是最重要、使用最广泛的存储引擎，用来处理大量短期(short-lived)事务。InnoDB 的性能和自动崩溃恢复特性，使得它在非事务型存储的需求中也很流行，MySQL 一般优先考虑 InnoDB 引擎。

InnoDB 存储引擎的主要特性如下：

(1) InnoDB 具有提交、回滚和崩溃恢复能力的事务安全(ACID 兼容)。InnoDB 锁定在行级并且也在 SELECT 语句中提供一个类似 Oracle 的非锁定读。在 SQL 查询中，可以自由地将 InnoDB 类型的表和其他 MySQL 的表类型混合起来。

(2) InnoDB 是为处理巨大数据量的最大性能设计的，被用在众多需要高性能的大型数据库站点上。

(3) InnoDB 存储引擎完全与 MySQL 服务器整合，InnoDB 存储引擎为在主内存中缓存数据和索引而维持它自己的缓冲池。InnoDB 将它的表和索引存放在一个逻辑表空间中，表空间可以包含数个文件(或原始磁盘文件)，InnoDB 表文件大小不受限制。

(4) InnoDB 支持外键完整性约束，存储表中的数据时，每个表的存储都按主键顺序存放，如果没有在表定义时指定主键，InnoDB 会为每一行生成一个 6 字节的 ROWID 列，并以此作为主键。

(5) InnoDB 不创建目录，使用 InnoDB 存储引擎时，MySQL 将在 MySQL 数据目录下创建一个名为 ibdata1 的 10 MB 大小的自动扩展数据文件，以及两个名为 ib_logfile0 和 ib_logfile1 且大小为 5 MB 的日志文件。

2) MyISAM 存储引擎

在 MySQL 5.1 及之前的版本中，MyISAM 是默认的存储引擎。MyISAM 具有很多特性，包括全文索引、压缩、空间函数等，被广泛应用在 Web 和数据仓储应用环境下，但不支持事物和等级锁，崩溃后无法安全恢复。MyISAM 存储引擎设计简单，数据以紧密格式存储，对只读的数据性能较好。

MyISAM 存储引擎的主要特性如下：

(1) 每个 MyISAM 表最大支持的索引数是 64，且每个索引最大的列数是 16，BLOB 和 TEXT 列可以被索引，NULL 被允许在索引列中。

(2) 每个表都有一个 AUTO_INCREMENT 的内部列，当 INSERT 和 UPDATE 操作的时候该列被更新。AUTO_INCREMENT 列的更新比 InnoDB 类型的 AUTO_INCREMENT 更快。

(3) 可以把数据文件和索引文件放在不同目录。

(4) 每个字符列可以有不同的字符集。

3) Memory 存储引擎

Memory 存储引擎将表中的数据存储到内存中，不需要进行磁盘 I/O，且支持 Hash 索引，因此其查询速度非常快，主要适用于目标数据较小而且被非常频繁地访问的情况。Memory 表的结构在重启后还会保留，但所存储的数据都会丢失，同时 Memory 表是表级锁，因此并发写入时性能较低。

4) CSV 存储引擎

CSV 存储引擎可将普通的 CSV 文件(逗号分隔值的文件)作为 MySQL 的表来处理。但这种表不支持索引。CSV 引擎可以在数据库运行时拷贝文件，将 Excel 电子表格软件中的数据存储为 CSV 文件，并复制到 MySQL 的数据目录中就可以在 MySQL 中打开。同样，如果将数据写入一个 CSV 引擎表，其他的外部程序也可以直接从表的数据文件中读取 CSV 格式的数据，因而 CSV 引擎可以作为数据交换的机制。

任务 2.2 创建和操作数据库

【任务描述】 了解了数据库文件和存储引擎后，本任务是在 MySQL 数据库管理系统中，通过 Navicat 可视化界面和命令行方式实现数据库的创建和操作。

2.2.1 创建数据库

1. 使用 Navicat 创建数据库

【例 2.3】 使用 Navicat 工具创建名为 db_shop 的数据库。

操作步骤如下：

（1）启动 Navicat 工具，右击已连接的服务器节点"mysql"，选择"新建数据库"命令，如图 2.3 所示。

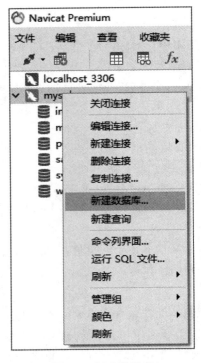

图 2.3　新建数据库

（2）单击"确定"按钮，打开"新建数据库"对话框，在对话框中输入数据库的逻辑名称"db_shop"，字符集选择"utf8"，排序规则选择"utf8_croatian_ci"，如图 2.4 所示。

（3）单击"确定"按钮，完成"db_shop"数据库的创建。创建完成后，刷新 Navicat"对象资源管理器"，可以查看到名为"db_shop"的数据库，如图 2.5 所示。

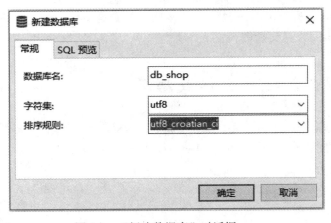

图 2.4　"新建数据库"对话框　　　　　　　图 2.5　显示已创建的数据库

注意：在"新建数据库"对话框中，数据库名为必填数据，字符集和排序规则可以不做设置，此时系统自动将数据库的字符集和排序规则设为默认值。

对于数据库的命名，除要求简单明了、见名知意外，最好能遵循下面的规则：

(1) 不能以数字开头，一般由字母、数字和下画线组成，不允许有空格，可以是英文单词、英文短语或相应缩写。

(2) 不允许是 MySQL 关键字，如 add、all、alter、by 等，尽管允许用中文命名，但不推荐使用。

(3) 长度最好不超过 128 位。

(4) MySQL 语法中，字母不区分大小写。

(5) 不能与其他数据库同名。

2. 使用 SQL 语句创建数据库

创建数据库，实际上就是在数据库服务器中划分出一块空间，用来存储相应的数据库对象。在 MySQL 中，创建数据库可以使用 SQL 语句。其基本语法格式如下：

```
CREATE DATABASE 数据库名;
[DEFAULT] CHARACTER SET 编码方式;
[DEFAULT] COLLATE 排序规则;
```

语法说明如下：

- CREATE DATABASE：SQL 语言中用于创建数据库的命令。
- 数据库名：表示创建数据库的名称，该名称在数据库服务器中是唯一的。
- [DEFAULT] CHARACATER SET：指定数据库的字符集名称。
- [DEFAULT] COLLATE：指定数据库的排序规则名称。

【例 2.4】 使用 SQL 语句创建一个名为 db_shop 的数据库。

用最简单的语法创建，具体语句如下：

```
CREATE DATABASE db_shop;
```

执行上面的语句，运行结果如图 2.6 所示。

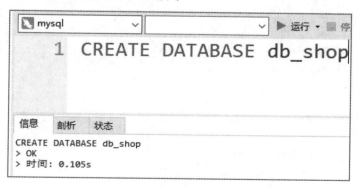

图 2.6 使用 SQL 语句创建最简单的数据库

【例 2.5】 使用 SQL 语句创建名为 db_shop 的数据库，设置默认字符集为 gb2312，设置排序规则为 gb2312_chinese_ci。

具体语句如下：

```
CREATE DATABASE db_shop CHARACTER SET gb2312 COLLATE gb2312_chinese_ci;
```

执行上面的语句，运行结果如图 2.7 所示。

图 2.7　使用 SQL 语句创建自定义字符集数据库

2.2.2　查看数据库

为了检验数据库是否创建成功，可以使用 SQL 语句来查看数据库服务器中的数据库列表。

【例 2.6】　使用 SQL 语句查看数据库服务器中存在的数据库。具体语句如下：

SHOW DATABASES;

执行上面的语句，运行结果如图 2.8 所示。

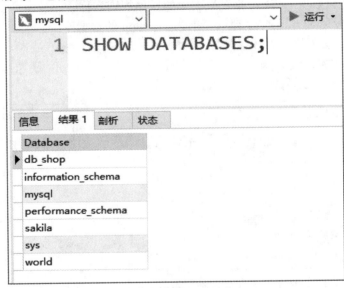

图 2.8　使用 SQL 语句查看数据库列表

2.2.3　选择数据库

数据库管理系统中一般会存在多个数据库，因此，在操作数据库对象之前要先选择一个数据库。选择数据库的语法格式如下：

    USE 数据库名;

【例 2.7】 使用 SQL 语句选择 db_shop 数据库。

登录 MySQL 后，在查询分析器输入选择数据库的语句 USE db_shop；执行语句，运行结果如图 2.9 所示。

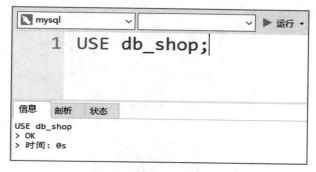

图 2.9 使用 SQL 语句选择数据库

2.2.4 删 除 数 据 库

如果删除某个数据库，该数据库里的所有表和数据也会全部被则除，并且系统在执行删除命令前不会有任何提示，因此，在执行此项操作时，一定要小心谨慎，不要误删。

1. 使用 SQL 语句删除数据库

删除数据库的关键字为 DROP DATABASE。其语法格式如下：

    DROP DATABASE 数据库名;

【例 2.8】 使用 SQL 语句删除数据库。

登录 MySQL 后，在查询分析器输入选择数据库的语句 DROP DATABASE db_shop；执行语句，运行结果如图 2.10 所示。

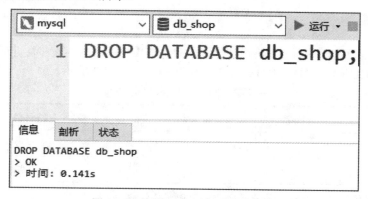

图 2.10 使用 SQL 语句删除数据库

2. 使用 Navicat 工具删除数据库

使用 Navicat 工具删除数据库，需要右击数据库名称，在弹出的快捷菜单中选择“删除数据库”命令即可，如图 2.11 所示。

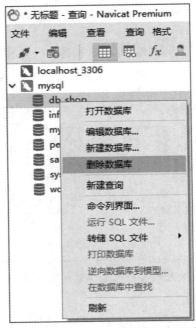

图 2.11   使用 Navicat 工具删除数据库

任务 2.3   了解 MySQL 数据类型

【任务描述】 在数据库中，数据的表示形式也称为数据类型，它决定了数据的存储格式和有效范围等。MySQL 数据库提供了多种数据类型，包括整数类型、浮点数类型、定点数类型、日期与时间类型、字符串类型等数据类型。本任务主要学习 MySQL 中不同数据的表示方法。

2.3.1 整数类型

整数类型是数据库中最基本的数据类型，MySQL 中支持的整数类型有：TINYINT、SMALLINT、MEDIUMINT、INTEGER、BIGINT，如表 2.2 所示。

表 2.2   MySQL 的整数类型

整数类型	字节数	无符号数的取值范围	有符号数的取值范围
TINYINT	1	$0 \sim 255$	$-128 \sim 127$
SMALLINT	2	$0 \sim 65\ 535$	$-32\ 768 \sim 32\ 767$
MEDIUMINT	3	$0 \sim 2^{24}$	$-2^{23} \sim 2^{23} - 1$
INTEGER	4	$0 \sim 2^{32} - 1$	$-2^{31} \sim 2^{31} - 1$
BIGINT	8	$0 \sim 2^{64} - 1$	$-2^{63} \sim 2^{63} - 1$

从表中可以看出，TINYINT 类型占用字节最少，只需要 1 个字节，因此其取值范围

最小，无符号的 TINYINT 类型整数最大值为 $2^8 - 1$，即 255；有符号整数最大值为 $2^7 - 1$，即 127。

MySQL 支持数据类型的名称后面指定该类型的显示宽度。其基本语法格式如下：

数据类型 (显示宽度)

其中：数据类型参数指的是数据类型名称；显示宽度指能够显示的最大数据长度字节数。如果不指定显示宽度，则 MySQL 为每一种类型指定默认的宽度值。若为某字段设定类型为 INT(11)，则表示该数最大能够显示的数值个数为 11 位，但数据的取值范围仍为 $-2^{31} \sim 2^{31} - 1$。

2.3.2 浮点数类型和定点数类型

在 MySQL 中，使用浮点数和定点数来表示小数。浮点数类型包括单精度浮点数 (FLOAT) 和双精度浮点数 (DOUBLE)，定点数类型是 DECIMAL；浮点数在数据库中存放的是近似值，定点数存放的是精确值。表 2.3 列举了浮点数类型和定点数类型所对应的存储字节数和取值范围。

表 2.3 浮点数类型和定点数类型对应的字节数和取值范围

类 型	字节数	负数的取值范围	非负数的取值范围
FLOAT	4	$-3.402\ 823\ 466E + 38 \sim$ $-1.175\ 494\ 351E - 38$	0 或 $1.175\ 494\ 351E - 38 \sim$ $3.402\ 823\ 466E + 38$
DOUBLE	8	$-1.797\ 693\ 134\ 862\ 315\ 7E + 308 \sim$ $-2.225\ 073\ 858\ 507\ 201\ 4E - 308$	0 和 $2.225\ 073\ 858\ 507\ 201\ 4E - 308 \sim$ $1.797\ 693\ 134\ 862\ 315\ 7E + 308$
DECIMAL(M, D) 或 DEC(M, D)	M+2	同 DOUBLE 型	同 DOUBLE 型

从表中可以看出，DECIMAL 型的取值范围与 DOUBLE 型相同，但是 DECIMAL 型的有效取值范围由 M 和 D 决定，其中 M 表示数据的长度，D 表示小数点后的长度，且 DECIMAL 类型的存储字节数是 M+2。

MySQL 中可以指定浮点数和定点数的精度。其基本语法格式如下：

数据类型(M, D)

其中：M 为精度，是数据的总长度，小数点不占位；D 为标度，是小数点后面的长度。如 DECIMAL(6, 2)表示指定的数据类型为 DECIMAL，数据长度是 6，小数点后保留 2 位，1234.56 是符合该类型的小数。

在向 MySQL 数据库中插入小数时，如果待插入值的精度高于指定的精度，系统会自动进行四舍五入。若不指定小数精度，则浮点数和定点数有其默认的精度，浮点数类型默认保存实际精度，这与操作系统和硬件的精度有关，而 DECIMAl 型的默认整数位为 10，小数位为 0，即默认为整数，也就是说整数是精度为 0 的定点数。

注意：尽管指定小数精度的方法适用于浮点数和定点数，但在实际应用中，如果不是特别需要，浮点数的定义不建议使用小数精度法，以免影响数据库的迁移。

2.3.3　日期与时间类型

为了方便数据库中存储日期和时间，MySQL 中提供了多种表示日期和时间的数据类型。其中 YEAR 类型表示年份，DATE 类型表示日期，TIME 类型表示时间，DATETIME 和 TIMESTAMP 类型表示日期时间，如表 2.4 所示。

表 2.4　表示日期与时间的数据类型

类　型	字节数	取值范围	零值表示形式
YEAR	1	1901～2155	0000
DATE	4	1000-01-01～9999-12-31	0000:00:00
TIME	3	−838:59:59～838:59:59	00:00:00
DATETIME	8	1000-01-01 00:00:00～9999-12-31 23:59:59	0000-00-00 00:00:00
TIMESTAMP	4	19 700 101 080 001～20 380 119 111 407	000000000000000

从表 2.4 中可以看出，每种日期与时间类型都有一个有效范围。若插入的值超过了取值范围，则系统会提示错误。不同的日期与时间类型有不同的零值。

这些数据类型的主要区别如下：

(1) 如果要表示年月日，则通常用 DATE 数据类型来表示。

(2) 如果要表示年月日时分秒，则通常用 DATATIME 数据类型表示。

(3) 如果只表示分秒，则通常用 TIME 数据类型来表示。

(4) 如果需要经常插入或者更新日期为当前系统时间，则通常使用 TIMESTAMP 数据类型来表示。TIMESTAMP 值返回后显示"YYYY-MM-DD HH:MM:SS"格式的字符串，显示宽度固定为 19 个字符，如果想要获得数字值，应在 TIMESTAMP 列添加"0"。

(5) 如果只是表示年份，则可以用 YEAR 数据类型来表示，它比 DATE 数据类型占有更少的空间。YEAR 是 4 位格式。在 4 位格式中，允许的值是 1901～2155 和 0000。

可以使用任何常见格式指定 DATETIME、DATE 和 TIMESTAMP 的值，"YYYY-MM-DD HH:MM:SS"或"YY-MM-DD HH:MM:SS"格式的字符串，允许"不严格"语法：任何标点符号都可以用作日期部分或时间部分之间的间隔符。例如，"98-12-31 11:30:45""98.12.31 11+30+45""98/12/31 11*30*45"和"98@12@31 11^30^45"都是等价的。

TIMESTAMP 数据类型有专有的自动更新特性。若定义一个字段为 TIMESTAMP，则这个字段里的时间数据会随其他字段的修改自动刷新，所以这个数据类型的字段可以存放这条记录最后被修改的时间。TIMESTAMP 数据类型使用 current_timestamp()，而 DATETIME 数据类型使用 NOW()来获取当前时间，输入 NULL 或无任何输入时，系统会输入系统当前日期与时间。

2.3.4　字符串类型

字符串类型是在数据库中存储字符串的数据类型。字符串类型包括 CHAR、VARCHAR、BLOB、TEXT、ENUM、SET 等。

1. CHAR 类型和 VARCHAR 类型

CHAR 和 VARCHAR 类型都是用来表示字符串数据的。不同的是 CHAR 类型占用的存储空间是固定的，而 VARCHAR 类型存放可变长度的字符串。定义 CHAR 和 VARCHAR 类型的语法格式如下：

CHAR(M)

或

VARCHAR(M)

其中 M 是指定字符串的最大长度。例如，CHAR(5)就是指数据类型为 CHAR 类型，其存储空间占用的字节数为 5。

2. TEXT 类型

TEXT 类型用于存储大文本数据，不能有默认值。TEXT 类型包括 TINYTEXT、TEXT、MEDIUMTEXT 和 LONGTEXT，如表 2.5 所示。

表 2.5　TEXT 类型

类　　型	允许的长度	存储空间
TINYTEXT	0～255 字节	值的长度＋2 字节
TEXT	0～65 535 字节	值的长度＋2 字节
MEDIUMTEXT	0～167 772 150 字节	值的长度＋3 字节
LONGTEXT	0～4 294 967 295 字节	值的长度＋4 字节

3. ENUM 类型

ENUM 类型称为枚举类型，又称为单选字符串类型。定义 ENUM 的基本语法格式如下：

属性名 ENUM('值 1', '值 2', …, '值 n')

其中：属性名指的是字段的名称；('值 1', '值 2', …, '值 n')称为枚举列表。ENUM 类型的数据只能从枚举列表中选取，并且只能取一个值。列表中每个值都有一个顺序排列的编号，MySQL 数据库中存入的是值对应的编号，而不是值。

使用 ENUM 类型应注意以下几点：

(1) 定义的选项值不能重复。

(2) 选项值必须是字符串文字。

(3) 每一个选项值都有一个索引，选项值列表的索引从 1 开头，NULL 值的索引是 NULL，这里的术语"索引"是指枚举值列表中的一个位置，它与表索引无关。

当 MySQL 与其他语言合作时，经常会出现插入值不正确的情况，这是由于用户在插入数据时没有明确指定选项值索引或选项值。

4. SET 类型

SET 类型又称为集合类型，它的值可以有零个或多个。其基本语法格式如下：

属性名　SET('值 1', '值 2', …, '值 n')

其中：属性名表示字段的名称；('值 1', '值 2', …, '值 n')称为集合列表。列表中每个值都有一个顺序排列的编号，MySQL 中存入的值是对应的编号或多个编号的组合。当取集合中多个元素时，元素之间用逗号隔开。

使用 SET 类型时应注意以下几点：

(1) 定义的选项值不能重复，如果插入值中有重复值，则只取其中一个。

(2) 选项值必须是字符串文字。

(3) 插入值的顺序会按照选项值的顺序自动排列。

5. 二进制类型

当数据库中需要存储图片、声音等多媒体数据时，二进制类型是一个不错的选择。MySQL 中提供的二进制类型包括 BINARY、VARBINARY、BIT、TINYBLOB、BLOB、MEDIUMBLOB 和 LONGBLOB，如表 2.6 所示。

表 2.6　二 进 制 类 型

类　　型	取　值　范　围
BINARY(M)	字节数为 M，允许长度为 0～M 的定长二进制字符串
VARBINARY(M)	允许长度为 0～M 的变长二进制字符串，字节数为值的长度加 1
BIT(M)	M 位二进制数据，M 最大值为 64
TINYBLOB(M)	可变长二进制数据，最多 255 个字节
BLOB(M)	可变长二进制数据，最多 $(2^{16} - 1)$ 个字节
MEDIUMBLOB(M)	可变长二进制数据，最多 $(2^{24} - 1)$ 个字节
LONGBLOB(M)	可变长二进制数据，最多 $(2^{32} - 1)$ 个字节

从表 2.6 中可以看出，BINARY 和 VARBINARY 类型，只包含 byte 串而非字符串，它们没有字符集的概念，排序和比较操作都是基于字节的数字值，以字节为单位计算长度，而不是以字符为单位计算长度。

BINARY 采用左对齐方式存储，即小于指定长度时，会在右边填充 0 值，例如 BINARY(3)列，插入 "a\0" 时，会变成 "a\0\0" 值存入。VARBINARY 则不用在右边填充 0，在最大范围内，使用多少分配多少。VARBINARY 类型实际占用的空间为实际长度加 1，这样，可以有效地节约系统的空间。

BLOB 类型是一种特殊的二进制类型。BLOB 可以用来保存数据量很大的二进制数据，如图片等。BLOB 类型包括 TINYBLOB、BLOB、MEDIUMBLOB 和 LONGBLOB。这几种 BLOB 类型最大的区别就是能够保存的最大长度不同。LONGBLOB 类型保存的长度最大，TINYBLOB 类型保存的长度最小。在数据库中存放体积较大的多媒体对象就是应用程序处理 BLOB 的典型例子。

注意：BLOB 类型与 TEXT 类型很相似，不同点在于 BLOB 类型用于存储二进制数据，BLOB 类型数据是根据其二进制编码进行比较和排序的，而 TEXT 类型是以文本模式进行比较和排序的。

6. JSON 类型

从 MySQL 5.7.8 版本开始，MySQL 新增了一种数据类型：JSON，用于存储 JSON 类型数据。存储 JSON 类型的数据所需空间与 LONGBLOB 或 LONGTEXT 大致相同，其大小受限于配置参数 "max_allowed_packet" 的值。

JSON 类型字段的插入值可分为数组和对象。JSON 数组是一个由逗号分隔并包含在括号"[]"中的值列表，例如：

["abc", 10, null, true, false]

JSON 对象是一组键值，由逗号分隔，包含在括号"{}"中，例如：

{"kl": "value", "k2": 10}

而且 JSON 数组和 JSON 对象允许嵌套，例如：

[99，{"id": "HK500", "cost": 75.99}, ["hot", "cold"]]

{"k1": "value", "k2": [10, 20]}

在 MySQL 中，需要将 JSON 值写成字符串的形式，在向 JSON 类型的字段插入数据之前，系统会判断数据是否为 JSON 类型。

任务 2.4　创建和操作数据表

【任务描述】 数据表是数据库中存储数据的基本单位，一个数据库中可包含若干个数据表。在关系型数据库管理系统中，应用系统的基础数据都存放在数据表中，程序员在创建完数据库后需要创建数据表，并确定表中各个字段列的名称、数据类型、数据精度、是否为空等属性。本任务主要讲述创建和查看数据表以及复制、修改、删除表等操作。

2.4.1　使用 Navicat 创建表

在实际工作中，使用图形化工具可以简单快捷地创建数据表。本节将通过创建用户信息表 userinfo，并为其设置约束条件，介绍使用图形化工具创建表的方法。

【例 2.9】 使用 Navicat 工具，在 db_shop 数据库中新建用户信息表，表名为 userinfo，表结构如表 2.7 所示。

表 2.7　userinfo 表结构

编号	列名	数据类型	说明
1	id	INT(11)	用户编号
2	name	VARCHAR(10)	用户姓名
3	password	VARCHAR(10)	用户密码
4	sex	ENUM('男', '女')	用户性别
5	email	VARCHAR(20)	用户邮箱
6	remark	TEXT	备注
7	add_time	DATETIME	注册时间

操作步骤如下：

(1) 打开 Navicat 窗口，双击连接窗格中"mysql"服务器，双击"db_shop"数据库，使其处于打开状态，在 db_shop 数据库下右击"表"选项，在弹出的菜单中选择"新建表"选项，如图 2.12 所示。

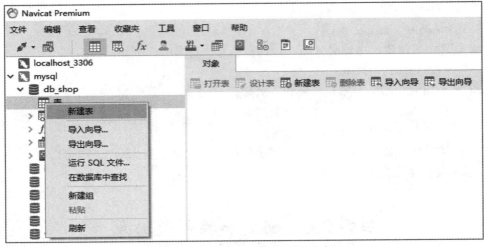

图 2.12　使用 Navicat 工具新建表

(2) 在打开的表设计窗口中，输入表的列名、数据类型、长度、小数位数、注释等，并设置是否允许为空，如图 2.13 所示。

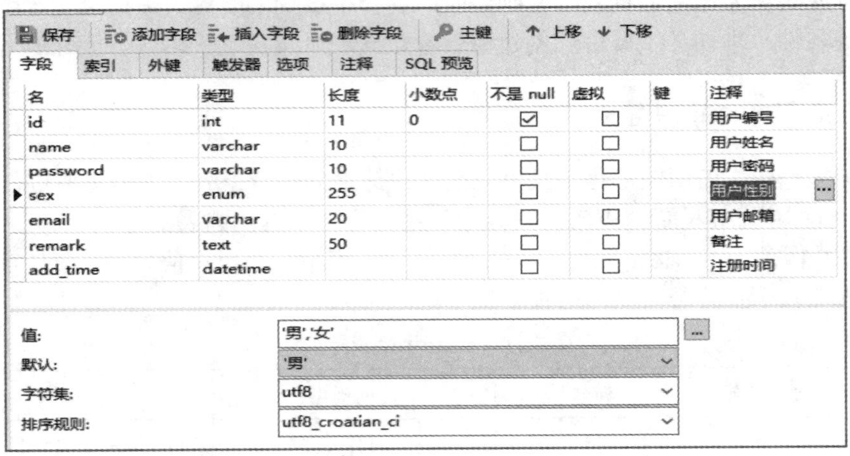

图 2.13　表设计窗口

(3) 定义完所有列后，单击标准工具栏上的"保存"按钮，在弹出的对话框中输入表名"userinfo"即可。

2.4.2　使用 SQL 语句创建表

创建数据表，实际上是规定列属性和实现数据完整性约束的过程。其基本语法格式如下：

```
CREATE [TEMPORARY] TABLE table_name(
    col_name1 data_type(m) [CONSTRAINTS],
    col_name2 data_type(m) [CONSTRAINTS],
    ⋮
);
```

语法说明如下：

- TEMPORARY：使用该关键字表示创建的表为临时表。
- CREATE TABLE：创建数据表的关键字。
- table_name：所要创建表的名称，col_name 表示字段名称，data_type 表示数据类型，m 表示数据长度。
- CONSTRAINTS：表示保证数据完整性的约束条件。
- 各字段之间使用逗号(,)进行分隔，语句的最后以分号(;)结束。

数据表命名应遵循以下原则：

(1) 长度最好不超过 30 个字符。

(2) 多个单词之间使用下画线"_"分隔，不允许有空格。

(3) 不允许使用 MySQL 关键字。

(4) 不允许与同一数据库中的其他数据表同名。

【例 2.10】　使用 SQL 语句，在 db_shop 数据库中新建商品信息表，表名为 goods，表结构如表 2.8 所示。

表 2.8　goods 表结构

字　段	数据类型	约　束	说　明
goods_id	INT(11)	主键、自增	商品编号
goods_type	VARCHAR(30)	非空	商品类别
goods_name	VARCHAR(30)	唯一	商品名称
goods_price	DECIMAL(7, 2)	无符号	商品价格
goods_num	INT(11)	默认值为 0	商品库存
goods_time	DATATIME		入库时间

创建 goods 表的语句如下：

```
CREATE TABLE goods (
    goods INT (11) PRIMARY KEY AUTO_INCREMENT,
    goods_type VARCHAR (30) NOT NULL,
    goods_name VARCHAR (30) UNIQUE,
    goods_price DECIMAL (7, 2) UNSIGNED,
    goods_num INT (11) DEFAULT 0,
     goods_time DATETIME
);
```

2.4.3　查看数据表

关系数据库中，表以行和列的形式组织，数据存在于行和列相交的单元格中，一行数据表示一条唯一的记录，一列数据表示一个字段，唯一标识一行记录的属性称为主键。

1. 用 SQL 语句查看数据表

创建数据库成功后，可以使用 SHOW TABLES 语句查看数据库中的表。

【例 2.11】 使用 SQL 语句查看 db_shop 数据库中的数据表。

操作步骤如下：

(1) 使用 USE 语句将 db_shop 设为当前数据库：

　　USE db_shop;

(2) 使用 SHOW TABLES 语句查看数据表，运行结果如图 2.14 所示。

图 2.14　使用 SQL 语句查看数据表

2. 查看数据表结构

在向表中添加数据前，一般先需要查看表结构。MySQL 中查看表结构的语句包括 DESCRIBE 语句和 SHOW CREATE TABLE 语句。

使用 DESCRIBE 语句可以查看表的基本定义。其语法格式如下：

　　DESCRIBE 表名;

或

　　DESC 表名;

【例 2.12】 使用 DESCRIBE 语句查看 userinfo 的表结构。

执行的语句和运行结果如图 2.15 所示。

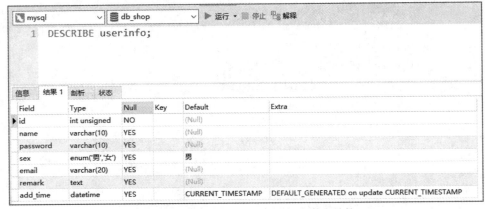

图 2.15　使用 DESCRIBE 语句查看表结构

使用 SHOW CREATE TABLE 不仅可以查看表的详细定义，还可以查看表使用的默认存储引擎和字符编码。其语法格式如下：

　　SHOW CREATE TABLE 表名;

【例2.13】　使用 SHOW CREATE TABLE 语句查看 userinfo 的表结构。

执行的语句和运行结果如图 2.16 所示。

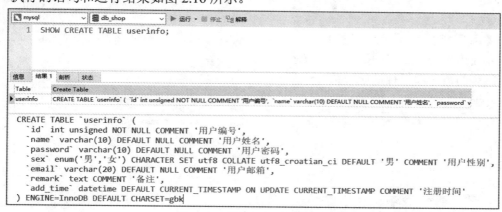

图 2.16　查看 userinfo 表结构

从查询结果可以看出，表的存储引擎是 InnoDB，默认字符编码是 gbk。

2.4.4　修 改 数 据 表

当系统需求变更或设计之初考虑不周全等情况发生时，就需要对表的结构进行修改。修改表包括修改表名、修改字段名、修改字段数据类型、修改字段的排列位置、添加字段、删除字段、修改表的存储引擎和字符集等。在 MySQL 中，可以使用图形工具和 SQL 语句实现修改表的操作，其中图形方式与创建表的图形方式相同，本节仅讲解使用 ALTER TABLE 语句来实现表结构的修改。

1. 修改表名

数据库系统通过表名来区分不同的表。在 MySQL 中，修改表名的语法格式如下：

```
ALTER  TABLE  原表名 RENAME  [TO]  新表名;
```

【例2.14】　使用 SQL 语句将数据库 db_shop 中的 userinfo 表更名为 T_user 表。

执行的语句和运行结果如图 2.17 所示。

图 2.17　修改表名

2. 修改字段

修改字段包括修改字段名、字段数据类型等操作。在一个表中，字段名称是唯一的。在 MySQL 中，修改表中字段名的语法格式如下：

ALTER TABLE 表名 CHANGE 原字段名 新字段名 新数据类型;

其中：原字段名为修改前的字段名；新字段名为修改后的字段名；新数据类型为修改后字段的数据类型。

【例 2.15】 在数据库 db_shop 中，使用 SQL 语句将 T_user 表中名为 NAME 的字段名称修改为 user_name，长度改为可变 20。

执行的语句和运行结果如图 2.18 所示。

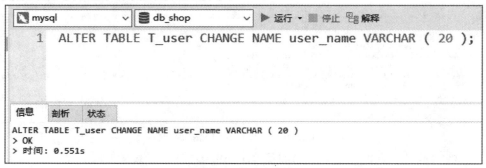

图 2.18 修改字段名

注意：在修改字段时，必须指定新字段名的数据类型，即使新字段的数据类型与原类型相同。若只需要修改字段的数据类型，语法格式如下：

ALTER TABLE 表名 MODIFY 字段名 新数据类型;

其中：表名为要修改的表的名称；字段名为待修改的字段名称；新数据类型为修改后的数据类型。

【例 2.16】 在数据库 db_shop 中，使用 SQL 语句将 T_user 表中 password 字段的数据类型修改为 VARBINARY，长度为 20。

执行的语句和运行结果如图 2.19 所示。

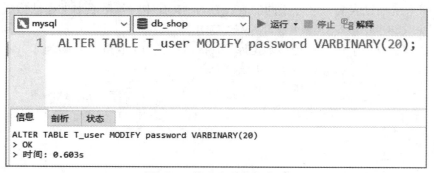

图 2.19 修改字段数据类型

注意：MODIFY 和 CHANGE 都可以改变字段的数据类型，但 CHANGE 可以在改变字段数据类型的同时，改变字段名。如果要使用 CHANGE 修改字段数据类型，那么 CHANGE 后面必须跟两个同样的字段名。

3. 修改字段的排列位置

使用 ALTER TABLE 语句可以修改字段在表的排列位置。其语法格式如下：

ALTER TABLE 表名 MODIFY 字段名 1 数据类型 FIRST|AFTER 字段名 2;

其中：字段名 1 为待修改位置的字段名称；数据类型是字段名 1 的数据类型；参数 FIRST 表示将字段名 1 设置为表的第一个字段；AFTER 字段名 2 表示将字段名 1 排列到字段名 2 之后。

【例 2.17】使用 SQL 语句修改 T_user 表中字段 PASSWORD 排列位置到 sex 字段之后。执行的语句和运行结果如图 2.20 所示。

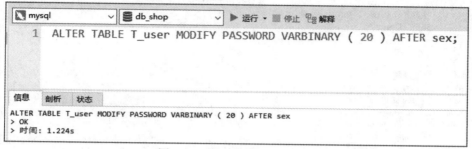

图 2.20　修改字段的排列位置

4. 添加字段

在 MySQL 中，使用 ALTER TABLE 语句添加字段的基本语法格式如下：

```
ALTER  TABLE  表名 ADD   字段名 数据类型
    [完整性约束条件]  [FIRST|AFTER 已存在的字段名];
```

其中：字段名是需要添加的字段名称；数据类型是新增的字段的数据类型；完整性约束条件是可选参数；FIRST 和 AFTER 也是可选参数，用于将增加的字段排列位置。当不指定位置时，新增字段默认为表的最后一个字段。

【例 2.18】 使用 SQL 语句在 T_user 表中增加字段 user_tel，用于存放用户的联系方式，其数据类型为 VARCHAR(11)，添加到 sex 字段之后。

执行语句后，查看数据表结构如图 2.21 所示。

```
ALTER TABLE T_user ADD user_tel VARCHAR(11) AFTER sex;
DESC T_user;
```

Field	Type	Null	Key	Default	Extra
id	int	NO		(Null)	
name	varch	YES		(Null)	
password	varch	YES		(Null)	
sex	enum	YES		男	
user_tel	varch	YES		(Null)	
email	varch	YES		(Null)	
remark	text	YES		(Null)	
add_time	datet	YES		CURRENT_TIMESTAMP	DEFAULT_GENERATED on update CURRENT_TIMESTAMP

图 2.21　添加字段

5. 删除字段

当字段设计冗余或是不再需要时，使用 ALTER TABLE 语句可以删除表中字段。其语法格式如下：

```
ALTER  TABLE 表名  DROP   字段名;
```

【例 2.19】　使用 SQL 语句删除 T_user 表中的字段 remark。执行语句后，使用 DESC 查看 T_user 表。

执行的语句和运行结果如图 2.22 所示。

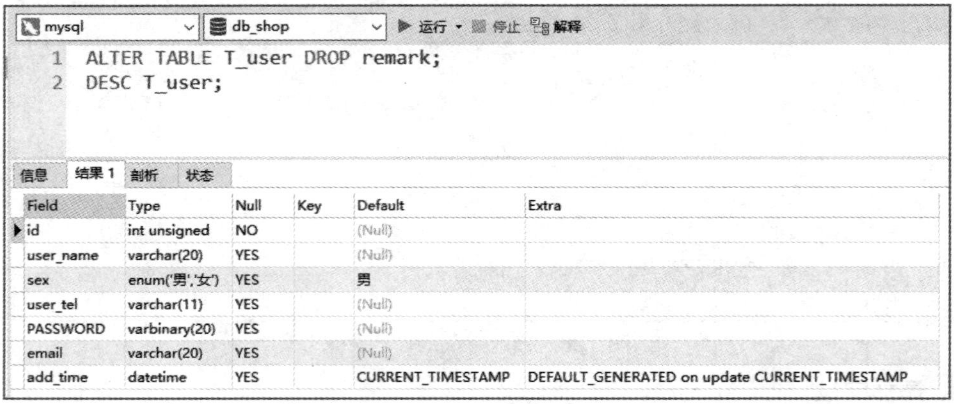

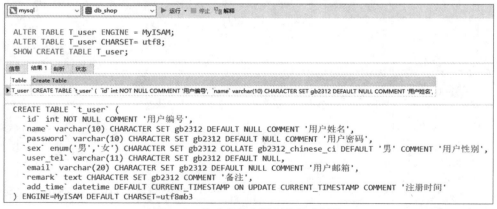

图 2.22　删除字段

6. 修改表的存储引擎和字符集

除实现字段的添加、删除和修改外，ALTER TABLE 语句还能实现修改表的存储引擎和字符集。其语法格式如下：

　　　　ALTER　TABLE　表名　ENGINE = 存储引擎名;

　　　　ALTER　TABLE　表名　CHARSET = 字符集;

其中：存储引擎名为新的存储引擎的名称；字符集为新的字符集。

【例 2.20】　使用 SQL 语句修改 T_user 表的存储引擎为 MyISAM，字符集为 utf8。

执行语句后，使用 SHOW CREATE TABLE 语句查看 T_user 表，运行结果如图 2.23 所示。

图 2.23　修改表的存储引擎和字符集

2.4.5　复制数据表

在 MySQL 中，表的复制操作包括复制表结构和复制表中的数据。复制操作可以在同一个数据库中执行，也可以跨数据库实现。

1. 复制表结构及数据

复制数据表结构和相关数据到新表的基本语法格式如下：

　　　　CREATE　TABLE　[数据库名.]新表名 SELECT * FROM [数据库名.]源表名；

其中：新表名表示复制的目标表名称，新表名不能同数据库中已有的名称相同；源表名为待复制表的名称；SELECT * FROM 表示查询符合条件的数据；数据库名是可选项，如果新表和源表在同一个数据库中，则可以省略，如果在不同的数据库中，则需要加上数据库名。

【例2.21】　使用 SQL 语句复制 db_shop 数据库中 goods 表的结构和数据到 goodsinfo 表，并复制 t_user 表的结构和数据到 Manage 数据库的 userinfo 表中。

执行的代码和运行结果如图 2.24 所示。

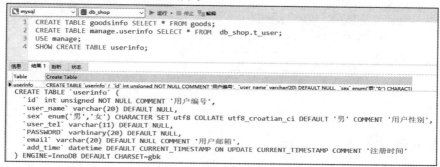

图 2.24　复制表结构和数据

2. 复制表结构

复制表结构的语法格式如下：

　　　　CREATE　TABLE　[数据库名.]新表名 SELECT * from [数据库名.]源表名 WHERE FALSE;

或

　　　　CREATE　TABLE　[数据库名.]新表名 LIKE　[数据库名.]源表名；

只复制表结构到新表的语法同复制结构和数据的语法相同，只是查询条件恒为 FALSE。

【例2.22】　使用 SQL 语句复制 db_shop 数据库的 t_user 表结构到 temp 表。

执行的代码和运行结果如图 2.25 所示。

图 2.25　只复制表结构

3. 复制表的部分字段及数据

复制表的部分字段及数据到新表的语法格式如下：

　　　　CREATE　TABLE　[数据库名.]　新表名 AS(SELECT 字段1, 字段2, …　FROM　[数据库名.]源表名);

【例 2.23】 使用 SQL 语句从数据库 db_shop 中复制 t_user 表中的 id，user_name，user_tel 到数据库 manage 的 t_user 中。

执行的代码和运行结果如图 2.26 所示。

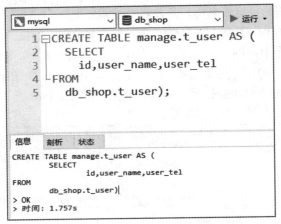

图 2.26　复制表的部分字段和数据

2.4.6　删除数据表

删除数据表时，表的结构、数据、约束等都将被全部删除。在 MySQL 中，使用 DROP TABLE 语句来删除表。其语法格式如下：

```
DROP   TABLE 表名;
```

若想同时删除多个表，只需要在 DROP TABLE 语句中列出多个表名，表名之间用逗号分隔。在删除表时，需要确保该表中的字段未被其他表关联，若有关联，则需要先删除关联表，否则删除表的操作将会失败。

【例 2.24】 使用 SQL 语句同时删除数据库 db_shop 中名为 temp 和 tempuser 的表。

执行的代码和运行结果如图 2.27 所示。

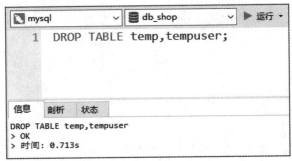

图 2.27　删除数据表

任务 2.5　实现数据的完整性

【任务描述】 数据完整性是指数据的准确性和逻辑一致性，它是为防止数据库中存在不符合语义规定的数据和因输入错误信息造成的无效数据或错误信息而提出的。本任务主要讲解的完整性约束包括 PRIMARY KEY 约束、CHECK 约束、NOT NULL 约束、DEFAULT 约束、UNIQUE 约束和 FOREIGH KEY 约束。

2.5.1 PRIMARY KEY 约束

PRIMARY KEY 约束又称为主键约束，是用来确保列的唯一性的约束。设置主键约束的列不能为空，主键约束可以由一列或多列组成，由多列组成的主键被称为联合主键，每个数据表中只能有一个主键约束。为表设置主键约束后，就不必担心表中出现重复行的问题了。

通常主键的名称都会以 pk_ 作为前缀，主键约束可以通过 SQL 语句来实现，也可以通过 Navicat 等图形界面工具来创建。

1. 在创建表时设置主键约束

在创建表时设置约束有两种方法：一种是列级约束；另一种是表级约束。列级约束指在列的定义中直接设置，表级约束指在表中定义列结束后再定义约束。除了非空约束和默认值约束必须在列级定义外，所有的约束均可以选择在列级和表级为列设置约束。

主键约束在每个数据表中只有一个，在设置主键约束时，要先确定表中主键约束是单列主键约束还是联合主键约束。需要注意的是：用列级设置主键约束时，只能设置单列主键而不能设置联合主键。

在 MySQL 中定义主键时，还可以定义主键自增长。当定义主键为自增长后，这个主键的值就不再需要用户输入数据了，而由数据库系统根据定义自动赋值。每增加一条记录，主键会自动以相同的步长增长。

在 MySQL 中，通过给字段添加 AUTO_INCREMENT 属性来实现主键自增长。其语法格式如下：

```
column_name datatype AUTO_INCREMENT
```

使用主键自增长约束需要注意以下几点：

(1) 默认情况下，AUTO_INCREMENT 的初始值是 1，每新增一条记录，字段值自动加 1。

(2) 一个表中只能有一个字段使用 AUTO_INCREMENT 约束，且该字段必须有唯一索引，以避免序号重复(即为主键或主键的一部分)。

(3) AUTO_INCREMENT 约束的字段必须具备 NOT NULL 属性。

(4) AUTO_INCREMENT 约束的字段只能是整数类型(TINYINT、SMALLINT、INT、BIGINT 等)。

(5) AUTO_INCREMENT 约束字段的最大值受该字段的数据类型约束，如果达到上限，AUTO_INCREMENT 就会失效。

1) 在列级设置主键约束

列级主键约束是在表中列的后面直接使用 PRIMARY KEY 关键字设置。具体的语法格式如下：

```
CREATE TABLE table_name
(
```

```
        column_name1    datatype    PRIMARY KEY,
        column_name2    datatype,
        column_name3    datatype
            ⋮
);
```

2) 在表级设置主键约束

表级主键约束指在创建表时，定义完所有列之后设置的约束。具体的语法格式如下：

```
CREATE TABLE table_name
(
        column_name1    datatype,
        column_name2    datatype,
        column_name3    datatype
            ⋮
        [CONSTRAINT constraint_name] PRIMARY KEY(column_name1, column_name2, …)
);
```

其中，constraint_name 为主键约束设置名称。如果省略了[CONSTRAINT constraint_name]，则主键约束的名称由系统自动生成。在 PRIMARY KEY 后面的括号里可以放置一个或多个用于设置主键约束的列，这些列之间用逗号隔开即可。

【例 2.25】 使用 SQL 语句创建一个商品信息表，表结构如表 2.9 所示。要求分别在列级和表级为 id 列设置主键约束。

表 2.9　商品信息表(productinfo)结构

编号	列名	数据类型	中文释义
1	id	INT	编号
2	name	VARCHAR(20)	名称
3	price	DECIMAL(6，2)	价格
4	origin	VARCHAR(20)	产地
5	tel	VARCHAR(15)	供应商联系方式
6	remark	VARCHAR(50)	备注

(1) 使用列级约束的方法设置主键约束。具体语句如下：

```
CREATE TABLE productinfo
(
        id      int    PRIMARY KEY,
        name    varchar(20),
        price   decimal(6, 2),
        origin  varchar(20),
        tel     varchar(15),
        remark      varchar(50)
);
```

(2) 使用表级约束的方法设置主键约束。具体语句如下：

```
CREATE TABLE productinfo
(
    id          int,
    name        varchar(20),
    price       decimal(6，2),
    origin      varchar(20),
    tel         varchar(15),
    remark      varchar(50),
    CONSTRAINT pk_id    PRIMARY KEY(id)
);
```

这里，PRIMARY KEY(id)代表给 id 列设置了主键约束，在列级设置主键约束没有为主键约束定义名称，而在表级设置主键约束时为主键指定了名称 pk_id。

2. 在修改表时添加主键约束

如果在创建数据表时忘记设置主键约束或者还没想好将哪个列设置成主键约束，则可以在修改表的时候加上。修改表时添加主键约束，使用 ALTER TABLE 语句完成。其语法格式如下：

```
ALTER TABLE table_name
ADD   [CONSTRAINT constraint_name]   PRIMARY KEY(column_name1, column_name2, …);
```

其中：constraint_name 为主键名称；column_name1 和 column_name2 是要设置成主键的列，可以是一个到多个列，多个列之间用逗号隔开。

【例 2.26】 使用 SQL 语句把商品信息表(productinfo)中的编号列设置为主键。假设商品信息表已经存在但是没有设置主键。

使用 ALTER TABLE 语句设置主键，具体语句如下：

```
ALTER TABLE productinfo
ADD CONSTRAINT pk_id PRIMARY KEY(id);
```

运行结果如图 2.28 所示。

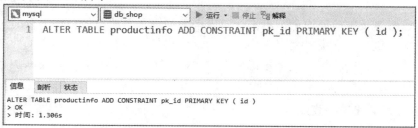

图 2.28　添加主键约束

3. 删除主键约束

当一个表中不需要主键约束时，就需要从表中将其删除。删除主键约束的方法要比创建主键约束容易得多。删除主键约束的语法格式如下：

```
ALTER TABLE   <数据表名>   DROP PRIMARY KEY;
```

【例 2.27】 使用 SQL 语句删除数据库 db_shop 中 productinfo 表中的主键约束。

具体语句如下：

```
ALTER TABLE productinfo DROP PRIMARY KEY;
```

4. 使用 Navicat 设置主键约束

【例 2.28】 在 Navicat 图形工具中，把 db_shop 数据库中的商品信息表 goods 的 goods_id 字段设置为主键。

操作步骤如下：

(1) 在 Navicat 工具中，打开 goods 表设计器。

(2) 选中"goods_id"列，单击工具栏"主键"按钮或右击"goods_id"列，在弹出的菜单中选择"主键"选项，若 goods_id 列的定义的最后"键"列出现一把钥匙，则设置主键成功，如图 2.29 所示。如果重复点击，则取消主键。当主键约束需要多列时，可以按住"CTRL"键选中多列，再单击"主键"按钮即可。

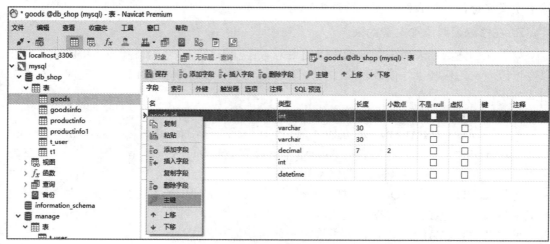

图 2.29　用 Navicat 设置主键约束

2.5.2　CHECK 约束

CHECK 约束又称检查约束，用来规定表中某列输入值的取值范围，以避免表中输入一些无效数据，例如：在商品信息表中，商品的价格一定是大于 0 的；人的性别一定是男或者女等。检查约束的作用就是为了确保数据表添加的数据是有效的，在添加之前对数据进行的一种检查。

1. 在创建表时设置检查约束

检查约束在一个数据表中可以有多个，但是每一列只能设置一个检查约束。虽然检查约束可以帮助数据表检查数据以确保数据的准确性，但是也不能给每个列都设置检查约束，这样会影响数据表中数据操作的效率。

在建表时可以同时将检查约束设置好，这样也省去了以后设置的麻烦。建表时添加检查约束的语法有两种形式，检查约束的关键字是 CHECK。

(1) 设置列级检查约束。其语法格式如下：

```
CREATE TABLE table_name
(
    column_name1    datatype    [CONSTRAINT constraint_name] CHECK(expression),
    column_name2    datatype,
    column_name3    datatype,
        ⋮
);
```

其中：constraint_name 是检查约束的名称，通常以 ck_为前级，若省略 CONSTRAINT constraint_name]语句，则约束名称由系统自动生成；CHECK 是检查约束的关键字；expression 是检查约束的表达式，允许是一个条件或多个条件。例如：设置该列的值大于 10，表达式可以写成 COLUMN_NAME>10；设置该列的值在 10 到 20 之间，表达式可以写成 COLUMN_NAME > 10 and COLUMN_NAME<20。

(2) 设置表级检查约束。其语法格式如下：

```
CREATE TABLE table_name
(
    column_name1    datatype,
    column_name2    datatype,
    column_name3    datatype,
            ⋮
    [CONSTRAINT constraint_name] CHECK(expression),
    [CONSTRAINT constraint_name] CHECK(expression),
        ⋮
);
```

【例 2.29】　在创建商品信息表(productinfo)时，给商品价格列(price)添加检查约束，要求商品的价格都大于 0 元。下面使用添加检查约束的两种方法，分别在创建商品信息表时给商品价格列添加检查约束。

(1) 在列级设置检查约束的具体语句如下：

```
CREATE TABLE productinfo
(
    id      int    PRIMARY KEY,
    name    varchar(20),
    price   decimal(6, 2)   CONSTRAINT ck_price   CHECK (price>0),
    origin varchar(20),
    tel    varchar(15),
    remark      varchar(50)
);
```

(2) 在表级设置检查约束的具体语句如下：

```
CREATE TABLE productinfo
(
```

```
id      int   PRIMARY KEY,
name    varchar(20),
price   decimal(6, 2),
origin varchar(20),
tel     varchar(15),
remark      varchar(50),
CONSTRAINT ck_price CHECK (price>0)
);
```

执行上面的语句，同样为商品信息表的商品价格列(price)添加了检查约束。

2. 在修改表时添加检查约束

如果在创建表时没有直接添加检查约束，则可以在修改表的时候添加检查约束。在修改表时添加检查约束只能给没有添加检查约束的列添加。修改表时添加检查约束也是通过使用 ALTER TABLE 语句来完成的。其基本语法格式如下：

```
ALTER TABLE table_name
ADD   [CONSTRAINT constraint_name]   CHECK(expression);
```

【例 2.30】 使用 SQL 语句为数据库 db_shop 中的 t_user 表中的 sex 字段添加检查约束，要求用户输入数据只能为男或者女。

执行的语句和运行结果如图 2.30 所示。

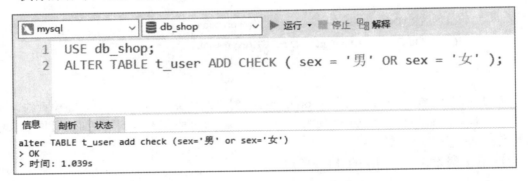

图 2.30　添加检查约束

3. 删除检查约束

检查约束同前面讲解过的其他约束一样，都是不能直接修改的。要想更改某一列的检查约束，先要删除该检查约束，然后再为其重新创建检查约束。删除检查约束的语法与删除其他的约束类似，具体的语法格式如下：

```
ALTER TABLE table_name DROP CONSTRAINT constraint_name;
```

其中，constraint_name 表示检查约束的名称。如果不知道检查约束的名称，可以通过 SHOW CREATE TABLE 表名语句查看。

【例 2.31】使用 SQL 语句删除例 2.29 为商品信息表(productinfo)中商品价格列(price)添加的检查约束。

执行的语句和运行结果如图 2.31 所示。

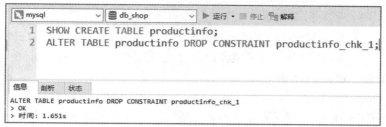

图 2.31 删除检查约束

2.5.3 NOT NULL 约束

非空(NOT NULL)约束是用来确保列中必须有输入值的一种手段，也可以理解成一种特殊的检查约束。非空约束经常与默认值约束连用，以避免非空约束的列在添加值时出现错误。对于使用了非空约束的字段，如果用户在添加数据时没有指定值，则数据库系统就会报错。非空约束可以通过 CREATE TABLE 或 ALTER TABLE 语句实现。在表中某个列的定义后加上关键字 NOT NULL 作为限定词，来约束该列的取值不能为空。

1. 在创建表时设置非空约束

非空约束只能在列级设置。创建表时可以使用 NOT NULL 关键字设置非空约束，具体的语法格式如下：

```
CREATE TABLE_NAME table_name
(
    column_name1    datatype NOT NULL,
    column_name2    datatype NOT NULL,
    column_name3    datatype
        ⋮
)
```

添加非空约束就是在列的数据类型后面加上 NOT NULL 关键字。上面的语法中还有一个特点，就是没有给非空约束设置名称，其实非空约束是本任务学过的约束中唯一一个没有名称的约束。

【例 2.32】 根据表 2.9 商品信息表(productinfo)结构的要求，使用 SQL 语句创建商品信息表，要求商品的名称不能为空，价格也不能为空。

具体语句如下：

```
CREATE TABLE productinfo (
    id INT PRIMARY KEY,
    NAME VARCHAR (20) NOT NULL,
    price DECIMAL (6, 2) NOT NULL,
    origin VARCHAR (20),
    tel VARCHAR (15),
    remark VARCHAR (50)
);
```

2. 在修改表时添加非空约束

非空约束比较特殊，与其他约束的添加方法大不相同，请读者认真学习它们的不同之处。实际上，在修改表时添加非空约束与在数据表中修改列的定义是相似的，具体的语法格式如下：

    ALTER TABLE table_name
    CHANGE COLUMN col_name col_name datatype NOT NULL;

其中：table_name 是表名；col_name 是要加上非空约束的列名；datatype 是列的数据类型，如果不修改数据类型，则使用原来的数据类型；NOT NULL 是非空约束的关键字。

【例 2.33】 使用 SQL 语句为商品信息表(productinfo)中的供应商联系方式列(tel)添加非空约束。

在添加非空约束之前，首先要查看商品信息表中供应商联系方式列的数据类型，然后再进行添加。查询后可以知道，tel 列的数据类型是 VARCHAR(15)。同时，如果在商品信息表中的供应商联系方式列里已经存在了空的记录，那么需要将空的记录删除或更改成其他信息，否则无法添加非空约束。

添加非空约束的代码和运行结果如图 2.32 所示。

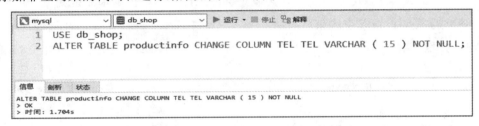

图 2.32　添加非空约束

3. 删除非空约束

非空约束的删除方法与其他约束不同，由于非空约束没有名称，因此不能够用之前学习的删除约束的方法删除，没有设置非空约束的列用什么表示呢？答案是用 NULL 表示，即某个列要取消非空约束就意味着该列可以为空。具体的语法格式如下：

    ALTER TABLE table_name
    CHANGE COLUMN col_namecol_name   datatype   NULL;

4. 使用 Navicat 管理非空约束

使用 Navicat 图形工具管理非空约束非常简单，打开设计表界面，如图 2.33 所示，在"不是 null"列勾选复选框表示不能为空，不勾选表示可以为空。

名	类型	长度	小数点	不是 null	虚拟	键	注释
id	int			☑	☐		用户编号
user_name	varchar	20		☑	☐		
sex	enum			☐	☐		用户性别
user_tel	varchar	11		☐	☐		
PASSWORD	varbinary	20		☐	☐		
email	varchar	20		☐	☐		用户邮箱
add_time	datetime			☐	☐		注册时间

图 2.33　用 Navicat 管理非空约束

2.5.4　FOREIGN KEY 约束

外键(FOREIGN KEY)约束是唯一一个与两个表相关的约束,它的主要用途是制约数据表中的数据,确保数据表中数据的有效性。外键约束是表的一个特殊字段,经常与主键约束一起使用,对于两个具有关联关系的表而言,相关联字段中主键所在的表就是主表(父表),外键所在的表就是从表(子表)。例如去书店购买图书,在购买图书时只能在书店显示的图书列表中选择,不能想买什么书就买什么书。在数据库中也是一样,如果对数据不加以约束,就会出现一些如书店中没有的图书这样的无效数据。

定义外键约束时,需要遵守下列规则:

(1) 主表必须已经存在于数据库中,或者是当前正在创建的表。如果是后一种情况,则主表与从表是同一个表,这样的表称为自参照表,这种结构称为自参照完整性。

(2) 必须为主表定义主键。

(3) 主键不能包含空值,但允许在外键中出现空值。也就是说,只要外键的每个非空值出现在指定的主键中,这个外键的内容就是正确的。

(4) 在主表的表名后面指定列名或列名的组合。这个列名或列名的组合必须是主表的主键或候选键。

(5) 外键中列的数目必须和主表的主键中列的数目相同。

(6) 外键中列的数据类型必须和主表的主键中对应列的数据类型相同。

1. 在创建表时设置外键约束

相对于其他的约束,外键约束的设置有些复杂,但它又是一个比较重要的约束。因此,请读者认真学习设置外键约束的方法。在创建表时就可以添加外键约束,但有一个前提就是与这个外键约束相关的那个数据表已经存在。设置外键约束的语法格式如下:

```
CREATE TABLE table_name
(
    col_name1    datatype,
    col_name2    datatype,
    col_name3    datatype,
    [CONSTRAINT constraint_name] FOREIGN KEY(col_name)
        REFERENCES referenced_table_ name(ref_col_name)
);
```

其中:constraint_name 是外键约束的名称,通常以 fk_ 为前缀;col_name 是要设置成主键约束的列名;referenced_table_name 是被引用的表名;ref_col_name 是被引用的表中的列名;[CONSTRAINT constraint_name]允许省略,省略后外键约束的名称依然由系统自动生成。

【例 2.34】 使用 SQL 语句根据供应商信息表(supplierinfo)中的供应商编号为商品信息表(goodsinfo)中的供应商编号创建外键。两个表的结构分别如表 2.10 和表 2.11 所示。

表 2.10　供应商信息表(supplierinfo)结构

编号	列名	数据类型	中文释义
1	id	INT	供应商编号
2	name	VARCHAR(20)	供应商名称
3	tel	VARCHAR(15)	供应商联系方式
4	remark	VARCHAR(50)	供应商备注

表 2.11　商品信息表(goodsinfo)结构

编号	列名	数据类型	中文释义
1	id	INT	商品编号
2	name	VARCHAR(20)	商品名称
3	price	DECIMAL(6，2)	商品价格
4	origin	VARCHAR(20)	商品产地
5	supplierid	INT	供应商编号
6	remark	VARCHAR(50)	商品备注

创建供应商信息表的语句如下(要求设置供应商编号字段为主键):

```
CREATE TABLE supplierinfo
(   id INT PRIMARY KEY,
    NAME VARCHAR (20),
    tel VARCHAR (15),
    remark VARCHAR (50)
);
```

设置外键约束的语句和运行结果如图 2.34 所示。

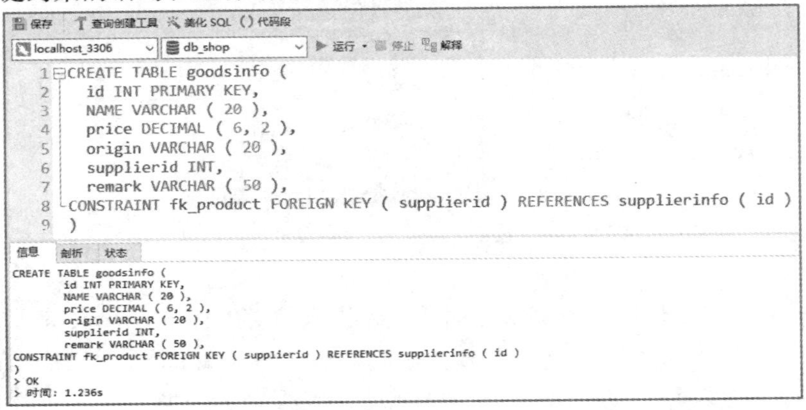

图 2.34　设置外键约束

2. 在修改表时设置外键约束

如果已经创建了数据库表,但是忘记添加外键约束,那么只需要在修改表的语句中加上外键约束就可以了。在修改表时添加外键约束的语法格式如下:

　　　　　ALTER TABLE table_name

　　　　　ADD [CONSTRAINT constraint_name] FOREIGN KEY(col_name) REFERENCES referenced_
table_name(ref_col_name);

　　注意：在添加外键约束前，需要确保表中要添加外键约束列的值全部符合引用表中对应的列值，否则就会出现添加外键约束失败的错误，通常情况会在表中还没有添加数据时为数据表添加外键约束。

　　【例 2.35】　假设表 2.10 供应商信息表(supplierinfo)和表 2.11 商品信息表已经存在，使用 SQL 语句把商品信息表中供应商编号(supplierid)设置成供应商信息表中供应商编号(id)的外键。

　　假设商品信息表中还没有数据，这样添加外键约束时不会出现错误，具体的语句如下：

　　　　　ALTER TABLE goodsinfo

　　　　　ADD CONSTRAINT fk_supperlierid FOREIGN KEY (supplierid)

　　　　　REFERENCES supplierinfo (id);

3. 删除外键约束

　　当一个表中不需要外键约束时，就需要从表中将其删除。一旦删除外键，就会解除主表和从表间的关联关系。删除外键约束的语法格式如下：

　　　　　ALTER TABLE table_name DROP FOREIGN KEY fk_name;

其中，fk_name 是外键约束的名称。

　　【例 2.36】　使用 SQL 语句删除商品信息表(goodsinfo)中名为 fk_supperlierid 的外键约束。

　　具体语句如下：

　　　　　ALTER TABLE goodsinfo DROP FOREIGN KEY fk_supperlierid;

4. 使用 Navicat 设置外键约束

　　【例 2.37】　使用 Navicat 图形工具，为商品信息表(goodsinfo)的 supplierid 供应商编号字段创建外键，其主键为供应商信息表(supplierinfo)中的供应商编号 id 字段。

　　操作步骤如下：

　　(1) 在 Navicat 中 "db_shop" 数据库下，打开 goodsinfo 表设计器。

　　(2) 在表设计器中单击"外键"选项卡，输入外键的名称和选择相应的属性值，如图 2.35 所示。

　　(3) 单击工具栏 "保存" 按钮，完成表外键约束的设置。

图 2.35　使用 Navicat 设置外键约束

在图 2.35 中："名"为外键名称；"字段"为 goodsinfo 表中引用的数据列，即设置外键约束的列名；"被引用的模式"为设置被引用表所在的数据库名；"被引用的表"为主键表名；"被引用的字段"为主键列名；"删除时"或"更新时"为拒绝主表修改或更新外键关联列。

"删除时"和"更新时"两列有 4 个值可以选择：CASCADE、NO ACTION、RESTRICT、SET NULL，它们的区别如下：

CASCADE：删除或更新父表的时候，子表会被删除或更新关联记录；

SET NULL：删除或更新父表的时候，子表会将关联记录的外键字段所在列设为 NULL，所以注意在设计子表时外键不能设为 NOT NULL；

RESTRICT：如果想要删除父表的记录而在子表中有关联该父表的记录时，则不允许删除父表中的记录；

NO ACTION：同 RESTRICT，也是首先检查外键。

2.5.5　UNIQUE 约束

唯一(UNIQUE)约束是指所有记录中字段的值不能重复出现。唯一约束与主键约束有一个相似的地方，就是它们都能够确保列的唯一性。与主键约束不同的是，唯一约束在一个表中可以有多个，并且设置唯一约束的列是允许有空值的(虽然只能有一个空值)。例如，在用户信息表中，要避免表中的用户名重名，就可以把用户名列设置为唯一约束。

1. 在创建表时设置唯一约束

在创建表时可以直接为表中的列设置唯一约束。在创建表时设置唯一约束可以通过下面两种语法格式来完成，唯一约束的关键字是 UNIQUE。

1) 在列级设置唯一约束

设置列级唯一约束的具体语法格式如下：

```
CREATE TABLE   table_name
(
    column_name1   datatype   UNIQUE,
    column_name2   datatype,
    column_name3   datatype
        ⋮
);
```

2) 在表级设置唯一约束

添加表级唯一约束是在所有列定义的后面直接添加。具体的语法格式如下：

```
CREATE TABLE table_name
(
    column_name1   datatype,
    column_name2   datatype,
    column_name3   datatype
```

```
           ⋮
       [CONSTRAINT constraint_name] UNIQUE(col_name1),
       [CONSTRAINT constraint_name] UNIQUE(col_name2),
           ⋮
    );
```

其中：constraint_name 是唯一约束的名称，通常唯一约束以 uq_ 为前缀；若省略 [CONSTRAINT constraint_name]语句，唯一约束的名称则由系统自动生成。

一次可以给一到多列设置唯一约束。在表级设置唯一约束时，必须在 UNIQUE 关键字后面加上具体的列名。

【例 2.38】 分别使用上面两种语法，在创建商品信息表(productinfo)时将商品名称(name)设置成唯一约束。

在列级设置唯一约束的具体语句如下：

```
CREATE TABLE productinfo
(
    id int PRIMARY KEY,
    name varchar(20) UNIQUE,
    price decimal(6, 2),
    origin varchar(20),
    tel varchar(15),
    remark varchar(50)
);
```

在表级设置唯一约束的具体语句如下：

```
CREATE TABLE productinfo
(
    id int PRIMARY KEY,
    name varchar(20),
    price decimal(6,2),
    origin varchar(20),
    tel varchar(15),
    remark varchar(50),
    CONSTRAINT uq_name UNIQUE(name)
);
```

执行上面的语句，完成为商品信息表(productinfo)中的商品名称列(name)设置唯一约束。

2．在修改表时添加唯一约束

虽然在创建表时设置唯一约束有两种方法，但是在修改表时添加唯一约束只有一种方法。读者可以对比之前学习过的几种约束，看看在修改表时添加唯一约束有什么变化。另外，在已经存在的表中添加唯一约束，要保证添加唯一约束的列中存放的值没有重复的。

在修改表时添加唯一约束的语法格式如下：

ALTER TABLE table_name ADD [CONSTRAINT constraint_name] UNIQUE(col_name);

【例 2.39】 给商品信息表(productinfo)中的供应商联系方式(tel)添加唯一约束。

将商品信息表中的供应商联系方式设置成唯一约束的具体语句如下：

ALTER TABLE productinfo

ADD CONSTRAINT uq_productinfo_tel UNIQUE(tel);

执行上面的语句，为商品信息表中的 tel 列添加了一个名为 uq_productinfo_tel 的唯一约束。

3. 删除唯一约束

任何一种约束都可以删除，删除唯一约束的方法很简单，只要知道约束的名称就可以删除。删除唯一约束的语法格式如下：

ALTER TABLE table_name DROP CONSTRAINT constraint_name;

【例 2.40】 删除商品信息表(productinfo)中供应商联系方式(tel)列的唯一约束。

供应商联系方式(tel)列的唯一约束是在例 2.39 中添加的，名称是 uq_productinfo_tel。删除该约束的具体语句如下：

ALTER TABLE productinfo DROP CONSTRAINT uq_productinfo_tel;

4. 使用 Navicat 管理唯一约束

由于唯一约束不需要设置任何表达式，因此它在 Navicat 中的设置也非常简单。无论是在创建表的时候设置唯一约束，还是在修改表时添加唯一约束，都可以在表设计完成以后，切换到"索引"选项卡，在"名"一栏填写索引名称，"字段"栏选择字段名称，在"索引类型"栏选择"UNIQUE"选项即可，如图 2.36 所示。删除唯一约束则选择菜单栏的"删除索引"选项即可完成。

图 2.36　Navicat 工具管理唯一约束

2.5.6　DEFAULT 约束

默认值(DEFAULT)约束用来指定某列的默认值。在表中插入一条新记录时，如果没有为某个字段赋值，系统就会自动为这个字段插入默认值。例如，在员工信息表中，部门位置在北京的较多，那么部门位置就可以默认为"北京"，系统就会自动为这个字段赋值为

"北京"。默认值约束通常用在已经设置了非空约束的列，这样能够防止数据表在录入数据时出现错误。

1. 在创建表时设置默认值约束

创建表时可以使用 DEFAULT 关键字设置默认值约束。具体的语法格式如下：

```
CREATE TABLE table_name
(
    column_name1    datatype    DEFAULT constant_expression,
    column_name2    datatype,
    column_name3    datatype
        ⋮
);
```

其中，constant_expression 为该字段设置的默认值，如果是字符类型的，要用单引号括起来。

【例 2.41】 在创建商品信息表(productinfo)时将产地列(origin)设置一个默认值"重庆"约束。

根据在创建表时设置默认值约束的语法，设置产地列的默认值"重庆"的具体语句如下：

```
CREATE TABLE productinfo
(
    id int PRIMARY KEY,
    name varchar(20),
    price decimal(6, 2),
    origin varchar(20) DEFAULT '重庆',
    tel varchar(15),
    remark varchar(50)
);
```

2. 在修改表时添加默认值约束

在修改表时添加默认值约束的语法格式如下：

```
ALTER TABLE table_name
CHANGE COLUMN column_name column_name datatype DEFAULT constant_expression;
```

【例 2.42】 给商品信息表(productinfo)中的备注列(remark)添加默认值约束，将其默认值设置成"保质期为 1 天"。

具体语句如下：

```
ALTER TABLE productinfo
CHANGE COLUMN remark remark varchar(50) DEFAULT '保质期为 1 天';
```

3. 删除默认值约束

当一个表中的列不需要设置默认值时，就需要从表中将其删除。修改表时删除默认值约束的语法格式如下：

```
ALTER TABLE table_name
CHANGE COLUMN column_name column_name datatype DEFAULT NULL;
```

4. 使用 Navicat 工具管理默认值

同唯一约束一样，默认值约束的设置、添加和删除也很简单。在如图 2.37 所示界面中，选中需要管理默认值的列，在默认值对应的文本框中可以输入设置值，也可以设置 NULL 或者空字符串。

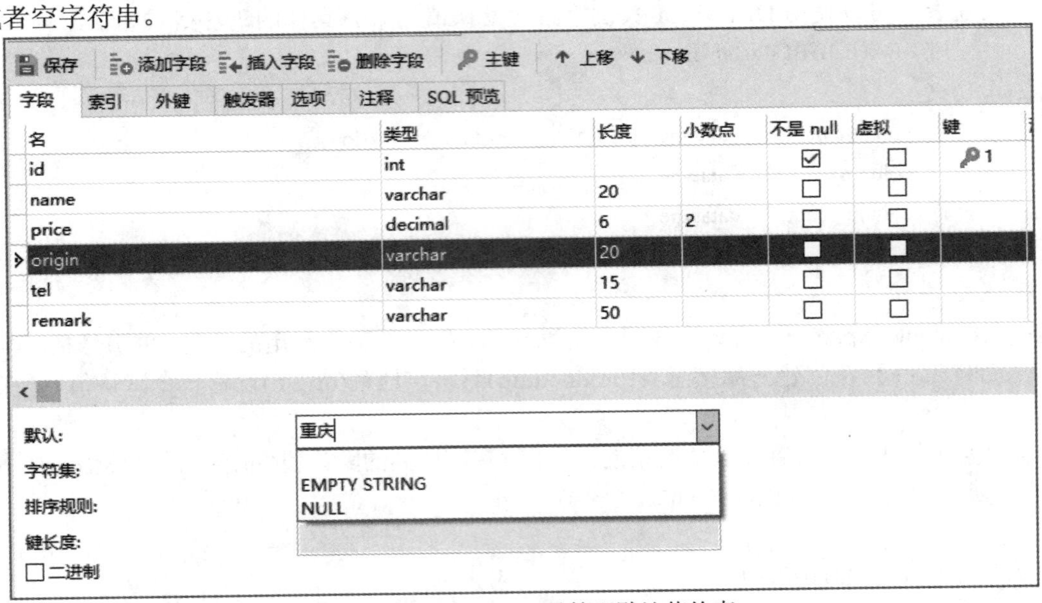

图 2.37　用 Navicat 工具管理默认值约束

课 后 练 习

一、填空题

1. 设置主键约束、检查约束、非空约束、唯一约束、默认值约束和外键约束的关键字分别是( )、( )、( )、( )、( )、( )和( )。

2. 查看表结构的语法格式为( )。

3. 查看数据表的语法格式为( )。

4. 修改字段名的语法格式为( )。

5. 在表的最后一列添加字段的语法格式为( )。

6. 确保列中值唯一的约束有( )。

7. 确保列的值是非空的约束有( )。

8. 必须在列级设置的约束是( )。

二、选择题

1. 下列关于主键约束的描述中正确的是( )。

A. 一个表中可以有多个主键约束　　　　B. 一个表中只能有一个主键约束

C. 主键约束只能由一个字段组成　　　　D. 以上都不对

2. ( )涉及两个表。

A. 外键约束　　　B. 主键约束　　　　C. 检查约束　　　　D. 唯一约束

3.下面对检查约束的描述正确的是( )。

A. 一个列可以设置多个检查约束　　　B. 一个列只能设置一个检查约束

C. 检查约束中只能写一个检查条件　　　D. 以上都不对

三、问答题

1. 约束的作用什么?

2. 为什么要使用默认值约束?

3. 主键约束和唯一约束的区别是什么?

四、操作题

1. 使用商品信息表(productinfo)完成如下的约束操作。

(1) 给商品信息表中的编号列设置主键约束。

(2) 给商品信息表中价格列设置检查约束,要求商品价格为1~10 000元。

(3) 给商品信息表中名称列设置唯一约束。

(4) 删除之前设置的所有约束。

2. 根据表 2.12 所列出的字段信息创建一个数据表,选择使用合适的存储引擎、数据类型和字符集,并对表进行各种操作,如设置、添加、删除约束、查看修改表结构等。

表 2.12　t_worker 表结构

字段	数据类型	约束	注释
id	INT	主键、检查	员工编号
name	VARCHAR(20)	非空	员工姓名
sex	ENUM('男', '女')	默认值"男"	员工性别
hobby	SET('football', 'basketball', 'vollyball')		员工爱好
score	FLOAT(3, 1)	无符号	绩效评分
mobile	VARCHAR(11)	唯一、非空	手机号
intro	TEXT		简介
entry_time	DATATIME		入职时间

项目三

操作表中的数据

数据在表中以一条条记录的形式存在，用户可以使用 DML(Data Manipulation Language，数据操作语言)语句对数据进行操作，包括插入数据、修改数据、删除数据和查询数据等。本项目主要讲解数据的插入、修改和删除操作，查询操作将在下一个项目中讲解。

学习目标

(1) 掌握向表的所有字段和指定字段插入数据的方法。

(2) 掌握向表中插入多条数据和将其他表数据插入表中的方法。

(3) 掌握修改表中数据的常用方法。

(4) 掌握删除表中所有数据和指定数据的方法。

任务 3.1　插 入 数 据

【任务描述】 数据库是存放数据的仓库，对数据表进行数据的插入、更新和删除是最基本的操作。实际应用中，众多的业务都需要对系统数据进行更改，如在网上商城系统中，用户可以将商品加入购物车，也可以修改或删除购物车里面的商品。本任务是学会根据各种要求，向数据表中插入相关数据。

3.1.1　使用 Navicat 图形工具插入数据

进入 Navicat for MySQL 并选择数据库，此处为 db_shop，然后选中要插入数据的表，如 t_user 表，单击"打开表"按钮，或者双击表名，即可打开插入数据的界面，如图 3.1 所示。

打开表后，单击编辑区域左下角的"+"按钮可增加一行空白记录，在记录中填写完数据，最后单击"✓"按钮即可完成记录的插入。重复该操作，可以插入多条记录。

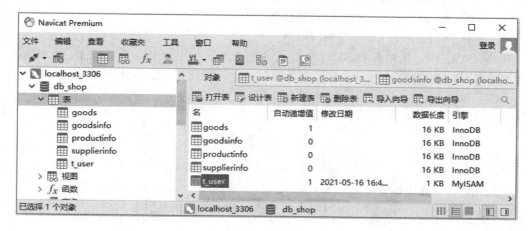

图 3.1　打开表

3.1.2　INSERT 语句

数据库与表创建成功以后，需要向数据库的表中插入数据。在 MySQL 中可以使用 INSERT 语句向数据库已有的表中插入一行或者多行元组数据。

在 MySQL 中，INSERT 语句有两种语法形式，分别是 INSERT…VALUES 语句和 INSERT…SET 语句。由于在其他数据库中不一定支持 INSERT…SET 语句，所以在项目开发中，为了数据库的可移植性，建议用 INSERT…VALUES 语句。

1. INSERT…VALUES 语句

INSERT…VALUES 语句的基本语法格式如下：

        INSERT [INTO]　table_name[(col_name1[, col_name2, …)]
        VALUES (value1 [, value2, …]);

其中：table_name 为被操作的表名；INTO 关键字，可以被省略；col_name 为需要插入数据的列名(若向表中的所有列插入数据，则全部的列名均可以省略)；value 为向数据表中指定列添加的值(该值与表中列是一一对应的，不仅个数要一致，数据类型和对应顺序也要一致，否则会报错)。如果插入一条数据，VALUES 关键字可以用 VALUE 关键字代替。

2. INSERT…SET 语句

INSERT…SET 语句的基本语法格式如下：

        INSERT　[INTO]　table_name
        SET　col_name1 = value1, col_name2 = value2, …;

此语句用于直接给表中的某些列指定对应的列值，即要插入的数据的列名在 SET 子句中指定，其中 col_name 为指定的列名，等号后面为指定的数据，而对于未指定的列，列值会指定为该列的默认值。

由 INSERT 语句的两种形式可以看出：

(1) 使用 INSERT…VALUES 语句可以向表中一次插入一行数据，也可以插入多行数据。

(2) 使用 INSERT…SET 语句可以指定插入行中每列的值，也可以指定部分列的值。

(3) 使用 INSERT…SELECT 语句可以向表中插入其他表的数据。

(4) 使用 INSERT…SET 语句可以向表中插入部分列的值，这种方式更为灵活。

在 MySQL 中，用单条 INSERT 语句处理多个插入要比使用多条 INSERT 语句更快。当使用单条 INSERT 语句插入多行数据的时候，只需要将每行数据用圆括号括起来即可。

3.1.3　向表中全部列插入数据

向表中所有的列同时插入值是一个比较常见的应用。下面就用一个例子来演示如何应用 INSERT 语句向表中全部列插入值。在演示之前，先了解本任务中要操作的数据表结构，如表 3.1 所示，该表中没有任何约束。

表 3.1　银行账号信息表(bankaccount)结构

序　号	列　名	数据类型	中文释义
1	id	INT	账号
2	name	VARCHAR(20)	姓名
3	password	VARCHAR(20)	密码
4	level	INT	等级
5	balance	DECIMAL(9，2)	余额
6	bankcode	INT	银行代码
7	idcard	CHAR(18)	身份证号
8	tel	CHAR(11)	手机号码
9	address	VARCHAR(20)	家庭地址
10	remark	VARCHAR(200)	备注

根据表 3.1 所示的结构，创建银行账号信息表的语句如下：

```
CREATE TABLE bankaccount (
    id INT,
    name VARCHAR (20),
    password VARCHAR (20),
    level INT,
    balance DECIMAL (9, 2),
    bankcode INT,
    idcard CHAR (18),
    tel CHAR (11),
    address VARCHAR (20),
    remark VARCHAR (200)
);
```

【例 3.1】　使用 INSERT 语句的两种形式，向银行账号信息表(bankaccount)中插入数据，如表 3.2 所示。

表 3.2　添加数据表

账号	姓名	密码	等级	余额	银行代码	身份证号	手机号码	家庭住址	备注
1	张三	112233	1	1000	1001	110101199803041124	13278651234	陈家湾	无
2	李四	332211	2	2000	1002	220112200103052345	14389765436	重庆市	待业

使用 INSERT 语句的两种形式，向银行账号信息表中插入数据的具体语句如下：

insert into bankaccount values(1, '张三', '112233', 1, 1000, 1001, '110101199803041124',
'13278651234', '陈家湾', '无');

insert into bankaccount set id = 2, name = '李四', password = '332211', level = 2, balance = 2000,
bankcode = 1002, idcard = '220112200103052345', tel = '14389765436',
address = '重庆市', remark = '待业';

执行上面的语句，向数据表中添加了两条记录，通过 Navicat 图形工具打开银行账号信息表，可以看到插入成功的数据，如图 3.2 所示。

id	name	password	level	balance	bankcode	idcard	tel	address	remark
1	张三	112233	1	1000.00	1001	110101199803041124	13278651234	陈家湾	无
2	李四	332211	2	2000.00	1002	220112200103052345	14389765436	重庆市	待业

图 3.2　插入数据结果

3.1.4　给指定列插入数据

在实际工作中，插入数据时并不是每次都需要向表中的所有列插入数据，这时用 INSERT 语句在插入数据时指定列名就可以。

【例 3.2】　使用 INSERT 语句的两种形式，向银行账号信息表(bankaccount)中插入数据，如表 3.3 所示。

表 3.3　插入指定列数据

账号	姓名	密码	等级	余额	银行代码	身份证号	手机号码
3	陈飞	111	2	1300	1002	210101199809082345	18996567135
4	李琳	222	2	1500	1003	513022199612081235	13776562453

将表 3.3 和数据库表所示内容相比较，可以看出家庭住址和备注两列不需要插入数据，因此具体的 SQL 语句如下：

INSERT INTO bankaccount (id, name, password, level, balance, bankcode, idcard, tel)
VALUES(3, '陈飞',　'111', 2, 1300, 1002, '210101199809082345', '18996567135');

INSERT INTO bankaccount SET
id = 4,
NAME = '李琳',
PASSWORD = '222',

```
level = 2,
balance = 1500,
bankcode = 1003,
idcard = '513022199612081235',
tel = '13776562453';
```

3.1.5　为自动增长约束列插入数据

在 MySQL 中，自动增长约束一般与主键联合使用，只能在整型的列上设置自动增长约束。当主键被定义为自增长后，这个主键的值就可以不再需要用户输入数据，而由数据库系统根据定义自动赋值。

插入自动递增列数据，语法上可以使用前面全部列和指定列插入数据的方式，但实际应用中，都不需要用户输入数据，因此，可以使用把自动增长列值设置为 NULL 的语法格式完成数据插入。

【例 3.3】 使用 SQL 语句为银行账号信息表(bankaccount)中的 id 列设置自动增长约束，并为其插入一条数据。

操作步骤如下：

(1) 打开银行账号信息表的设计界面，在图中选中"id"列，并设置该列为主键并勾选"自动递增"复选框，如图 3.3 所示。

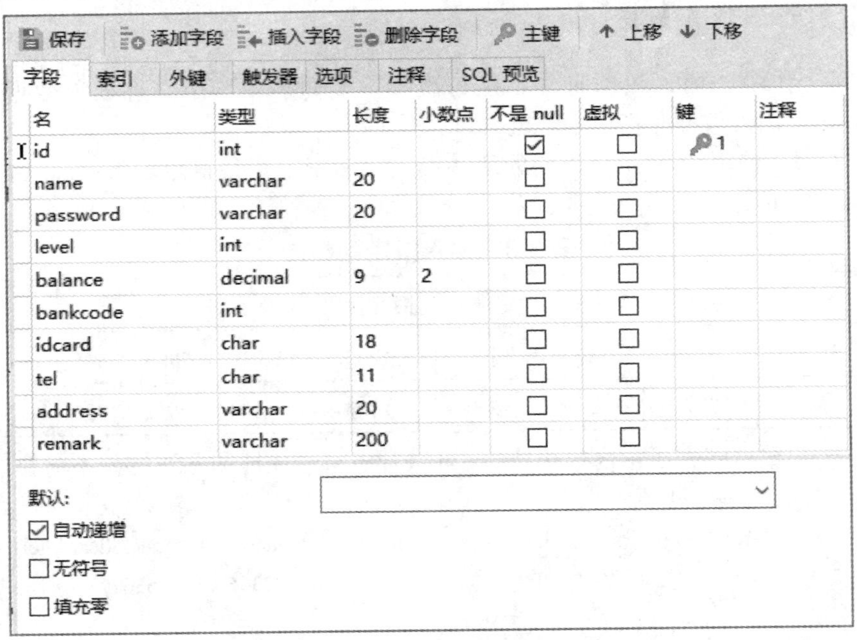

图 3.3　设置自动增长约束

(2) 如果将图 3.3 中数据的 id 列设置为自动增长，则插入第一条数据的语句如下：

```
INSERT INTO bankaccount (id, name, password, level, balance, bankcode, idcard, tel)
VALUES(null, '陈飞', '111', 2, 1300, 1002, '210101199809082345', '18996567135' );
```

3.1.6 使用默认值插入数据

在前面的内容中，已经提到过默认值约束的概念，它的作用是当设置默认值约束的列没有插入值时，系统会自动采用已经设置好的默认值。例如，银行账号信息表中的备注列，在没有添加具体的备注信息时，默认为"无"。这种情况可以在创建银行账号信息表时，为其备注字段设置默认值约束，默认值是"无"。由于我们已经创建了银行账号信息表，可以使用下面语法给该表的备注列加上默认值"无"。

```
ALTER   TABLE   bankaccount
CHANGE   COLUMN   remark   remark   VARCHAR(200)   DEFAULT '无';
```

执行上面的语句，即可为银行账号信息表的备注字段添加默认值约束。

【例3.4】使用SQL语句向银行账号信息表(bankaccount)中插入如表3.4所示的数据。

表 3.4   插入银行账号信息表的数据

姓名	密码	等级	余额	银行代码	身份证号	手机号	家庭住址	备注
王胜利	123456	1	5000	1003	210105199202181223	18812345679	沈阳市	无
蒋丽	654321	2	1500	1001	130010199602181223	18612345678	未知	新开户

根据表3.4所示的数据可知，账号字段使用自动增长值，第一条数据中的备注字段是"无"，可以在插入数据的时候利用默认值，具体的语句如下：

```
INSERT INTO bankaccount (id, name, password, level, balance, bankcode, idcard, tel, address)
VALUES (NULL, '王胜利', '123456', 1, 5000, 1003, '210105199202181223', '18812345679',
    '沈阳市' );
INSERT INTO bankaccount VALUES(NULL, '蒋丽', '654321', 2, 1500, 1001,
    '130010199602181223', '18612345678', '未知', '新开户');
```

执行上面的语句，为银行账号信息表添加两条记录，那么第一条记录中备注字段的值究竟是不是"无"呢?我们可以查询银行账号信息表看效果。

3.1.7 复制表中的数据

表和表之间的数据复制要遵循列的个数和数据类型一致性的原则。此外，可以有选择地复制表中一部分列中的数据。

INSERT INTO…SELECT…FROM 语句用于快速地从一个或多个表中取出数据，并将这些数据作为行数据插入另一个表中。SELECT 子句返回的是一个查询到的结果集，INSERT 语句将这个结果集插入指定表中，结果集中的每行数据的字段数、字段的数据类型都必须与被操作的表完全一致。

复制表中的数据的基本语法格式如下：

```
INSERT INTO table_name1(column_name1, column_name2, …)
SELECT column_name_1, column_name_2, …
FROM table_name2;
```

其中：table_name1 是插入数据的表；column_name1 是表中要插入值的列名；table_name2

是源数据的表；column_name_1 是 table_name2 中的列名。

【例 3.5】使用 SQL 语句将表 bankaccount 中的姓名和密码复制到表 bankaccount1 中。

由于表 bankaccount1 不存在，因此需要先创建该表。该表仅含有姓名和密码列，创建 bankaccount1 的具体语句如下：

```
CREATE TABLE bankaccount1
(
    namevarchar(20),
    password varchar(20)
);
```

执行上面的语句，完成表 bankaccount1 的创建。将表 bankaccount 中的姓名和密码复制到表 bankaccount1 中，具体的语句如下：

```
INSERT INTO bankaccount1 (name, password)
SELECT name, password FROM bankaccount;
```

执行上面的语句，将表 bankaccount 中的数据复制到表 bankaccount1 中，其效果如图 3.4 所示。可以看出表 bankaccount1 中添加了 4 条记录。

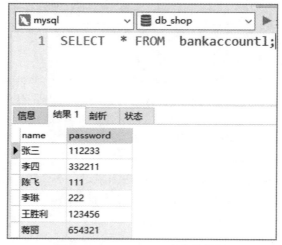

图 3.4   bankaccount1 表中的数据

3.1.8 批量添加

在前面的内容中介绍了同时向表中添加多条数据的操作，实际上只是批量地执行 INSERT INTO 语句。同样的操作却要重复地写语句，既浪费时间又影响了数据库执行的性能。那么有没有办法只用一条语句就能批量增加数据呢？下面的语法格式就可以完成一次添加多条数据。

```
INSERT INTO table_name(column_name1, column_name2, …)
VALUES (value1, value2, …),
       (value1, value2, …),
       ⋮
```

在 VALUES 后面列出要添加的数据，每条数据之间用 "," 隔开。

【例 3.6】　使用 SQL 语句向表 bankaccount1 中添加如表 3.5 所示的数据。

表 3.5　批量添加数据

姓　名	密　码
Anny	112 233
Sophia	123 456
Billy	654 321

添加数据的语句如下：

```
insert into bankaccount1
values('Anny', '112233'),
        ('Sophia', '123456'),
        ('Billy', '654321');
```

任务 3.2　修　改　数　据

【任务描述】　数据库表中的数据有时会发生改变，例如某个人的电话联系方式改变、家庭地址改变等。如果用户信息发生变化，则可以通过修改数据的功能来完成数据信息的更改，而不需要把该用户所有的注册信息全部删除再重新进行添加。本任务就是学习如何修改数据表中的数据。

3.2.1　UPDATE 语句

修改数据表中的数据使用的是 UPDATE 语句，但修改数据表的语句也有很多种形式。这里给出一个通用的语法格式以便读者学习。

修改数据表的一般语法格式如下：

```
UPDATE table_name
SET  column_name1 = value1[, column_name2 = value2…]
[WHERE conditions]
[ORDER BY conditions]
[LIMIT conditions];
```

其中：table_name 是需要修改数据的表名；column_name 是需要修改列的名称；value 是给列设置的新值。修改一行数据的多个列值时，SET 子句的每个值用逗号分开即可。

WHERE conditions：可选项，用于限定表中要修改的行。若不指定，则修改表中所有的行。

ORDER BY conditions：可选项，用于限定表中的行被修改的次序。

LIMIT conditions：可选项，用于限定被修改的行数。

3.2.2 不指定条件修改数据

在上面修改数据表的语法中，WHERE conditions 等可选项语句就是不指定条件修改数据，不指定条件即为修改表中的全部数据。

【例 3.7】 使用 SQL 语句修改银行账号信息表(bankaccount)中的备注列(remak)，将其值全部修改成"无"。

根据题目要求只是修改银行账号信息表的一列，也就是在 UPDATE 中的 SET 语句后只有一个列。具体语句如下：

```
UPDATE bankaccount SET remark = '无';
```

执行上面的语句，将银行账号信息表中 remark 列的值修改成了"无"，运行结果如图 3.5 所示。

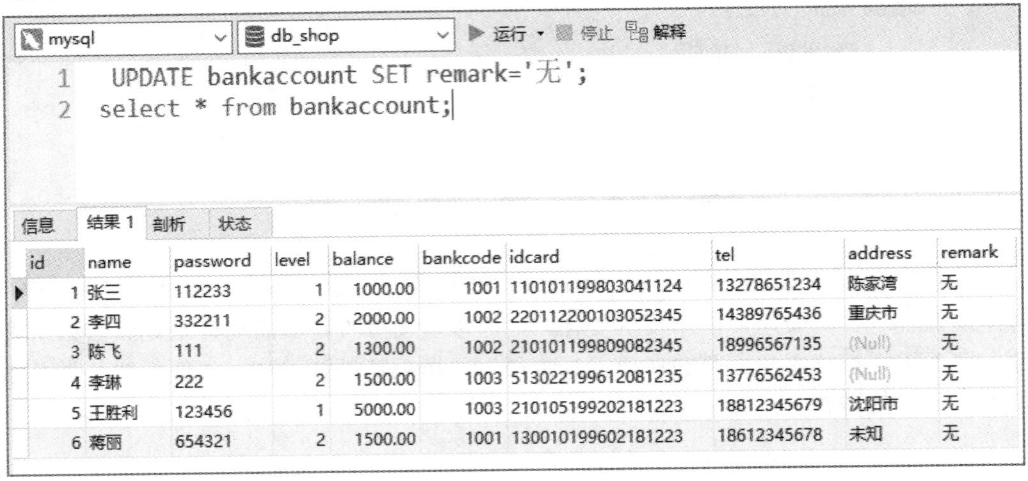

```
1  UPDATE bankaccount SET remark='无';
2  select * from bankaccount;
```

id	name	password	level	balance	bankcode	idcard	tel	address	remark
1	张三	112233	1	1000.00	1001	110101199803041124	13278651234	陈家湾	无
2	李四	332211	2	2000.00	1002	220112200103052345	14389765436	重庆市	无
3	陈飞	111	2	1300.00	1002	210101199809082345	18996567135	(Null)	无
4	李琳	222	2	1500.00	1003	513022199612081235	13776562453	(Null)	无
5	王胜利	123456	1	5000.00	1003	210105199202181223	18812345679	沈阳市	无
6	蒋丽	654321	2	1500.00	1001	130010199602181223	18612345678	未知	无

图 3.5 修改银行账号信息表 remark 列

从图 3.5 中可以看出，通过上面的语句，将银行账号信息表中 remark 列全部修改成了"无"。请读者尝试，将银行账号信息表中所有的银行代码(bankcode)和等级(level)列分别修改成 1001 和 1。

3.2.3 按指定条件修改数据

所谓按指定条件修改数据，就是在 UPDATE 语句中使用 WHERE 子句指定条件，按条件有选择地修改数据表中的数据。例如，将银行账号信息表中银行代码是 1001 的都修改成 1011，将等级是 1 级的都修改成 2 级等。

【例 3.8】 使用 SQL 语句将银行账号信息表(bankaccount)中银行代码是 1001 的更改为 1011。

根据题目要求，修改银行账号信息表的条件只有一个，并且要修改的列只有银行代码列。具体语句如下：

```
UPDATE bankaccount SET bankcode = 1011 WHERE bankcode = 1001;
```

通过执行上面的语句将银行账号信息表中银行代码 1001 全部修改成 1011，运行结果如图 3.6 所示。如何知道修改语句执行成功了呢？如果银行账号信息表中没有 1001 的银行代码就说明修改成功了。

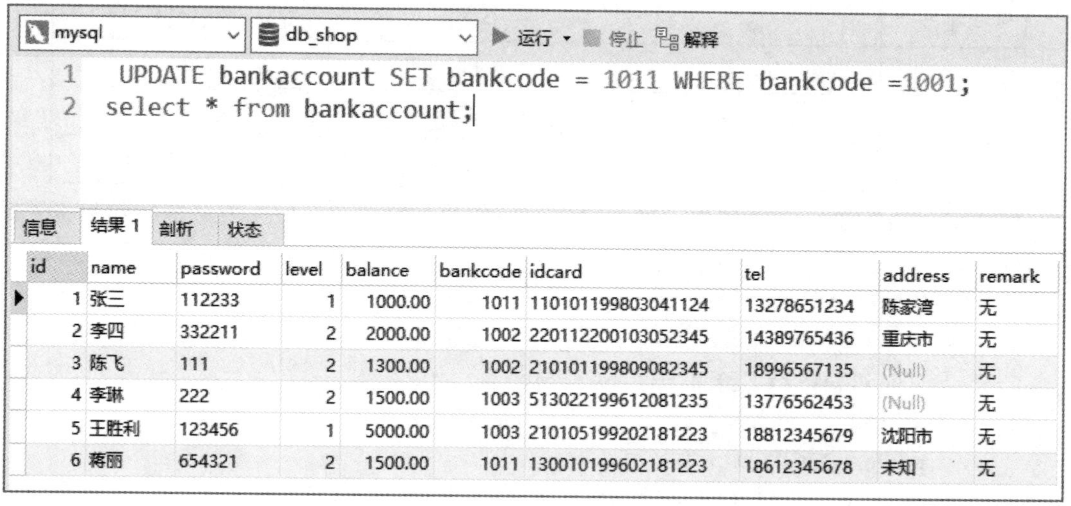

mysql	db_shop	▶运行 ▾ ■停止 📇解释

```
1    UPDATE bankaccount SET bankcode = 1011 WHERE bankcode =1001;
2  select * from bankaccount;
```

信息　结果 1　剖析　状态

id	name	password	level	balance	bankcode	idcard	tel	address	remark
1	张三	112233	1	1000.00	1011	110101199803041124	13278651234	陈家湾	无
2	李四	332211	2	2000.00	1002	220112200103052345	14389765436	重庆市	无
3	陈飞	111	2	1300.00	1002	210101199809082345	18996567135	(Null)	无
4	李琳	222	2	1500.00	1003	513022199612081235	13776562453	(Null)	无
5	王胜利	123456	1	5000.00	1003	210105199202181223	18812345679	沈阳市	无
6	蒋丽	654321	2	1500.00	1011	130010199602181223	18612345678	未知	无

图 3.6　按指定条件修改银行账号信息表

3.2.4　根据其他表的数据更新表

上面几个修改数据表的例子都是通过自己指定数据修改的，如果要修改的数据在数据库中的另一个表中已经存在了，可不可以直接复制过来使用呢?当然是可以的，实现从另一个表复制数据的语法格式如下：

　　　　UPDATE table_name, tablel_name

　　　　SET table_name.column_namel = tablel_name.column_namel,

　　　　table_name.column_name2 = tablel_name.column_name2, …

　　　　WHERE conditions

或者

　　　　UPDATE table_name 　　SET table_name. column_name =

　　　　(

　　　　　SELECT tablel_name.column_name

　　　　　FROM tablel_name

　　　　　WHERE table_name.column_name = tablel_name.column_name

　　　　);

其中：table_name 是要修改的数据表名称；column_name 是要修改数据表中的列名；tablel_name 是要复制数据的数据表名称；tablel_name.column_name 是要复制数据的列，(记住，一定要在列名前面加上表名)；conditions 是条件，它是指按什么条件复制表中的数据。

　　按照上面的语法格式可以在修改数据表时使用其他表中的数据。在练习之前先创建一个数据表并存入一些数据，以便复制数据使用。创建一张银行卡等级信息表(cardlevel)，其结构如表 3.6 所示。

表 3.6　银行卡等级信息表(cardlevel)结构

序号	列名	数据类型	描述
1	id	INT	等级编号
2	level	INT	等级
3	minlimit	DECIMAL(9, 2)	存款额最小额
4	maxlimit	DECIMAL(9, 2)	存款额最大额

银行卡等级信息表主要描述了每种等级对应的存款额要求，根据表结构创建数据表的语句如下：

```
CREATE TABLE cardlevel
(
    id int PRIMARY KEY AUTO_INCREMENT,
    level int,
    minlimit DECIMAL(9, 2),
    maxlimit DECIMAL(9, 2)
);
```

执行创建数据表语句后，再为其添加数据，这样要复制的数据来源就创建好了。为银行卡等级信息表添加数据的语句如下：

```
INSERT INTO cardlevel
VALUES   (null, 1, 0, 5000),
         (null, 2, 5001, 20000),
         (null, 3, 20001, 100000);
```

【例 3.9】使用 SQL 语句将银行账号信息表(bankaccount)中的等级信息按照银行卡等级信息表(cardlevel)中每个等级对应的存款额度进行更新。

根据题目要求，要更新银行账号信息表中的等级，也就是说存款金额在 5000 以内的更新为 1 级，在 5000 到 20 000 之间的更新为 2 级，依次类推。两种格式的具体语句如下：

```
UPDATE bankaccount, cardlevel
SET bankaccount.level = cardlevel.level
WHERE
    bankaccount.balance >= cardlevel.minlimit
    AND bankaccount.balance <= cardlevel.maxlimit;
```

或者

```
UPDATE bankaccount SET bankaccount.level =
( SELECT level FROM cardlevel
  WHERE
    bankaccount.balance >= cardlevel.minlimit
    AND bankaccount.balance <= cardlevel.maxlimit);
```

执行完上面的语句，将银行账号信息表中的银行卡等级根据卡中存款额进行更新，运行结果如图 3.7 所示。

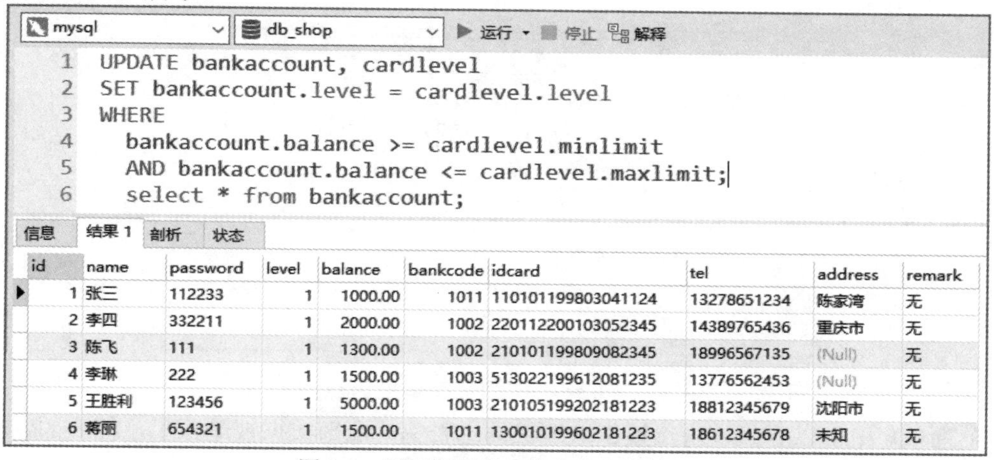

```
UPDATE bankaccount, cardlevel
SET bankaccount.level = cardlevel.level
WHERE
  bankaccount.balance >= cardlevel.minlimit
  AND bankaccount.balance <= cardlevel.maxlimit;
select * from bankaccount;
```

id	name	password	level	balance	bankcode	idcard	tel	address	remark
1	张三	112233	1	1000.00	1011	110101199803041124	13278651234	陈家湾	无
2	李四	332211	1	2000.00	1002	220112200103052345	14389765436	重庆市	无
3	陈飞	111	1	1300.00	1002	210101199809082345	18996567135	(Null)	无
4	李琳	222	1	1500.00	1003	513022199612081235	13776562453	(Null)	无
5	王胜利	123456	1	5000.00	1003	210105199202181223	18812345679	沈阳市	无
6	蒋丽	654321	1	1500.00	1011	130010199602181223	18612345678	未知	无

图 3.7　更新银行账号信息表中的等级

从运行结果中可以看出，银行账号信息表中的 4 行数据已经更新，且银行账号信息表中的等级已经按照银行卡等级中的额度范围进行了更新。

任务 3.3　删　除　数　据

【任务描述】　如果某些数据已经没有作用就可以将其删除。但是，删除的数据不容易恢复，所以要注意备份。MySQL 中使用 DELETE 或 TRUNCATE 语句来删除数据。本任务的目的就是掌握使用不同的语句按条件删除不同的数据。

3.3.1　DELETE 语句

在删除数据表中的数据前，如果不能确定这个数据以后是否还会有用，则一定要对该数据先进行备份，删除数据表中的数据使用的一般语法格式如下：

DELETE FROM table_name

WHERE conditions;

其中：table_name 是要删除数据的数据表名称；conditions 是条件，即按照指定条件删除数据表中的数据，如果没有指定删除条件，则删除表中的全部数据。

3.3.2　删除表中的全部数据

删除表中的全部数据，就是在使用删除语句时不加 WHERE 子句，下面就通过例题来演示如何删除表中的全部数据。

【例 3.10】　使用 SQL 语句将银行卡等级信息表(cardlevel)中的数据全部删除。

根据题目要求，具体语句如下：

DELETE FROM cardlevel;

执行上面的语句后，银行卡等级信息表中的记录就消失了，只剩下一张空表，运行结果如图 3.8 所示。

图 3.8　删除数据后的银行卡等级信息表

　　从图 3.8 中可以看出，虽然银行卡等级信息表中的全部数据被删除了，但表的结构还存在。

3.3.3　按条件删除数据

　　在实际应用中，删除表中全部数据的操作是不太常用的，经常使用的是按条件删除数据，即在删除表中数据的语法中加 WHERE 子句。

　　【例 3.11】使用 SQL 语句将银行账号信息表(bankaccount)中银行代码是 1011 的记录删除。

　　根据题目要求，只删除银行代码是 1011 的记录，具体语句如下：

　　　　　DELETE FROM bankaccount WHERE bankcode = 1011;

　　执行上面的语句，将银行账号信息表中银行代码是 1011 的记录删除后，查看银行账号信息表，运行结果如图 3.9 所示。

id	name	password	level	balance	bankcode	idcard	tel	address	remark
2	李四	332211	1	2000.00	1002	2201122001030052345	14389765436	重庆市	无
3	陈飞	111	1	1300.00	1002	210101199809082345	18996567135	(Null)	无
4	李琳	222	1	1500.00	1003	513022199612081235	13776562453	(Null)	无
5	王胜利	123456	1	5000.00	1003	210105199202181223	18812345679	沈阳市	无

图 3.9　按条件删除数据后的银行账号信息表

3.3.4　使用 TRUNCATE TABLE 语句清空表中的数据

　　前面已经讲到在清空表中的数据时，可以使用 DELETE 语句完成。实际上，除了使用 DELETE 语句外，还可以使用 TRUNCATE TABLE 语句清空表中的数据。TRUNCATE TABLE 语句的语法很简单，只需要在其后面加上表名就可以了。具体的语法格式如下：

TRUNCATE TABLE table_name;

【例 3.12】 使用 TRUNCATE TABLE 语句删除银行账号信息表(bankaccount)中的数据。
根据题目的要求，删除银行账号信息表中的数据，具体语句如下：

TRUNCATE TABLE bankaccount;

执行上面的语句，将银行账号信息表中的数据全部删除，运行结果如图 3.10 所示。

图 3.10 删除银行账号信息表中的数据

从逻辑上说，TRUNCATE 语句与 DELETE 语句作用相同，但是在某些情况下，两者
在使用上有所区别。TRUNCATE 语句和 DELETE 语句的区别如下：

(1) DELETE 是 DML 类型的语句，TRUNCATE 是 DDL 类型的语句，它们都用来清
空表中的数据。

(2) DELETE 是逐行一条一条删除数据的；TRUNCATE 则是直接删除原来的表，再重
新创建一个一模一样的新表，而不是逐行删除表中的数据，执行速度比 DELETE 快。因此
需要删除表中全部的数据行时，尽量使用 TRUNCATE 语句，可以缩短执行时间。

(3) DELETE 删除数据后，配合事件回滚可以找回数据；TRUNCATE 不支持事务的回
滚，数据被删除后无法找回。

(4) DELETE 删除数据后，系统不会重新设置自增字段的计数器；TRUNCATE 清空
表记录后，系统会重新设置自增字段的计数器。

(5) DELETE 的使用范围更广，因为它可以通过 WHERE 子句指定条件来删除部分数
据；而 TRUNCATE 不支持 WHERE 子句，只能删除全部数据。

(6) DELETE 会返回删除数据的行数，但是 TRUNCATE 只会返回 0，没有任何意义。

总之，当不需要该表时，用 DROP 语句；当仍要保留该表，但要删除所有记录时，用
TRUNCATE 语句；当要删除部分记录时，用 DELETE 语句。

3.3.5 使用 Navicat 图形工具操作数据表

前面学习了使用 SQL 语句对数据表中数据进行插入、修改以及删除等操作，使用这
些语句需要记住它们。现在学习一个简单的方法，使用 Navicat 图形工具操作数据表。

Navicat 图形工具是一个用鼠标操作的友好界面，使用 Navicat 操作表中的数据最能够
体现它的便利了。下面通过例题演示如何在 Navicat 中插入、修改以及删除数据。

【例 3.13】 在 Navicat 中对银行账号信息表(bankaccount)做如下操作：

(1) 向数据表中添加如表 3.7 所示的数据；

(2) 修改编号是 1 的记录，将其余额修改成 3000；

(3) 删除编号是 1 的记录。

表 3.7　Navicat 添加数据

账号	姓名	密码	等级	余额	银行代码	身份证号	手机号码	家庭住址	备注
1	张三	112233	1	1000	1001	110101199803041124	13278651234	陈家湾	无
2	李四	332211	2	2000	1002	220112200103052345	14389765436	重庆市	待业

对银行账号信息表做添加、修改和删除操作，都需要在银行账号信息表的表编辑界面中完成。在 Navicat 图形工具中，打开 db_shop 数据库中的表 bankaccount，如图 3.11 所示。

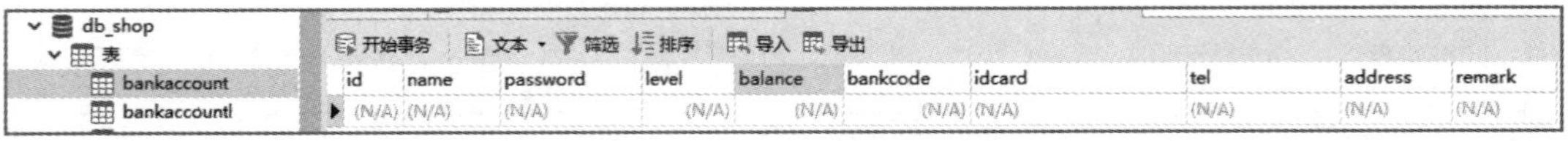

图 3.11　银行账号信息表的编辑界面

本题的 3 个小问，都可以在图 3.11 所示的界面中完成。下面分别讲解。

(1) 添加表 3.7 所示的数据。就像在 Excel 表中输入信息一样，录入表 3.7 所示的信息后，点击编辑界面左下方的"+"按钮则添加一条数据，点击"√"按钮则保存数据。效果如图 3.12 所示。

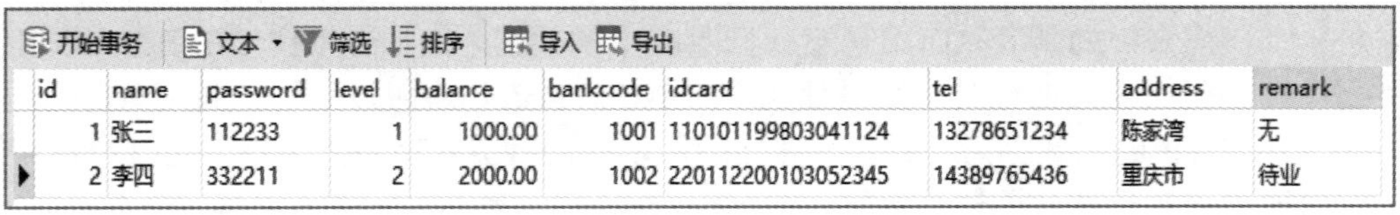

图 3.12　向 bankaccount 表中添加数据

(2) 将编号是 1 的记录余额改成 3000。在图 3.12 所示的界面中，直接将"id"为 1 的列所对应的"balance"列的值改成 3000 就可以了。

(3) 删除编号是 1 的记录。删除数据会稍微复杂一些，需要先单击要删除的记录使其处于选中状态，然后右击该记录，在弹出的快捷菜单中选择"删除 记录"选项，弹出如图 3.13 所示的对话框。在对话框中单击"删除一条记录"按钮，即可将所选的记录删除。

图 3.13　删除提示

如果要删除多条记录，不用一条一条地选择，只需要按 Shift 或 Ctrl 键选中要删除的记录，然后一起删除就可以了。

课 后 练 习

一、填空题

1. 删除表中全部数据，可以使用_____语句。

2. 未插入值的列，列中的值为_____。

3. 插入数据、修改数据和删除数据的关键字分别是_____、_____和_____。

4. 向表中所有字段插入数据的语法格式为_____。

5. 修改所有数据的语法格式为_____。

6. 删除指定数据的语法格式为_____。

二、选择题

1. 下面对向数据表中插入数据的描述正确的是(　　　)。

A. 可以一次向表中的所有字段插入数据

B. 可以根据条件向表中的字段插入数据

C. 可以一次向表中插入多条数据

D. 以上都对

2. MySQL 8.0 默认的数据引擎是(　　　)。

A. MyISAM　　　　　　　　　　B. InnoDB

C. CSV　　　　　　　　　　　　D. Memory

3. 设置表的默认字符集的关键字是(　　　)。

A. DEFAULT CHARACTER　　　　B. DEFAULT SET

C. DEFAULT　　　　　　　　　　D. DEFAULT CHARACTER SET

4. 下列(　　　)类型不是 MySQL 中常用的数据类型。

A. INT　　　　　　　　　　　　B. VAR

C. TIME　　　　　　　　　　　　D. CHAR

5. 关于 DATETIME 与 TIMESTAMP 两种数据类型的描述，错误的是(　　　)。

A. 两者值的范围不一样

B. 两者值的范围一样

C. 两者占用空间不一样

D. TIMESTAMP 可以自动记录当前日期时间

6. 创建表时，不允许某列的值为空可以使用(　　　)。

A. NOT NULL　　　　　　　　　B. NOT BLANK　　　　\

C. NO NULL　　　　　　　　　　D. NO BLANK

7. 以下(　　　)不是导致输入数据无效的原因。

A. 列值的取值范围　　　　　　　B. 列值所需要的存储空间数量

C. 列的精度　　　　　　　　　　　D. 设计者的习惯

8. 当选择某列的数据类型时，不应考虑的因素是(　　　)。

A. 列值的取值范围　　　　　　　　B. 列值所需要的存储空间数量

C. 列的精度　　　　　　　　　　　D. 设计者的习惯

9. 在 MySQL 中，删除列的 SQL 语句是(　　　)。

A. ALTER TABLE…DELETE　　　　B. ALTER TABLE…DELETE COLUMN…

C. ALTER TABLE…DROP　　　　　D. ALTER TABLE…DROP COLUMN…

10. 要快速清空一个表的数据，可以使用下列(　　　)语句。

A. DELETE TABLE　　　　　　　　B. TRUNCATE TABLE

C. DROP TABLE　　　　　　　　　D. CLEAR TABLE

11. 下列关于 TRUNCATE TABLE 的描述不正确的是(　　　)。

A. TRUNCATE 将删除表中的所有数据

B. 表中包含 AUTO INCREMENT 列，使用 TRUNCATE TABLE 可以重置序列值为该
列的初始值

C. TRUNCATE 操作比 DELETE 操作占用资源多

D. TRUNCATE TABLE 删除表，然后重新构建表

三、问答题

1. INSERT 语句的基本语法格式是什么？

2. UPDATE 语句的基本语法格式是什么？

3. DELETE 与 TRUNCATE 的区别是什么？

四、操作题(要求全部用 SQL 语句完成)

1. 创建名称为 OnLineDB 的数据库，设置默认字符集为 utf8。

2. 在 OnLineDB 数据库中添加用户信息表(Users)、商品类别表(GoodsType)、商品信息表(Goods)、购物车信息表(Scars)、订单信息表(Orders)、订单详情表(OrderDetails)，见表 3.8～表 3.13。

3. 为 OnLineDB 数据库中数据表添加如下约束：

(1) 为每个表添加主键约束。

(2) 根据表间关系，为 Goods、Scars、Orders、OrderDetails 表中的相关列，添加相应的外键约束。

(3) 为 Users 表中 uName 列添加唯一约束。

(4) 为 Goods 表中 gdName 列添加唯一约束。

(5) 为 Orders 表中 uID 列添加唯一约束。

(6) 为 Goods 表中 gdAddTime 列默认值约束，默认值为系统当前时间。

(7) 为 Goods 表中 gdSaleQty 列添加默认值约束，默认值为 0。

4. 为 GoodsType 表中添加新的商品类别，类别名称为“乐器”。

5. 为 Goods 表中添加新的商品，类别为乐器，商品编号为 099，商品名称为紫竹洞箫，价格为 288，数量为 10，发货地址为浙江。

6. 修改 Goods 表中商品编号为 099 的商品已卖数量为 5。

7. 删除 Goods 表中商品名称为紫竹洞箫的商品。

表 3.8　会员信息表(Users)

序 号	列 名	数据类型	长 度	标 识	主 键	允许空	默认值	说 明
1	uID	int	4	是	主键	否		会员 ID
2	uName	varchar	30			否		用户名
3	uPwd	varchar	30			否		密码
4	uSex	varchar	2			是	('男')	性别
5	uBirth	datetime	8			是		出生日期
6	uPhone	varchar	20			是		电话
7	uEmail	varchar	50			是		电子邮箱
8	uQQ	varchar	20			是		QQ 号码
9	uImage	varchar	100			是		用户头像
10	uCredit	int	4			是	(0)	积分
11	uRegTime	datetime	8			是		注册时间

表 3.9　商品类别表(GoodsType)

序 号	列 名	数据类型	长 度	标 识	主 键	允许空	默认值	说 明
1	tID	int	4	是	主键	否		类别 ID
2	tName	varchar	100			否		类别名称

表 3.10　商品信息表(Goods)

序 号	列 名	数据类型	长 度	标 识	主 键	允许空	默认值	说 明
1	gdID	int	4	是	主键	否		商品 ID
2	tID	int	4			否		类别 ID
3	gdCode	varchar	50			否		商品编号
4	gdName	varchar	100			否		商品名称
5	gdPrice	float	8			是	(0)	价格
6	gdQuantity	int	4			是	(0)	库存数量
7	gdSaleQty	int	4			是	(0)	已卖数量
8	gdCity	varchar	50			是	重庆	发货地址
9	gdImage	varchar	100			是		商品图像
10	gdInfo	text	16			是		商品描述
11	gdAddTime	datetime	8			是		上架时间
12	gdHot	int	4			是	(0)	是否热销

表 3.11　购物车信息表(Scars)

序 号	列 名	数据类型	长 度	标 识	主 键	允许空	默认值	说 明
1	scID	int	4	是	主键	否		购物车 ID
2	uID	int	4			否		用户 ID
3	gdID	int	4			否		商品 ID
4	scNum	int	4			是	0	购买数量

表 3.12　订单信息表(Orders)

序 号	列 名	数据类型	长 度	标 识	主 键	允许空	默认值	说 明
1	oID	int	4	是	主键	否		订单 ID
2	uID	int	4			否		用户 ID
3	oTime	datetime	8			否		下单时间
4	oTotal	float	8			否	0	订单金额

表 3.13　订单详细表(OrderDetails)

序 号	列 名	数据类型	长 度	标 识	主 键	允许空	默认值	说 明
1	odID	int	4	是	主键	否		详情 ID
2	oID	int	4			否		订单 ID
3	gdID	int	4			否		商品 ID
4	odNum	int	4			是	0	购买数量
5	dEvalution	varchar	100			是		商品评价
6	odTime	datetime	8			是	当前时间	评价时间

项目四

查询数据表

　　数据查询是数据库应用中最基本也最为重要的操作。为了满足用户查看、计算、统计及分析数据的要求，应用程序需要从数据表中提取有效的数据。在实际应用中，用户的每一个操作都离不开数据查询，例如用户身份验证、浏览商品、查看订单、计算订单金额，管理员分析商品信息等。

　　SQL 语言提供的 SELECT 语句用来实现查询数据，该命令功能强大，使用灵活。本项目将从简单到复杂，通过查询单表数据、多表数据、子查询等任务，详细介绍使用 SELECT 命令查询数据的具体方法。

学习目标

　　(1) 会使用 SELECT 语句查询数据列。
　　(2) 会根据条件筛选指定的数据行。
　　(3) 会使用聚合函数分组统计数据。
　　(4) 会使用内连接、外连接和交叉连接及联合条件连接查询多表数据。
　　(5) 会使用比较运算符及 IN、ANY、EXISTS 等关键字查询多表数据。

任务 4.1　掌 握 运 算 符

　　【任务描述】　运算符在数学或者是编程语言中都要用到。在 MySQL 数据库中，也可以在 SQL 语句中使用运算符。有了运算符，可以对数据表中的数据做一些常用的统计和比较等操作。所以，运算符很重要。在数据库中，运算符主要包括算术运算符、比较运算符、逻辑运算符、位运算符等。本任务的主要目标就是掌握 MySQL 数据库中常用的运算符使用规则。

4.1.1　算术运算符

　　所谓算术运算符，就是用于数学运算的符号，它主要包括加法、减法、乘法、除法、取余数等运算符。具体运算符的作用如表 4.1 所示。

表 4.1　算术运算符的作用

运算符	说　　明
+	对两个操作数做加法运算，返回和
-	对两个操作数做减法运算，返回差
*	对两个操作数做乘法运算，返回积
/	对两个操作数做除法运算，返回商
%	对两个操作数做取余运算，返回余数

【例 4.1】　使用算术运算符，对 1.5 和 0.2 两个数进行各种算术运算。

在讲解实例之前，先要说明：SELECT 语句不仅可以在查询数据表数据时使用，也可以直接使用，相当于赋值或者是运算使用。

根据题目要求，使用 5 种运算符运算两个数的代码和运算结果如图 4.1 所示。

图 4.1　算术运算符的使用和运算结果

4.1.2　比 较 运 算 符

当使用 SELECT 语句进行查询时，MySQL 允许用户对表达式的左边操作数和右边操作数进行比较。若比较结果为真，则返回 1；若为假，则返回 0；若比较结果不确定，则返回 NULL。MySQL 支持的比较运算符如表 4.2 所示。比较运算符可以用于比较数字、字符串和表达式的值。

表 4.2　MySQL 中的比较运算符

运　算　符	作　　用
=	等于
<=>	安全等于
<> 或者 !=	不等于
<=	小于等于
>=	大于等于
>	大于
IS NULL 或者 ISNULL	判断一个值是否为空
IS NOT NULL	判断一个值是否不为空
BETWEEN AND	判断一个值是否落在两个值之间

注意：字符串的比较是不区分大小写的。

1. 等于运算符(=)

等于运算符(=)用来比较两边的操作数是否相等。若相等，则返回 1；若不相等，则返回 0。具体的语法规则如下：

(1) 若有一个或两个操作数为 NULL，则比较运算的结果为 NULL。

(2) 若两个操作数都是字符串，则按照字符串进行比较。

(3) 若两个操作数均为整数，则按照整数进行比较。

(4) 若一个操作数为字符串，另一个操作数为数字，则 MySQL 可以自动将字符串转换为数字。

(5) NULL 不能用等于运算符(=)比较。

【例 4.2】　使用等于运算符(=)进行比较，判断表达式：1 = 0，'2' = 2，2 = 2，'0.02' = 0，'b' = 'b'，(1+3) = (2+2)，NULL = null 的运算结果。

根据题目要求，在 Navicat 图形工具中输入要用等于运算符(=)判断的表达式，其执行的语句和运算结果如图 4.2 所示。

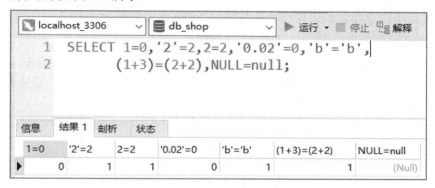

图 4.2　等于运算符(=)的使用

对运算结果的分析：

(1) 2 = 2 和 '2' = 2 的返回值相同，都为 1，因为在进行判断时，MySQL 自动进行了转换，把字符 '2' 转换成了数字 2。

(2) 'b'='b' 为相同的字符比较，因此返回值为 1。

(3) 表达式 1+3 和表达式 2+2 的结果都为 4，因此结果相等，返回值为 1。

(4) 由于等于运算符(=)不能用于空值 NULL 的判断，因此 NULL = null 的返回值为 NULL。

2. 安全等于运算符(<=>)

安全等于运算符(<=>)和等于运算符(=)类似，不过安全等于运算符(<=>)可以用来判断 NULL 值，具体语法规则如下：

(1) 当两个操作数均为 NULL 时，其返回值为 1 而不为 NULL。

(2) 当一个操作数为 NULL 时，其返回值为 0 而不为 NULL。

3. 不等于运算符(<> 或者 !=)

与等于运算符(=)的作用相反，不等于运算符(< > 或者 !=)用于判断数字、字符串、表达式是否不相等。对于不等于运算符（<> 或者 !=），如果其两侧操作数不相等，则返回值为 1，否则返回值为 0；如果两侧操作数有一个是 NULL，那么返回值也是 NULL。

【例 4.3】 使用不同运算符对 NULL 值进行判断。执行的语句和运算结果如图 4.3 所示。

图 4.3 使用不同运算符对 NULL 值进行判断

由图 4.3 所示结果可以看出，除了安全等于运算符可以对两个 NULL 值进行比较，其余比较运算符两侧操作数如果有一个是 NULL，那么返回值都是 NULL。

4. 运算符 IS NULL(ISNULL) 和 IS NOT NULL

运算符 IS NULL 或 ISNULL 用来检测一个值是否为 NULL，如果为 NULL，则返回值为 1，否则返回值为 0。可以认为 ISNULL 是 IS NULL 的简写，去掉了一个空格而已，两者的作用和用法是完全相同的。

运算符 IS NOT NULL 用来检测一个值是否为非 NULL，如果是非 NULL，则返回值为 1，否则返回值为 0。

【例 4.4】使用运算符 IS NULL、ISNULL 和 IS NOT NULL 判断 NULL 值和非 NULL 值。执行的语句和运算结果如图 4.4 所示。

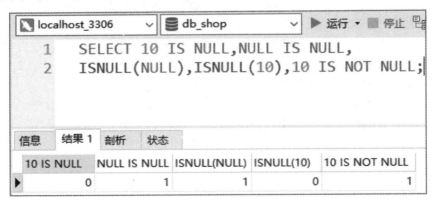

图 4.4 运算符 IS NULL(ISNULL) 和 IS NOT NULL 的使用

5. 运算符 BETWEEN AND

运算符 BETWEEN AND 用来判断表达式的值是否位于两个数之间，或者说是否位于某个范围内。其语法格式如下：

    expr BETWEEN min AND max；

其中：expr 表示要判断的表达式；min 表示最小值；max 表示最大值。如果 expr 大于等于 min 并且小于等于 max，那么返回值为 1，否则返回值为 0。

【例 4.5】　使用运算符 BETWEEN AND 进行值区间判断。执行的语句和运算结果如图 4.5 所示。

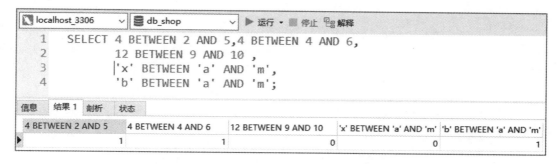

图 4.5　运算符 BETWEEN AND 的使用

由图 4.5 所示结果可以看到：

(1) 4 在端点值区间内或者等于其中一个端点值，BETWEEN AND 表达式返回值为 1。

(2) 12 并不在指定区间内，因此返回值为 0。

(3) 对于字符串类型的比较，按字母表中字母顺序进行比较，"x" 不在指定的字母区间内，因此返回值为 0，而 "b" 位于指定字母区间内，因此返回值为 1。

4.1.3　逻辑运算符

逻辑运算符与比较运算符有些相似，若比较结果为真，则返回 1，若为假则返回 0。逻辑运算符主要应用于查询语句的 WHERE 子句中。在 MySQL 数据库中，支持的逻辑运算符如表 4.3 所示。

表 4.3　MySQL 中的逻辑运算符

运算符	作用
NOT 或者 ！	逻辑非
AND 或者 &&	逻辑与
OR 或者 ‖	逻辑或
XOR	逻辑异或

1. 逻辑非运算符(NOT 或者 ！)

NOT 和 ！都是逻辑非运算符，返回和操作数相反的结果。其具体语法规则如下：

(1) 当操作数为 0(假)时，返回值为 1。

(2) 当操作数为非零值时，返回值为 0。

(3) 当操作数为 NULL 时，返回值为 NULL。

【例 4.6】　分别使用逻辑非运算符(NOT 或者!)，对一些表达式进行逻辑判断，执行的语句和运算结果如图 4.6 所示。

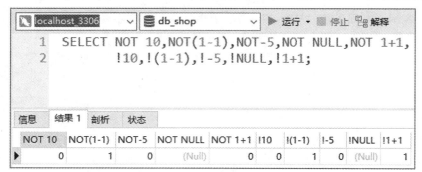

图 4.6　逻辑非运算符的使用

由图 4.6 所示结果可以看出，"NOT 1+1"和"! 1+1"的返回值不同，这是因为运算符 NOT 与运算符 ! 的优先级不同：

(1) 运算符 NOT 的优先级低于运算符 +，因此"NOT 1+1"相当于 NOT(1+1)，先计算 1+1，然后再进行 NOT 运算，由于操作数不为 0，因此"NOT 1+1"的返回值是 0。

(2) 相反，运算符!的优先级高于运算符 +，因此"! 1+1"相当于(!1)+1，先计算 !1，结果为 0，再加 1，最后返回值为 1。

读者在使用运算符运算时，一定要注意运算符的优先级，如果不能确定运算顺序，最好使用括号，以保证运算结果正确。

2. 逻辑与运算符(AND 或者 &&)

AND 和 && 都是逻辑与运算符，其具体语法规则如下：

(1) 当所有操作数都为非零值并且不为 NULL 时，返回值为 1。

(2) 当一个或多个操作数为 0 时，返回值为 0。

(3) 操作数中有任何一个为 NULL 时，返回值为 NULL。

【例 4.7】 分别使用逻辑与运算符 AND 和 && 进行逻辑判断。执行的语句和运算结果如图 4.7 所示。

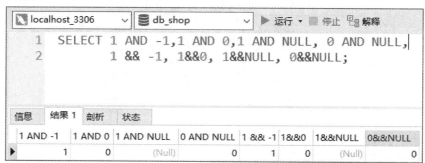

图 4.7　逻辑与运算符的使用

由图 4.7 所示结果可以看到，运算符 AND 和运算符 && 的作用相同。"1 AND -1"中没有 0 或者 NULL，所以返回值为 1；"1 AND 0"中有操作数 0，所以返回值为 0；"1 AND NULL"中有 NULL，所以返回值为 NULL。

注意: 运算符 AND 可以有多个操作数，但要注意进行多个操作数运算时，运算符 AND 两边一定要使用空格隔开，不然会影响结果的正确性。

3. 逻辑或运算符(OR 或者 ||)

OR 和 || 都是逻辑或运算符，其具体语法规则如下：

(1) 当两个操作数都为非 NULL 值时，如果有任意一个操作数为非零值，则返回值为 1，否则返回值为 0。

(2) 当有一个操作数为 NULL 时，如果另一个操作数为非零值，则返回值为 1，否则返回值为 NULL。

(3) 如果两个操作数均为 NULL 时，则返回值为 NULL。

【例 4.8】 分别使用逻辑或运算符 OR 和 || 进行逻辑判断。执行的语句和运算结果如图 4.8 所示。

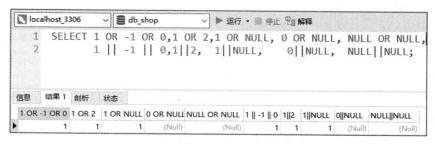

图 4.8　逻辑或运算符的使用

由图 4.8 所示结果可以看到，运算符 OR 和运算符 || 的作用相同。下面是对各个结果的解析：

(1) "1 OR -1 OR 0"中含有 0，但同时包含有非零的值 1 和 -1，所以返回值为 1。

(2) "1 OR 2"中没有操作数 0，所以返回值为 1。

(3) "1 OR NULL"中虽然有 NULL，但是有操作数 1，所以返回值为 1。

(4) "0 OR NULL"中没有非零值，并且有 NULL，所以返回值为 NULL。

(5) "NULL OR NULL"中只有 NULL，所以返回值为 NULL。

4. 逻辑异或运算符(XOR)

XOR 是逻辑异或运算符，其具体语法规则如下：

(1) 当任意一个操作数为 NULL 时，返回值为 NULL。

(2) 对于非 NULL 的操作数，如果两个操作数都是非零值或者都是 0，则返回值为 0。

(3) 如果两个操作数中一个为 0，另一个为非零值，则返回值为 1。

【例 4.9】 分别使用逻辑异或运算符 XOR 进行逻辑判断。执行的语句和运算结果如图 4.9 所示。

图 4.9　逻辑异或运算符的使用

由图 4.9 所示结果可以看到：

(1) "1 XOR 1" 和 "0 XOR 0" 中运算符两边的操作数都为非零值，或者都是 0，因此返回值为 0。

(2) "1 XOR 0" 中两边的操作数，一个为 0，另一个为非零值，所以返回值为 1。

(3) "1 XOR NULL" 中有一个操作数为 NULL，所以返回值为 NULL。

(4) "1 XOR 1 XOR 1" 中有多个操作数，运算符相同，因此运算顺序为从左到右依次进行，"1 XOR 1" 的结果为 0，再与 1 进行异或运算，所以返回值为 1。

提示：a XOR b 的计算等同于(a AND (NOT b))或者 ((NOT a) AND b)。

4.1.4 位运算符

所谓位运算，就是按照内存中的比特位(Bit)进行操作，这是计算机能够支持的最小单位的运算。程序中所有的数据在内存中都是以二进制形式存储的，位运算就是对这些二进制数据进行的操作。

位运算一般用于整数，对整数进行位运算才有实际的意义。整数在内存中是以补码形式存储的，正数的补码形式和原码形式相同，而负数的补码形式和它的原码形式是不一样的，这一点大家要特别注意；这意味着，对负数进行位运算时，操作的是它的补码，而不是它的原码。

MySQL 中的整数字面量(常量整数，也就是直接书写出来的整数)默认以 8 个字节(Byte)来表示，也就是 64 位(Bit)。例如，5 的二进制形式为

0000 0000 … 0000 0101

省略号部分都是 0，101 前面总共有 61 个 0。

MySQL 支持 6 种位运算符，如表 4.4 所示。

表 4.4　MySQL 中的位运算符

运算符	说明	使用形式	举　例
|	位或	a | b	5 | 8
&	位与	a & b	5 & 8
^	位异或	a ^ b	5 ^ 8
~	位取反	~a	~5
<<	位左移	a << b	5 << 2，表示整数 5 按位左移 2 位
>>	位右移	a >> b	5 >> 2，表示整数 5 按位右移 2 位

1. 位或运算符(|)

参与位或运算的两个二进制位有一个为 1 时，运算结果为 1；两个都为 0 时，结果为 0。例如 1|1 结果为 1，0|0 结果为 0，1|0 结果为 1，这和逻辑运算中的逻辑或(||)非常类似。

【例 4.10】 使用位或运算符进行正数和负数运算。执行的 SQL 语句和运算结果如图 4.10 所示。

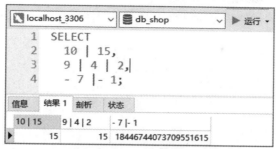

图 4.10　位或运算符的使用

由图 4.10 所示结果可以看到：

(1) 10 的补码为 1010，15 的补码为 1111，进行位或运算之后，结果为 1111，即整数 15；9 的补码为 1001，4 的补码为 0100，2 的补码为 0010，进行位或运算之后，结果为 111，即整数 15。

(2) −7 的补码为 60 个"1"加 1001，−1 的补码为 64 个"1"，进行位或运算之后，结果为 64 个"1"，即整数 18 446 744 073 709 551 615。可以发现，任何数和 −1 进行位或运算，最终结果都是−1 的十进制数。

2. 位与运算符(&)

参与位与运算的两个二进制位都为 1 时，运算结果为 1，否则为 0。例如 1 | 1 结果为 1，0 | 0 结果为 0，1 | 0 结果为 0，这和逻辑运算中的逻辑与(&&)非常类似。

【例 4.11】 使用位与运算符进行正数和负数运算。执行的 SQL 语句和运算结果如图 4.11 所示。

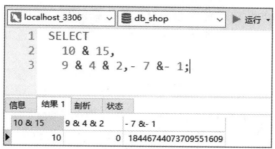

图 4.11　位与运算符的使用

由图 4.11 所示结果可以看到：

(1) 10 的补码为 1010，15 的补码为 1111，进行位与运算之后，结果为 1010，即整数 10；9 的补码为 1001，4 的补码为 0100，2 的补码为 0010，进行位与运算之后，结果为 0000，即整数 0。

(2) −7 的补码为 60 个"1"加 1001，−1 的补码为 64 个"1"，进行位与运算之后，结果为 60 个"1"加 1001，即整数 18 446 744 073 709 551 609。可以发现，任何数和 −1 进行位与运算，最终结果都为该数的十进制数。

3. 位异或运算符(^)

参与位异或运算的两个二进制位不同时，运算结果为 1；相同时，结果为 0。例如 1 | 1 结果为 0，0 | 0 结果为 0，1 | 0 结果为 1。

【例 4.12】 使用位异或运算符进行正数和负数运算。执行的 SQL 语句和运算结果如图 4.12 所示。

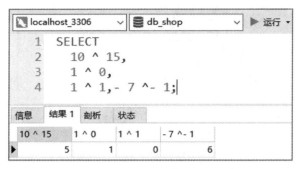

图 4.12　位异或运算符的使用

由图 4.12 所示结果可以看到：

(1) 10 的补码为 1010，15 的补码为 1111，进行位异或运算之后，结果为 0101，即整数 5；1 的补码为 0001，0 的补码为 0000，进行位异或运算之后，结果为 0001；1 和 1 本身二进制位完全相同，因此结果为 0。

(2) −7 的补码为 60 个 "1" 加 1001，−1 的补码为 64 个 "1"，进行位异或运算之后，结果为 110，即整数 6。

4. 位左移运算符(<<)和位右移运算符(>>)

位左移是按指定值的补码形式进行左移，左移指定位数之后，左边高位的数值被移出并丢弃，右边低位空出的位置用 0 补齐。位右移是按指定值的补码形式进行右移，右移指定位数之后，右边低位的数值被移出并丢弃，左边高位空出的位置用 0 补齐。

位左移和位右移的语法格式如下：

　　　　expr << n

或

　　　　expr >> n

其中，n 为指定值，即 expr 要移位的位数，n 必须为非负数。

【例 4.13】使用位移运算符进行正数和负数运算。执行的 SQL 语句和运算结果如图 4.13 所示。

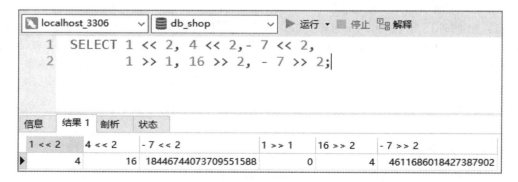

图 4.13　位移运算符的使用

由图 4.13 所示结果可以看到：

(1) 1 的补码为 0000 0001，左移两位之后变成 0000 0100，即整数 4；4 的补码为 0000 0100，左移两位之后变成 0001 0000，即整数 16。

(2) −7 的补码为 60 个"1"加 1001，左移两位之后变成 56 个"1"加 1110 0100，即整数 18 446 744 073 709 551 588。

(3) 1 的补码为 0000 0001，右移 1 位之后变成 0000 0000，即整数 0；16 的补码为 0001 0000，右移两位之后变成 0000 0100，即整数 4。

(4) −7 的补码为 60 个"1"加 1001，右移两位之后变成 0011 加 56 个"1"加 1110，即整数 4 611 686 018 427 387 902。

5. 位取反运算符(~)

位取反是将参与运算的数据按对应的补码进行反转，也就是做 NOT 操作，即 1 取反后变为 0，0 取反后变为 1。

【例 4.14】 使用位取反运算符进行几个经典的取反运算。执行的 SQL 语句和运算结果如图 4.14 所示。

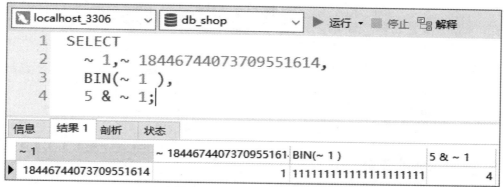

图 4.14　位取反运算符的使用

由图 4.14 所示结果可以看到：

(1) 常量 1 的补码为 63 个"0"加 1 个"1"，位取反后就是 63 个"1"加 1 个"0"，转换为二进制后就是 18 446 744 073 709 551 614。

(2) 使用 BIN()函数查看 1 取反之后的结果，BIN()函数的作用是将一个十进制数转换为二进制数。1 的补码表示为最右边位为 1，其他位均为 0，取反操作之后，除了最低位，其他位均变为 1。

(3) 逻辑运算 5& ~1 中，由于位取反运算符(～)的级别高于位与运算符(&)，因此先对 1 进行取反操作，结果为 63 个"1"加 1 个"0"，然后再与整数 5 进行与运算，结果为 0100，即整数 4。

4.1.5　IN 和 NOT IN 运算符

在 MySQL 数据库中运算符 IN 用来判断表达式的值是否位于给出的列表中，如果是，则返回值为 1，否则返回值为 0；运算符 NOT IN 的作用和 IN 恰好相反，NOT IN 用来判断表达式的值是否不存在于给出的列表中，如果不是，则返回值为 1，否则返回值为 0。

当运算符 IN 的两侧有一个为空值 NULL 时，如果找不到匹配项，则返回值为 NULL；如果找到了匹配项，则返回值为 1。

运算符 IN 和 NOT IN 的语法格式如下：

   expr IN (value1, value2, value3, …, valueN)

   expr NOT IN (value1, value2, value3, …, valueN)

其中：expr 表示要判断的表达式；value1, value2, value3, …, valueN 表示列表中的值。MySQL 会将 expr 的值和列表中的值逐一对比。

【例 4.15】 在 SQL 语句中使用运算符 IN 和 NOT IN。执行的具体语句和运算结果如图 4.15 所示。

图 4.15 IN 和 NOT IN 运算符的使用

4.1.6 运算符的优先级

运算符的优先级决定了不同的运算符在表达式中计算的先后顺序，MySQL 语句中的各类运算符及其优先级如表 4.5 所示。

表 4.5 MySQL 中运算符优先级

优先级由低到高排列	运　算　符
1	=(赋值运算)
2	‖、OR
3	XOR
4	&&、AND
5	NOT
6	BETWEEN、CASE、WHEN、THEN、ELSE
7	=(比较运算)、<=>、>=、>、<=、<、<>、!=、IS、LIKE、REGEXP、IN
8	|
9	&

续表

优先级由低到高排列	运 算 符
10	<<、>>
11	− (减号)、+
12	*、/、%
13	^
14	− (负号)、~(位反转)
15	!

可以看出，不同运算符的优先级是不同的。一般情况下，级别高的运算符优先进行计算，如果级别相同，MySQL 按表达式的顺序从左到右依次进行计算。

另外，在无法确定优先级的情况下，可以使用圆括号"()"来改变优先级，并且这样会使计算过程更加清晰。

任务 4.2   查询单表数据

【任务描述】 单表数据查询是最基本的数据查询，其查询的数据源只涉及数据库中的一个表。本任务详细介绍了 SELECT 语句的基本语法，以实现在数据表中查询数据列、数据行、数据排序、数据分组及统计等操作。

4.2.1   SELECT 语句

查询操作用于从数据表中筛选出符合需求的数据，查询得到的结果集也是关系模式，按照表的形式组织并显示。查询的结果集通常不被存储，每次查询都会从数据表中提取数据，并可以进行计算、分析和统计等操作。

MySQL 使用 SELECT 语句实现对数据表按列、行及连接等方式进行数据查询。SELECT 语句的基本语法格式如下：

```
SELECT [ALL | DISTINCT] * | 列名 1[, 列名 2, …, 列名 n]
FROM 表名
[WHERE 条件表达式]
[GROUP BY 列名 [ASC | DESC]   [HAVING 条件表达式]]
[ORDER BY 列名 [ASC | DESC], …]
[LIMIT [OFFSET, ] 记录数];
```

语法说明如下：

- SELECT 子句：表示从表中查询指定的列。
- FROM 子句：表示查询的数据源，可以是表或视图。
- WHERE 子句：用于指定查询筛选条件。
- GROUP BY 子句：用于将查询结果按指定的列进行分组；其中 HAVING 为可选参

数，用于对分组后的结果集进行筛选。

- ORDER BY 子句：用于对查询结果集按指定的列进行排序。
- LIMIT 子句：用于限制查询结果集的行数。参数 OFFSET 为偏移量，当 OFFSET 值为 0 时，表示从查询结果的第 1 条记录开始，当 OFFSET 为 1 时，表示查询结果从第 2 条记录开始，以此类推；记录数则表示结果集中包含的记录条数。

4.2.2 查询列

查询列是指从表中选出指定的属性值组成的结果集。通过 SELECT 子句的列名项组成结果集的列。

1. 查询所有列

在 SELECT 子句中，查询所有列是指查询表中所有字段的数据。MySQL 提供了以下两种方式查询表中的所有字段：一是使用通配符“*”查询所有字段；二是列出表的所有字段。查询结果集中的排列顺序与源表中列的顺序相同。

本任务中使用的数据表是商品信息表(goodsinfo)，表结构如图 4.16 所示，表中的数据如图 4.17 所示。

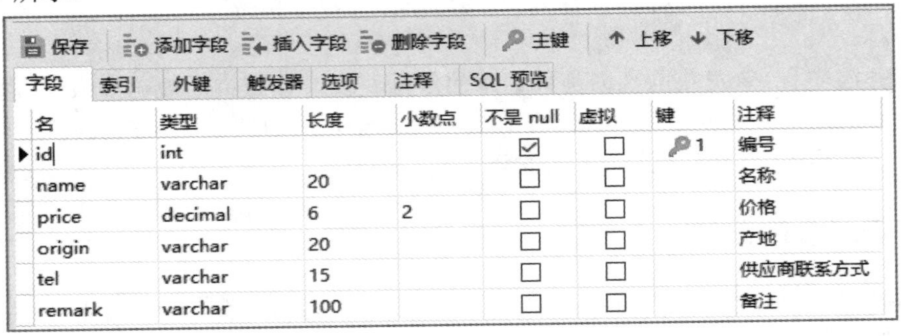

图 4.16　商品信息表结构

id	name	price	origin	tel	remark
1001	冰箱	3500.00	四川绵阳	13652421234	无氟环保
1002	洗衣机	2600.00	重庆	17536452154	全自动
1003	电视机	5600.00	北京	01023651254	液晶无辐射
1004	电脑	7800.00	西安	18725413215	无
1005	热水器	850.00	重庆	02312365412	节能

图 4.17　商品信息表中的数据

【例 4.16】 使用 SQL 语句查询商品信息表(goodsinfo)中所有的商品类别信息。

根据题目要求，要查询商品信息表中的全部数据，可以使用 MySQL 提供的两种方式查询表中的所有字段，具体语句如下：

```
SELECT * FROM   goodsinfo;
```

或

```
SELECT id, name, price, origin, tel, remark FROM   goodsinfo;
```

执行上述语句后，运行结果如图 4.18 所示。

图 4.18 查询所有列

2. 查询指定列

使用 SELECT 语句选择表中的指定列时，列名与列名间用逗号隔开，列的顺序可以根据用户数据呈现需要进行更改。

【例 4.17】 使用 SELECT 语句查询商品信息表(goodsinfo)中所有的商品名称、产地和价格。

具体语句如下：

SELECT name, origin, price FROM goodsinfo;

执行上述语句后，运行结果如图 4.19 所示。

name	origin	price
冰箱	四川绵阳	3500.00
洗衣机	重庆	2600.00
电视机	北京	5600.00
电脑	西安	7800.00
热水器	重庆	850.00

图 4.19 查询指定列

4.2.3 计算列值

在使用 SELECT 语句进行查询时，可以使用表达式作为查询的结果列。

【例 4.18】 为了促进商品销量，公司决定对所有商品价格打九折优惠。使用 SELECT 语句查询商品信息表(goodsinfo)中所有商品打折后的商品名称和价格。

具体语句如下：

SELECT name, price*0.9 FROM goodsinfo;

执行上述语句后，运行结果如图 4.20 所示。

信息　结果 1　剖析　状态

name	price*0.9
冰箱	3150.000
洗衣机	2340.000
电视机	5040.000
电脑	7020.000
热水器	765.000

图 4.20　计算列值

在数据库的设计过程中，为建设数据冗余，凡是能通过已知列计算获得的数据一般不再提供列存储。例如已知有商品销量和商品价格这两个列，就不用设计销售总价这样的列存储了。

4.2.4　为表名和列名设置别名

当表名或者列名很长或者执行一些特殊查询的时候，为了方便操作，可以为表或者列指定一个别名，用这个别名代替表或者列原来的名称。

为表或者列指定别名的基本语法格式如下：

```
<表名>  [AS]  <别名>;
<列名>  [AS]  <别名>;
```

语法说明如下：

- 表名：数据库中存储的数据表的名称。
- 列名：数据表的列名。
- 别名：查询时指定的表或者列的新名称。
- AS 关键字可以省略，省略后需要将表名和别名用空格隔开。当指定的列标题中包含空格时，需要使用单引号将列名括起来。

【例 4.19】 使用 SQL 语句查询商品信息表(goodsinfo)中的 name、price 和 origin 列中的数据，结果集中指定列标题为商品名称、商品价格和商品产地。

具体语句如下：

```
SELECT name AS 商品名称, price 商品价格, gd.origin AS 商品产地
FROM goodsinfo AS gd;
```

执行上述语句后，运行结果如图 4.21 所示。

信息　结果 1　剖析　状态

商品名称	商品价格	商品产地
冰箱	3500.00	四川绵阳
洗衣机	2600.00	重庆
电视机	5600.00	北京
电脑	7800.00	西安
热水器	850.00	重庆

图 4.21　为表名和列名指定别名

4.2.5　限制查询结果的条数

当数据表中有上万条数据时，一次性查询出表中的全部数据会降低数据返回的速度，同时给数据库服务器造成很大的压力。这时就可以用 LIMIT 关键字来限制查询结果返回的条数。

LIMIT 是 MySQL 中的一个特殊关键字，用于指定查询结果从哪条记录开始显示，一共显示多少条记录。LIMIT 关键字有 3 种使用方式，即指定初始位置、不指定初始位置以及与 OFFSET 组合使用。LIMIT 使用的基本语法格式分别如下：

　　　　　　　LIMIT 初始位置, 记录数；

　　　　　　　LIMIT 记录数；

　　　　　　　LIMIT 记录数 OFFSET 初始位置；

其中："初始位置"表示从哪条记录开始显示，没有指定初始位置表示从第一条记录开始显示，第一条记录的位置是 0，第二条记录的位置是 1，后面的记录依次类推；"记录数"表示显示记录的条数，如果"记录数"的值小于查询结果的总数，则会从第一条记录开始，显示指定条数的记录，如果"记录数"的值大于查询结果的总数，则会直接显示查询出来的所有记录。

　　注意：LIMIT 后的两个参数必须都是正整数。

　　【例 4.20】 使用 SQL 语句查询商品信息表(goodsinfo)，显示从第 2 行开始的连续 3 行记录的编号、名称和价格。

　　具体语句如下：

　　　　　　SELECT name, price, origin　FROM goodsinfo　LIMIT 3 OFFSET 1;

或者

　　　　　　SELECT name, price, origin　FROM goodsinfo　LIMIT 1, 3;

　　执行两条语句的运行结果一样，如图 4.22 所示。

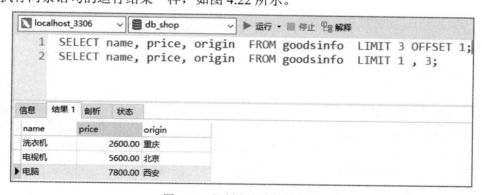

图 4.22　限制查询结果的条数

4.2.6　DISTINCT 过滤重复数据

　　在 MySQL 中使用 SELECT 语句执行简单的数据查询时，返回的是所有匹配的记录。如果表中的某些字段没有唯一约束，那么这些字段就可能存在重复值。为了实现查询不重复的数据，MySQL 提供了 DISTINCT 关键字。DISTINCT 关键字的主要作用就是对数据表中一个或多个字段重复的数据进行过滤，只返回其中的一条数据给用户。

　　DISTINCT 关键字的语法格式如下：

　　　　　　SELECT DISTINCT <字段名> FROM <表名>;

其中，"字段名"为需要消除重复记录的字段名称，多个字段时用逗号隔开，所有字段可以用"*"表示。

　　使用 DISTINCT 关键字时需要注意以下几点：

　　(1) DISTINCT 关键字只能在 SELECT 语句中使用。

(2) 在对一个或多个字段去重时，DISTINCT 关键字必须在所有字段的最前面。

(3) 如果 DISTINCT 关键字后有多个字段，则会对多个字段进行组合去重，也就是说，只有多个字段组合起来完全是一样的情况下才会被去重。

【例 4.21】　使用 SQL 语句查询商品信息表(goodsinfo)中的商品来自哪些产地。具体语句如下：

　　　SELECT DISTINCT origin AS 商品产地 FROM goodsinfo;

执行上述语句后，运行结果如图 4.23 所示。

图 4.23　过滤重复数据

4.2.7　对查询结果进行排序

通过条件查询语句可以查询到符合用户需求的数据，但是查询到的数据一般都是按照数据最初被添加到表中的顺序来显示的。为了使查询结果的顺序满足用户的要求，MySQL 提供了 ORDER BY 关键字来对查询结果进行排序。在实际应用中经常需要对查询结果进行排序，比如：在网上购物时，可以将商品按照价格进行排序；在医院的挂号系统中，可以按照挂号的先后顺序进行排序等。

ORDER BY 关键字主要用来将查询结果中的数据按照一定的顺序进行排序。其语法格式如下：

　　　ORDER BY <列名> [ASC | DESC]

其中：列名表示需要排序的字段名称，多个字段时用逗号隔开；ASC 表示字段按升序排序；DESC 表示字段按降序排序；ASC 为默认值。

使用 ORDER BY 关键字应该注意以下几个方面：

(1) ORDER BY 关键字后可以跟子查询(关于子查询，后面教程会详细讲解，这里了解即可)。

(2) 当排序的字段中存在空值时，ORDER BY 会将该空值作为最小值。

(3) ORDER BY 指定多个字段进行排序时，MySQL 会按照字段的顺序从左到右依次进行排序。

【例 4.22】　使用 SQL 语句查询商品信息表(goodsinfo)中的所有数据，并将价格按照从高到低排序。具体语句如下：

SELECT * FROM　goodsinfo ORDER BY price DESC;

执行上述语句后，运行结果如图 4.24 所示。

图 4.24　对查询结果进行排序

4.2.8　条件查询数据

在 MySQL 中，如果需要有条件地从数据表中查询数据，则可以使用 WHERE 关键字来指定查询条件。使用 WHERE 关键字的语法格式如下：

WHERE　查询条件

其中查询条件可以是以下几种：

(1) 带比较运算符和逻辑运算符的查询条件；

(2) 带 BETWEEN AND 关键字的查询条件；

(3) 带 IS NULL 关键字的查询条件；

(4) 带 IN 关键字的查询条件；

(5) 带 LIKE 关键字的查询条件。

条件查询可以是单一条件查询，也可以是多条件查询。其中单一条件查询指的是在 WHERE 关键字后只有一个查询条件，多条件查询是在 WHERE 关键词后可以有多个查询条件，这样能够使查询结果更加精确。

有多个查询条件时，用逻辑运算符 AND(&&)、OR(‖)或 XOR 隔开。

(1) AND：记录满足所有查询条件时，才会被查询出来。

(2) OR：记录满足任意一个查询条件时，会被查询出来。

(3) XOR：记录满足其中一个条件，并且不满足另一个条件时，才会被查询出来。

1. 使用比较运算符

比较运算符是查询条件中常用的运算符，使用比较运算符可以比较两个表达式的大小。其语法格式如下：

WHERE　表达式 1　比较运算符　表达式 2;

例如，查询商品信息表中产地在重庆的商品名称，使用的 SQL 语句如下：

SELECT name　FROM　goodsinfo where origin='重庆';

注意：在 SQL 语句中，对于非数字型的常量要求用单引号括起来，否则会报错。

2. 使用逻辑运算符

逻辑运算符可以将两个或两个以上的条件表达式组合起来形成逻辑表达式，包含 AND、OR、NOT 和 XOR 等 4 种运算符。逻辑运算符一般用于多条件查询。使用逻辑运算符实现限定条件查询功能的语法格式如下：

WHERE　[NOT] 表达式 1 逻辑运算符 表达式 2;

其中，每一个表达式又可能是一个比较表达式或者逻辑表达式。

【例 4.23】 使用 SQL 语句查询商品信息表(goodsinfo)中产地在重庆并且价格在 3000 以上的商品名称。具体语句如下：

SELECT name　FROM　goodsinfo where origin='重庆' and price>=3000;

3. 使用 BETWEEN AND 关键字

MySQL 提供了 BETWEEN AND 关键字，用来判断字段的数值是否在指定范围内。BETWEEN AND 需要两个参数，即范围的起始值和终止值。如果字段值在指定的范围内，则相应记录被返回；如果不在指定范围内，则不会被返回。使用 BETWEEN AND 关键字的基本语法格式如下：

WHERE 表达式 [NOT]　BETWEEN 起始值 AND 终止值;

其中：NOT 为可选参数，表示指定范围之外的值。如果字段值不满足指定范围内的值，则相应记录被返回。

【例 4.24】 使用 SQL 语句查询商品信息表(goodsinfo)中商品价格在 3000 到 5000 之间的商品信息。具体语句如下：

SELECT * FROM　goodsinfo

WHERE　price BETWEEN 3000　AND 5000;

执行上述语句后，运行结果如图 4.25 所示。

图 4.25　使用 BETWEEN AND 关键字

4. 使用 IN 关键字

IN 关键字与 BETWEEN AND 关键字类似，用于限制查询数据的范围。其语法格式如下：

WHERE 表达式 [NOT] IN(值 1, 值 2, …, 值 N);

【例 4.25】 使用 SQL 语句查询商品信息表(goodsinfo)中商品产地在重庆、上海和北京的商品信息。具体语句如下：

SELECT * FROM　goodsinfo

WHERE　origin IN ('重庆', '上海', '北京');

5. 使用 LIKE 关键字

在 MySQL 中，LIKE 关键字主要用于搜索匹配字段中的指定内容。其语法格式如下：

WHERE 列名 [NOT] LIKE '字符串 '[ESCAPE '转义字符'];

其中：NOT 是可选参数，字段中的内容与指定的字符串不匹配时满足条件；字符串是指定用来匹配的字符串，它可以是一个完整的字符串，也可以包含通配符；ESCAPE 的作用则是当用户要查询的数据本身含有通配符时，可以使用该选项对通配符进行转义。

LIKE 关键字支持百分号"%"和下画线"＿"通配符。通配符是一种特殊语句，主要用来模糊查询。当不知道真正字符或者不想输入完整名称时，可以使用通配符来代替一个或多个真正的字符。MySQL 中通配符的释义如表 4.6 所示。

表 4.6　通配符

通配符	说　明	示　　例
%	任意字符串	s%：表示查询以 s 开头的任意字符串，如 small； %s：表示查询以 s 结尾的任意字符串，如 address； %s%：表示查询包含 s 的任意字符串，如 super、course
＿	任何单个字符	＿s：表示查询以 s 结尾且长度为 2 的字符串，如 as； s＿：表示查询以 s 开头且长度为 2 的字符串，如 sa

注意：匹配的字符串必须加单引号或双引号。默认情况下，LIKE 关键字匹配字符的时候是不区分大小写的。如果需要区分大小写，则可以加入 BINARY 关键字。

【例 4.26】　使用 SQL 语句查询商品信息表(goodsinfo)中商品名称带"电"字的商品信息。

具体语句如下：

SELECT * FROM　goodsinfo WHERE　name LIKE '%电%';

执行上述语句后，运行结果如图 4.26 所示。

图 4.26　使用 LIKE 关键字

6. 使用 IS NULL 关键字

MySQL 提供了 IS NULL 关键字，用来判断字段的值是否为空值(NULL)。空值不同于 0，也不同于空字符串。如果字段的值是空值，则满足查询条件，该记录将被查询出来。如果字段的值不是空值，则不满足查询条件。

使用 IS NULL 关键字的基本语法格式如下：

WHERE 表达式 IS [NOT] NULL;

其中，NOT 是可选参数，表示字段值不是空值时满足条件。

【例 4.27】　查询商品信息表(goodsinfo)中备注为空值的商品信息。

具体语句如下：

　　　　SELECT * FROM　goodsinfo WHERE　　remark IS NULL;

7. 使用 REGEXP 关键字

除使用 LIKE 实现模糊匹配外，MySQL 还支持正则表达式的匹配。正则表达式通常用来检索或替换符合某个模式的文本内容，根据指定的匹配模式匹配文本中符合要求的字符串。如从一个文本中提取电话号码，或是查找一篇文章中重复的单词，又或者替换用户输入的某些字符等。正则表达式强大且灵活，可应用于复杂的查询。

MySQL 中使用 REGEXP 关键字来进行正则表达式匹配，其语法格式如下：

　　　　WHERE 列名 REGEXP '模式串'

REGEXP 常用的字符匹配模式如表 4.7 所示。

表 4.7　REGEXP 常用字符匹配模式

模 式	说 明	示 例
^	匹配字符串的开始位置	'^d'：匹配以字母 d 开头的字符串，如 dear, do
$	匹配字符串的结束位置	'st$'：匹配以 st 结束的字符串，如 test, resist
.	匹配除 "\n" 之外的任何单个字符	'h.t'：匹配任何 h 和 t 间的一个字符，如 hit, hot
[···]	匹配字符集合中的任意一个字符	'[ab]'：匹配 ab 中的任意一个字符，如：plain, hobby
[^···]	匹配非字符集合中的任意一个字符	'[^ab]'：匹配任何不包含 a 或 b 的字符串
p1 | p2 | p3	匹配 p1、p2 或 p3	'z | food'：匹配 z 或 food。'(z | f)ood' 匹配 zood 或 food
*	匹配零个或多个在它前面的字符	'f*n' 匹配字符 n 前面有任意个字符 f,如 fn、fan、faan、abcn
+	匹配前面的字符 1 次或多次	'ba+' 匹配以 b 开头，后面至少紧跟一个 a，如 ba、bay、bare、battle
{n}	匹配前面的字符串至少 n 次，n 是一个非负整数	'b{2}' 匹配 2 个或更多的 b，如 bbb、bbbb、bbbbbbb
{n, m}	匹配前面的字符串至少 n 次，至多 m 次，m 和 n 均为非负整数，其中 n <= m	'b{2,4}' 匹配最少 2 个最多 4 个 b,如 bbb、bbbb

【例 4.28】　查询商品信息表(goodsinfo)中供应商联系方式以 "4" 结尾的商品信息。具体语句如下：

　　　　SELECT * FROM　goodsinfo WHERE　　tel REGEXP '4$';

4.2.9　使用聚合函数

聚合函数是数据库系统中众多函数中的一类，它的重要应用就是在查询语句中使用。在 MySQL 数据库中，聚合函数主要包括求最大值的函数 MAX，求最小值的函数 MIN，求平均值的函数 AVG，求和函数 SUM 以及求记录的行数函数 COUNT。

使用聚合函数能够实现对数据表中指定列的值进行统计计算，并返回单个数值。聚合函数主要用在 GROUP BY 子句、HAVING 子句中，用来对查询结果进行分组、筛选或统计。MySQL 提供的常用聚合函数如表 4.8 所示。

表 4.8 常用聚合函数

函 数 名	说 明
MAX	返回表达式中的最大值
MIN	返回表达式中的最小值
SUM	返回表达式中所有值的和
AVG	返回组中各值的平均值
COUNT	返回组中的项数
GROUP_CONCAT	返回一个字符串结果，该结果由分组中的值连接组合而成

1. SUM、AVG、MAX 和 MIN 函数

SUM、AVG、MAX 和 MIN 函数的语法格式如下：

SUM/AVG/MAX/MIN ([ALL | DISTINCT]列名 | 表达式)

其中：ALL 表示对整个查询数据进行聚合运算；DISTINCT 指去除重复值后，再进行聚合运算。

【例 4.29】 使用 SQL 语句查询商品信息表(goodsinfo)，统计所有商品的价格之和，找出最高价格、最低价格并计算出平均价格。

具体语句如下：

SELECT sum(price) AS 价格之和， max(price) AS 最高价格，

min(price) AS 最低价格， AVG(price) AS 平均价格

FROM goodsinfo;

执行上述语句后，运行结果如图 4.27 所示。

图 4.27 聚合函数的应用

2. COUNT 函数

COUNT 函数的语法格式如下：

COUNT({ [[ALL | DISTINCT] 列名 | 表达式]| * });

其中：DISTINCT 用于指定 COUNT 返回唯一非空值的数量； * 用于指定应该计算所有行并返回表中行的总数。

注意：COUNT(*)不需要任何参数，而且不能与 DISTINCT 一起使用。

【例 4.30】 使用 SQL 语句查询商品信息表(goodsinfo)，统计商品的种类。

具体语句如下：

```
SELECT COUNT(*) FROM goodsinfo;
```

4.2.10 过滤分组

在 MySQL 中，可以使用 HAVING 关键字对分组后的数据进行过滤。使用 HAVING 关键字的语法格式如下：

```
HAVING <查询条件>;
```

HAVING 关键字和 WHERE 关键字都可以用来过滤数据，且 HAVING 支持 WHERE 关键字中所有的操作符和语法。

但是 WHERE 和 HAVING 关键字也存在以下几点差异：

(1) 一般情况下，WHERE 用于过滤数据行，而 HAVING 用于过滤分组。

(2) WHERE 查询条件中不可以使用聚合函数，而 HAVING 查询条件中可以使用聚合函数。

(3) WHERE 在数据分组前进行过滤，而 HAVING 在数据分组后进行过滤。

(4) WHERE 针对数据库文件进行过滤，而 HAVING 针对查询结果进行过滤。也就是说，WHERE 根据数据表中的字段直接进行过滤，而 HAVING 是根据前面已经查询出的字段进行过滤。

(5) WHERE 查询条件中不可以使用字段别名，而 HAVING 查询条件中可以使用字段别名。

【例 4.31】 分别使用 HAVING 和 WHERE 关键字，查询商品信息表(goodsinfo)中价格高于 2000 的商品名称、产地和价格。

具体语句如下：

```
SELECT name, origin, price FROM goodsinfo HAVING price>=2000;
SELECT name, origin, price FROM goodsinfo WHERE price>=2000;
```

执行上面的语句后，会发现结果是一样的。因为在 SELECT 关键字后已经查询出了 price 字段，所以 HAVING 和 WHERE 关键字都可以使用。但是如果 SELECT 关键字后没有查询出 price 字段，MySQL 就会报错，如图 4.28 所示。

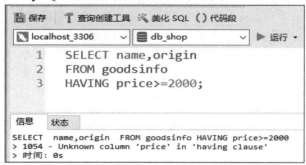

图 4.28 HAVING 和 WHERE 应用比较

【例 4.32】　根据 origin 字段对商品信息表(goodsinfo)中的数据进行分组，并使用 HAVING 和 WHERE 关键字分别查询分组后平均价格大于 1000 的商品名称、产地和价格。

具体执行的 SQL 语句和运行结果如图 4.29 所示。

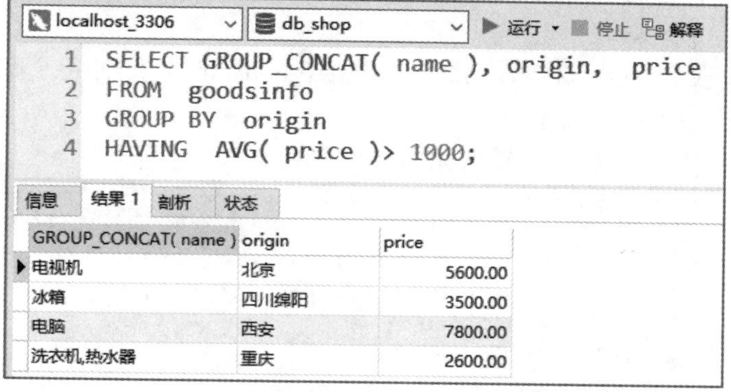

图 4.29　HAVING 与聚合函数使用示例

4.2.11　数据分组统计

在 MySQL 中，GROUP BY 关键字可以根据一个或多个字段对查询结果进行分组。使用 GROUP BY 关键字的语法格式如下：

GROUP BY　<字段名> [WITH ROLLUP]　[HAVING 条件表达式];

其中："字段名"表示需要分组的字段名称，多个字段时用逗号隔开；使用 WITH ROLLUP 关键字指定的结果集不仅包含由 GROUP BY 提供的行，同时还包含汇总行；HAVING 用来指定分组后的数据集进行过滤。

1. 单独使用 GROUP BY 关键字分组

单独使用 GROUP BY 关键字时，查询的结果集会显示分组中的每条记录。

【例 4.33】　使用 SQL 语句查询商品信息表(goodsinfo)，按 origin 列进行分组。

具体执行的 SQL 语句和运行结果如图 4.30 所示。

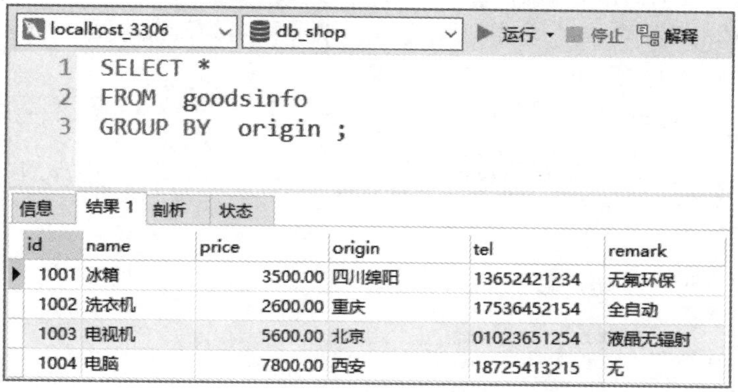

图 4.30　单独使用 GROUP BY 分组

从查询结果可以看出返回 4 行记录，这 4 行记录的值说明了查询结果集按照 origin 中的不同值进行了分类。然而这种查询结果只显示了每一个分组中的第一行记录，在实际应用中意义不大。通常情况下，GROUP BY 关键字和聚合函数一起使用。

2. 使用 GROUP BY 关键字和聚合函数

将 GROUP BY 关键字和聚合函数一起使用，可以统计出某个分组中的项数、最大值和最小值等。

【例 4.34】 使用 SQL 语句查询商品信息表(goodsinfo)，统计各个产地商品的项数、价格平均值、价格最大值和最小值等。

具体执行的 SQL 语句和运行结果如图 4.31 所示。

```
SELECT  origin, COUNT(*), MAX( price ),
        MIN( price ), AVG( price )
FROM  goodsinfo
GROUP BY  origin;
```

origin	COUNT(*)	MAX(price)	MIN(price)	AVG(price)
四川绵阳	1	3500.00	3500.00	3500.000000
重庆	2	2600.00	850.00	1725.000000
北京	1	5600.00	5600.00	5600.000000
西安	1	7800.00	7800.00	7800.000000

图 4.31　GROUP BY 和聚合函数一起使用

3. 使用 GROUP BY 和 GROUP CONCAT 关键字

将 GROUP BY 和 GROUP CONCAT 关键字一起使用，能实现同一分组中某个列的数据值按指定的分隔符连接起来。其语法格式如下：

GROUP CONCAT([DISTINCT] 表达式 [ORDER BY 列名] [SEPARATOR 分隔符]);

其中：DISTINCT 可以排除重复值；如果希望对结果中的值进行排序，可以使用 ORDER BY 子句；SEPARATOR 是一个字符串值，它被用于插入到结果值中，默认分隔符为“,”，也可以指定 SEPARATOR “”，完全地移除这个分隔符。

【例 4.35】 查询商品信息表(goodsinfo)，将同产地的商品编号用下画线“_”连接起来，列名为 uIDs，产品名称用逗号“,”连接起来，列名为产品系列。具体执行的 SQL 语句和运行结果如图 4.32 所示。

```
SELECT  origin, GROUP_CONCAT(ID SEPARATOR '_') as uIDS,
        GROUP_CONCAT(name SEPARATOR ",") as 产品系列
FROM  goodsinfo
GROUP BY  origin;
```

origin	uIDS	产品系列
北京	1003	电视机
四川绵阳	1001	冰箱
西安	1004	电脑
重庆	1002_1005	洗衣机,热水器

图 4.32　GROUP BY 和 GROUP CONCAT 一起使用

4. 使用 GROUP BY 和 WITH ROLLUP 关键字

将 GROUP BY 和 WITH ROLLUP 关键字一起使用，可以输出每一类分组的汇总值。

【例 4.36】　查询商品信息表(goodsinfo)，统计重庆和北京两个城市的商品种类。

具体 SQL 语句如下：

```
SELECT   origin,   COUNT(*) FROM      goodsinfo
WHERE    origin IN ('重庆', '北京')
GROUP    BY origin   WITH ROLLUP;
```

执行上述语句后，运行结果如图 4.33 所示。

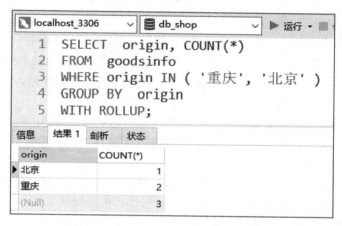

图 4.33　GROUP BY 和 WITH ROLLUP 一起使用

从图 4.33 所示查询结果看到，查询按 origin 字段分组统计了重庆和北京两个产地的商品种类后，还增加了一行两地产品总数的汇总行。

5. 使用 GROUP BY 和 HAVING 关键字

HAVING 关键字和 WHERE 关键字都用于设置条件表达式对查询结果集进行筛选，不同的是 HAVING 关键字后可以使用聚合函数，且只能跟 GROUP BY 一起使用，用于对分组后的结果进行筛选。

【例 4.37】　使用 SQL 语句查询商品信息表(goodsinfo)，统计各产地的产品品种数，显示品种数在 2 种以上的产地。

具体执行的 SQL 语句和运行结果如图 4.34 所示。

图 4.34　GROUP BY 和 HAVING 一起使用

任务 4.3　子查询多表数据

【任务描述】　子查询是多表数据查询的一种有效方法，当数据查询的条件依赖于其他查询的结果时，使用子查询可以有效解决此类问题。本任务介绍了子查询用作表达式、子查询用作相关数据以及使用分组查询等查询技巧。

4.3.1　子查询简介

子查询又称为嵌套查询，是一个 SELECT 命令语句，它可以嵌套在一个 SELECT 语句、INSERT 语句、UPDATE 语句或 DELETE 语句中。包含子查询的 SELECT 命令称为外层查询或父查询。子查询可以把一个复杂的查询分解成一系列的逻辑步骤，通过使用单个查询命令来解决复杂的查询问题。

执行子查询的过程是：首先执行子查询中的命令语句，并将返回的结果作为外层查询的过滤条件，然后再执行外层查询。在子查询中通常要使用比较运算符和 IN、 ANY 及 EXISTS 等关键字。

为了顺利完成本任务的学习，首先需要读者建立两个表用于存放青少年计算机等级考试报名信息，两个表分别是报名信息表(reginfo)和计算机等级信息表(levelinfo)，其表结构如表 4.9 和表 4.10 所示。为了方便读者查询，在报名表中添加了"年龄"列，在实际应用中，年龄是可以根据身份证号码中的出生日期计算出来的。

表 4.9　报名信息表(reginfo)结构

编号	列名	数据类型	中文释义	说　明
1	id	int	编号	主键，自动递增
2	name	varchar(20)	姓名	
3	age	int	年龄	
4	school	varchar(20)	所在学校	
5	levelid	int	等级编号	外键
6	ispay	ENUM('是', '否')	是否缴费	默认值为"否"
7	idcard	char(18)	身份证号码	唯一
8	regdate	datetime	报名时间	默认值(获取系统时间)

表 4.10　计算机等级信息表(levelinfo)结构

编号	列名	数据类型	中文释义	说明
1	id	int	编号	主键
2	name	varchar(20)	等级名称	
3	price	decimal(5, 2)	报名费	

创建表的 SQL 语句如下：

```
CREATE TABLE reginfo (
    id INT PRIMARY KEY AUTO_INCREMENT,
    name VARCHAR (20),
    age INT,
    school VARCHAR (20),
    levelid INT REFERENCES levelinfo (id),
    ispay ENUM ( '是', '否' ) DEFAULT '否',
    idcard CHAR (18),
  regdate datetime DEFAULT CURRENT_TIMESTAMP ()
)
CREATE TABLE levelinfo (
    id INT PRIMARY KEY,
    name VARCHAR (20),
    price DECIMAL(5, 2)
    );
```

分别向两个表中添加数据，添加数据的 SQL 语句如下：

```
INSERT INTO reginfo
VALUES
    ( NULL, '张小航', 9, '第一小学', 1, '是', '130112201002211234', '2019-01-05' ),
    ( NULL, '李明', 8, '第二小学', 3, '是', '130112201105211234', '2019-01-08' ),
    ( NULL, '王杨', 9, '第一小学', 1, '是', '210112201003211234', '2019-01-12'),
    ( NULL, '李丽', 9, '第三小学', 2, '否', '210112201009151234', '2019-01-06'),
    ( NULL, '石光', 10, '第四小学', 3, '否', '230112200902211234', '2019-01-05'),
    ( NULL, '王欢', 11, '第一小学', 2, '否', '230112200802181234', '2019-01-08'),
    ( NULL, '陈晨', 10, '第一小学', 4, '否', '130112200908081234', '2019-01-05');
INSERT INTO levelinfo VALUES (1, '一级', 320),
                (2, '二级', 320), (3, '三级', 380),
                (4, '四级', 380), (5, '五级', 420);
```

下面通过一个实例剖析子查询的执行过程。

【例 4.38】 使用 SQL 语句查询计算机考试等级为二级的学生报名信息。

第 1 步：先在计算机等级信息表(levelinfo)中查出考试等级为"二级"的等级编号(id)。具体语句如下：

```
SELECT id FROM levelinfo WHERE name = '二级';
```

执行上述语句，可以查看到 id 为 2。

第 2 步：根据 id 的值，在报名信息表(reginfo)中筛选出报名学生的信息。具体语句如下：

SELECT * FROM reginfo WHERE levelid = 2;

第 3 步：合并两个查询语句，将第 2 步中的数值 "2"，用第 1 步中的查询语句替换，执行语句如下：

SELECT * FROM　　reginfo

WHERE levelid = (　　SELECT　　id

　　　　　　　　　　FROM　　　　levelinfo

　　　　　　　　　　WHERE　NAME = '二级');

从以上分析可以看出，在这种查询方式中，子查询的查询结果作为外层查询的条件来筛选记录，其中第 2 步和第 3 步查询的结果相同。

子查询的运用使得多表查询变得更为灵活，通常可以将子查询用作派生表、关联数据及表达式等方式。子查询是一个 SELECT 语句，需要用圆括号括起来；子查询可以嵌套更深一级的子查询，至多可嵌套 32 层。

4.3.2　单列子查询

在 SQL 语言中，凡能使用表达式的地方，均可以用子查询来替代，此时子查询的返回结果必须是单个值或单列值。子查询通常作为 SELECT 语句的 WHERE 从句中的条件表达式。

单列子查询指通过子查询返回的查询结果是一行一列的值，通常放置到查询语句的 WHERE 子句中，例如，查询成绩表中的最高分。单列子查询通常与比较运算符连接，下面通过实例学习单列子查询的用法。

【例 4.39】　使用 SQL 语句查询报名计算机等级一级考试的学生姓名和所在的学校。

根据题目要求，首先要查询出报名计算机等级一级考试的等级编号，然后再根据等级编号查询学生的姓名和学校，具体语句如下：

SELECT name，school

FROM reginfo

WHERE levelid= (SELECT id FROM levelinfo WHERE name= '一级');

执行上面的语句后，运行结果如图 4.35 所示。

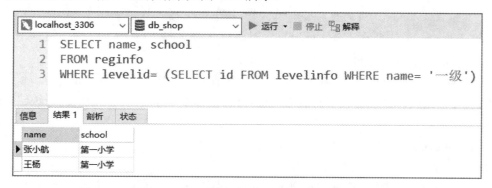

图 4.35　查询报名计算机等级一级考试的学生姓名和所在的学校

图 4.35 中，“SELECT id FROM levelinfo WHERE name= '一级'”语句得到的查询结果是“一级”所对应的编号，即 1。单列子查询的结果是一个具体的值，因此，可以使用“>”“<”“=”等比较运算符连接。

4.3.3　多行子查询

多行子查询指一列多行的子查询，该类子查询返回多个值，通常与 IN、ANY、SOME、EXISTS 等关键字连用。下面通过实例学习多行子查询的使用。

【例 4.40】 使用 SQL 语句查询报名计算机考试等级为一级或二级的学生姓名和所在学校。

具体语句如下：

```
SELECT * FROM reginfo
WHERE levelid IN (SELECT id FROM levelinfo WHERE name = '一级' OR name = '二级');
```

执行上面的语句后，运行结果如图 4.36 所示。

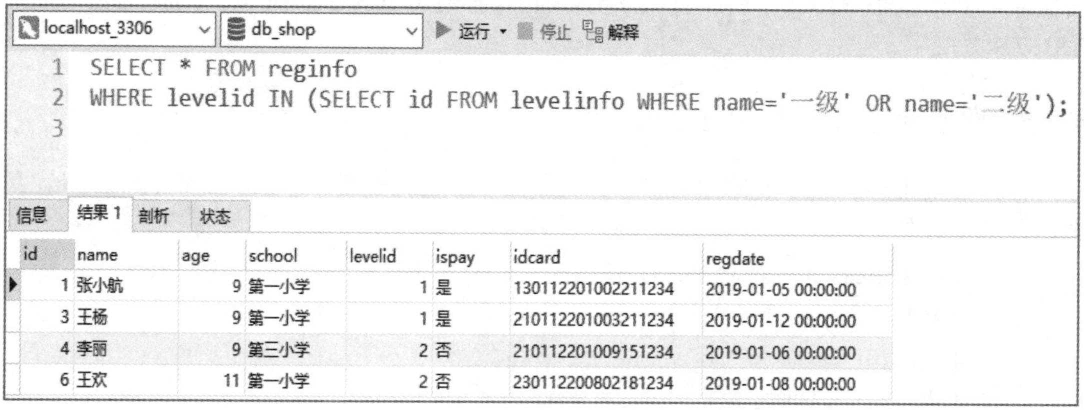

id	name	age	school	levelid	ispay	idcard	regdate
1	张小航	9	第一小学	1	是	130112201002211234	2019-01-05 00:00:00
3	王杨	9	第一小学	1	是	210112201003211234	2019-01-12 00:00:00
4	李丽	9	第三小学	2	否	210112201009151234	2019-01-06 00:00:00
6	王欢	11	第一小学	2	否	230112200802181234	2019-01-08 00:00:00

图 4.36　查询报名计算机考试等级为一级或二级的学生姓名和所在学校

从图 4.36 所示的查询结果可以看出，子查询的结果是“一级”或“二级”等级所对应的等级编号 1 和 2。读者可以想想，如果要查询除了报名计算机考试等级为一级和二级的学生信息怎么办呢？其实特别简单，只要使用 NOT IN 关键字即可实现。

【例 4.41】 使用 SQL 语句查询报名计算机考试等级为一级并且年龄比考试等级为二级的学生小的学生信息。

具体语句如下：

```
SELECT* FROM reginfo
WHERE leveled = 1 AND age < ANY(SELECT age FROM reginfo WHERE leveled = 2);
```

执行上面的语句后，运行结果如图 4.37 所示。

从图 4.37 所示的查询结果可以看出，ANY 关键字前面的小于运算符(<)代表了对 ANY 后面子查询的结果中任意值进行是否小于的判断。与 ANY 关键字功能一样的是 ALL 关键字，在实际应用中使用哪个关键字根据具体情况而定。读者可以在上面的实例中尝试应用 ALL 关键字，看看查询结果是否一样。

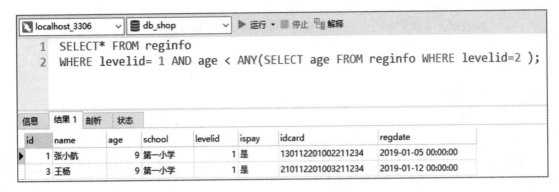

图 4.37　在子查询中使用运算符和关键字

SOME 关键字的用法与 ANY 的用法类似，将上例中的 ANY 关键字换成 SOME 运行效果也是一样，读者可以自行尝试。

EXISTS 关键字代表"存在"的意思。它应用于子查询中，只要子查询返回的结果不为空，返回值就是 TRUE，否则就是 FALSE。通常情况下，都会在 WHERE 语句中使用 EXISTS 关键字。

4.3.4　聚合函数在分组查询中的应用

分组查询主要应用在数据库的统计计算中。分组查询使用 GROUP BY 子句完成，具体的语法格式如下：

> SELECT column_name1, column_name2, …
> FROM table_name1
> [WHERE] conditions
> GROUP BY column_name1, column_name2,…
> [HAVING] conditions
> [ORDER BY] column_name1, column_name2,…;

其中：GROUP BY 是分组查询的关键字，关键字后面跟着按其分组的列名，并且可以按照多列进行分组；HAVING 是在分组查询中使用条件的关键字，该关键字只能用在 GROUP BY 语句后面，它的作用与 WHERE 语句类似，都表示查询条件，但是在执行效率上略有不同。

在上面的语法中，WHERE、HAVING、ORDER BY 都是可以省略的，根据实际需要自行添加就可以了。另外，在分组查询中还经常会使用聚合函数。

聚合函数包括 MAX、MIN、COUNT、AVG 和 SUM 共 5 个，它们在分组查询中起什么作用呢？例如，查看谁是小组第一，或者在小说分类中，哪本小说销量最差等信息。下面通过实例学习聚合函数在分组查询中的用法。

【例 4.42】　使用 SQL 语句查询报名信息表(reginfo)中每个考试等级中的年龄最小的报名学生信息。

具体语句如下：

SELECT levelid AS 等级编号，MIN(age) AS '最小年龄'

FROM reginfo GROUP BY leveled;

执行上面的语句后，运行结果如图 4.38 所示。

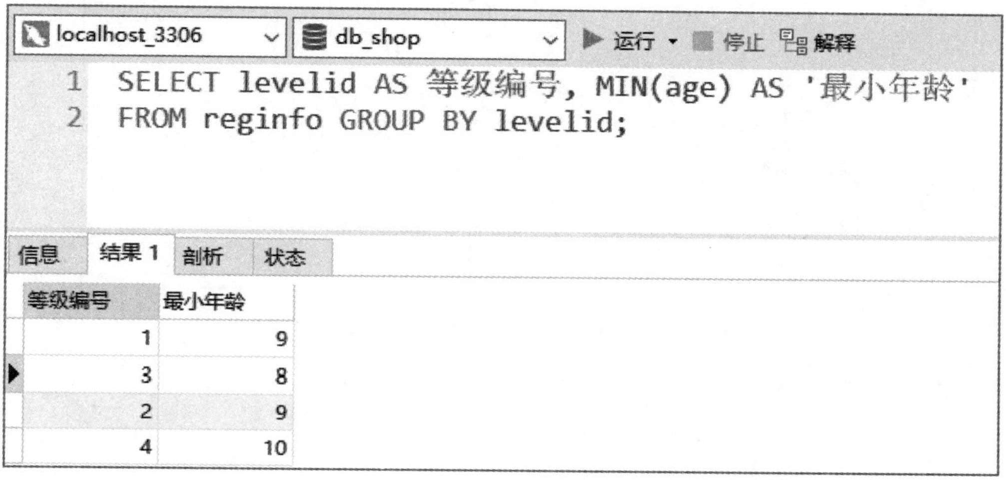

图 4.38　聚合函数 MIN 在子查询中的使用

从图 4.38 所示的查询结果可以看出，在报名信息表中共有 4 个等级，每个等级的最小年龄显示在后面。如果要查看报名考试等级为一级的最小年龄的考生是哪位，应该怎么查询呢？请读者自行编写查询语句。

4.3.5　使用条件的分组查询

在学习分组查询的语法时，我们了解到在分组查询中也是可以加上条件的。在分组查询中使用条件，既可以使用 WHERE 子句，也可以使用 HAVING 子句，它们的区别在于查询语句的位置不同。WHERE 子句放在 GROUP BY 子句之前，也就是说它先按条件筛选数据再对数据进行分组；HAVING 子句放在 GROUP BY 子句之后，先对数据进行分组，再按条件进行数据筛选。哪个子句效率更高一些呢?当然是 WHERE 子句。因此，在实际应用中都是先使用 WHERE 子句对查询结果进行筛选，然后再使用 HAVING 子句对分组后的查询结果进行筛选的。

【例 4.43】分别使用 WHERE 和 HAVING 子句对报名信息表(reginfo)进行分组查询。按等级编号进行分组并查询出"第一小学"的每个等级的报考人数。

(1) 使用 WHERE 语句作为条件判断。具体语句如下：

SELECT levelid AS 报考级别，COUNT(*) AS 人数

FROM reginfo

WHERE school ='第一小学'

GROUP BY levelid;

执行上面的语句后，运行结果如图 4.39 所示。

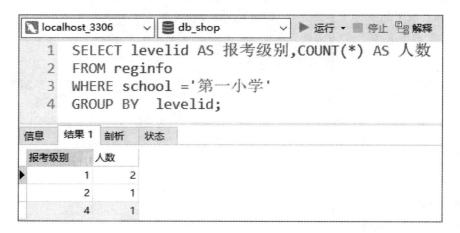

图 4.39   WHERE 子句在分组查询中的使用

(2) 使用 HAVING 子句作为条件判断。具体语句如下:

SELECT levelid AS 报考级别, count(*) AS 人数

FROM reginfo

GROUP BY levelid, school

HAVING school='第一小学';

执行上面的语句，也可以得到与(1)完全相同的结果。需要注意的是，在 GROUP BY 子句后面出现了两个列，那是因为如果不出现两个列就无法在 HAVING 子句中对 school 列进行判断。在这种情况下，一般会选择使用 WHERE 子句完成，

4.3.6   分组查询的排序

在分组查询的语法中，最后一个子句 ORDER BY 是对查询结果进行排序。ORDER BY 子句会放到所有查询子句的最后，表示对查询结果进行排序，在排序的时候按照列的升序或降序排列，也可以同时对多个列进行排序。但是，在分组查询的语法中，ORDER BY 后面的列必须是在 GROUP BY 子句中出现过的列或者是使用聚合函数的列。

【例 4.44】   使用 ORDER BY 子句进行查询。查询报名信息表(reginfo)中每个考试等级的报名人数，并按照报名人数升序排列。

具体语句如下:

SELECT levelid AS 报考级别, count(*) AS 人数

FROM reginfo

GROUP BY levelid

ORDER BY COUNT(*);

执行上面的语句后，运行结果如图 4.40 所示。

从图 4.40 所示结果可以看出，查询结果按照报考人数升序排列。如果要降序排列，则在列名后面加上 DESC 关键字。具体语句如下:

SELECT levelid AS 报考级别, count(*) AS 人数
FROM reginfo
GROUP BY levelid
ORDER BY COUNT(*) DESC;

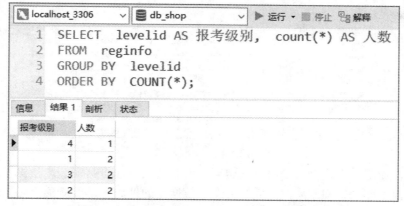

图 4.40　ORDER BY 子句在分组查询中的使用

任务 4.4　连接查询多表数据

【任务描述】　在实际应用中，数据查询的要求通常要涉及多个数据表。连接是多表数据查询的一种有效手段，本任务阐述自连接、交叉连接、内连接和外连接等连接方式，灵活构建多表查询，以满足实际应用的需求。

4.4.1　笛卡儿积

笛卡儿积是针对多表查询的一种特殊结果，它的特殊之处就在于多表查询时没有指定查询条件，查询结果是多个表中的全部记录。如果不指定查询条件，那么结果会是什么样的呢？是全部数据的罗列，还是全部数据都挤到一行中，或者是其他的形式?下面通过实例观察笛卡尔积是什么样的。

【例 4.45】　不使用任何条件查询报名信息表(reginfo)和计算机等级信息表(levelinfo)中的全部数据。

从题目要求看，该查询语句只需要在 SELECT 语句中用"*"代替所有列，并在 FROM后面列出两个表的名字即可。具体语句如下：

SELECT *　FROM reginfo, levelinfo;

执行上面的语句后，运行结果如图 4.41 所示。

由于篇幅关系，图 4.41 中并未列出所有查询的结果，但可以看出查询结果中的数据很多，共有 11 列 35 行。那么，这个行数和列数是怎么从两个表的数据中得到的呢?在报名信息表中，共有 8 列 7 行，在计算机等级信息表中，共有 3 列 5 行，将两张表的列数和行数进行加和乘的运算，得到了 11 列和 35 行。笛卡儿积的结果中，列数是两个数据表中列数的总和，行数是两个数据表中行数的乘积。

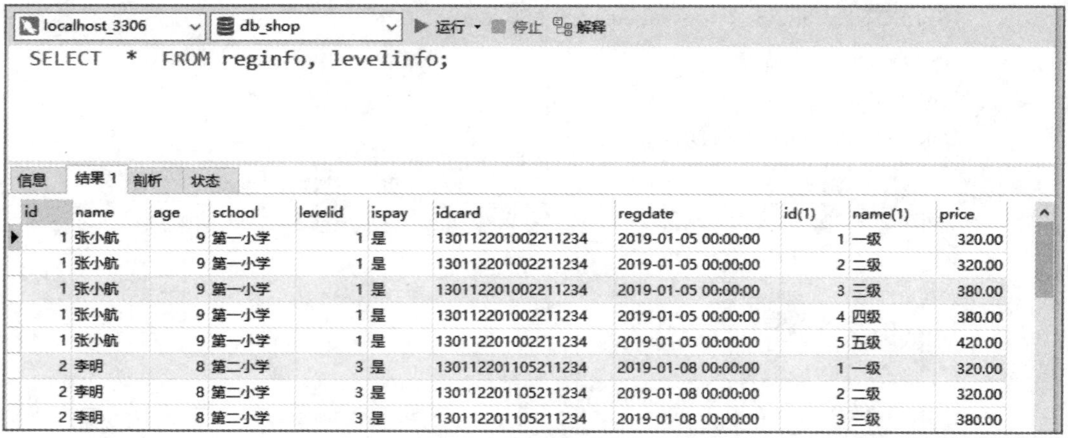

localhost_3306　db_shop　运行 停止 解释

```
SELECT * FROM reginfo, levelinfo;
```

信息　结果 1　剖析　状态

id	name	age	school	levelid	ispay	idcard	regdate	id(1)	name(1)	price
1	张小航	9	第一小学	1	是	130112201002211234	2019-01-05 00:00:00	1	一级	320.00
1	张小航	9	第一小学	1	是	130112201002211234	2019-01-05 00:00:00	2	二级	320.00
1	张小航	9	第一小学	1	是	130112201002211234	2019-01-05 00:00:00	3	三级	380.00
1	张小航	9	第一小学	1	是	130112201002211234	2019-01-05 00:00:00	4	四级	380.00
1	张小航	9	第一小学	1	是	130112201002211234	2019-01-05 00:00:00	5	五级	420.00
2	李明	8	第二小学	3	是	130112201105211234	2019-01-08 00:00:00	1	一级	320.00
2	李明	8	第二小学	3	是	130112201105211234	2019-01-08 00:00:00	2	二级	320.00
2	李明	8	第二小学	3	是	130112201105211234	2019-01-08 00:00:00	3	三级	380.00

图 4.41　笛卡儿积

注意：在使用多表连接查询时，一定要设定查询条件，否则就会产生笛卡儿积。笛卡儿积会降低数据库的访问效率，因此，每一个数据库的使用者都要避免查询结果中产生笛卡儿积。

交叉连接(CROSS JOIN)一般用来返回连接表的笛卡尔积。交叉连接的语法格式如下：

```
SELECT column_namel, column_name2, …
FROM tablel CROSS JOIN table2
[WHERE conditions];
```

或

```
SELECT column_namel, column_name2, …
FROM tablel，table2
[WHERE conditions];
```

其中：column_namel，column_name2 是需要查询的字段名称；tablel 和 table2 是需要交叉连接的表名；WHERE conditions 是用来设置交叉连接的查询条件。

多个表交叉连接时，在 FROM 后连续使用 CROSS JOIN 或“，”即可。以上两种语法的返回结果是相同的，但是第一种语法才是官方建议的标准写法。

如果在交叉连接时使用 WHERE 子句，MySQL 会先生成两个表的笛卡尔积，然后再选择满足 WHERE 条件的记录。因此，当表的数量较多时，交叉连接会非常慢。一般情况下不建议使用交叉连接。

4.4.2　自连接

查询语句不仅可以查询多个表中的内容，还可以多次同时连接同一个数据表，这种同一个表的连接称为自连接，也就是自己连接自己的意思。但是，在查询时连接同一个数据表要分别为这个表设置不同的别名。

【例 4.46】使用自连接查询报名信息表(reginfo)中报名编号和报名等级编号相同的考生姓名和学校。

具体语句如下：

```
SELECT a.name,    a.school
```

FROM reginfo a,　　　reginfo b

WHERE　a.levelid = b.id　　AND a.id = b.id;

执行上面的语句后，运行结果如图 4.42 所示。

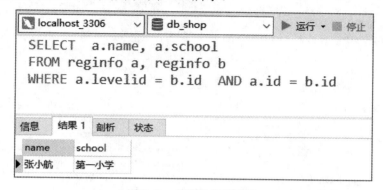

图 4.42　使用自连接查询

请读者思考：如果在 SELECT 后面只写一个"*"，查询结果会是什么样呢？

4.4.3　外连接

在前面介绍的所有查询语句中，只有符合查询条件的结果才能够被查询出来。换句话说，如果执行查询语句后没有符合条件的数据，那么在结果中就不会有任何记录。现在要介绍外连接，它会带来不同的查询效果。通过外连接查询，可以选择在查询出符合条件的结果后还能显示出某个表中不符合条件的数据。外连接查询包括左外连接和右外连接。

外连接查询的基本语法格式如下：

SELECT column_namel, column_name2, …

FROM tablel LEFT | RIGHT OUTER JOIN table2

ON conditions;

其中：tablel 是数据表 1，通常在外连接中被称为左表；table2 是数据表 2，通常在外连接中被称为右表；ON 是设置外连接的条件，与 WHERE 子句后面的写法一样。

· LEFT OUTER JOIN：左外连接，使用左外连接得到的查询结果除了符合条件的数据，还要加上左表中余下的数据。

· RIGHT OUTER JOIN：右外连接，使用右外连接得到的查询结果除了符合条件的数据，还要加上右表中余下的数据。

下面通过实例来分别演示左外连接和右外连接的使用。

【例 4.47】　分别使用两种外连接查询报名信息表(reginfo)和计算机等级信息表(levelinfo)。

由于报名信息表和计算机等级信息表是通过等级编号列关联的，因此，可以将两个表中等级编号相等作为查询条件。为了能够更好地看出两种外连接的区别，首先将两个数据表中等级编号相等作为条件来查询两表中的数据。具体语句如下：

SELECT *

FROM reginfo a,　　　levelinfo b

　　WHERE a.levelid = b.id;

执行上面的语句后，运行结果如图 4.43 所示。

```
localhost_3306    ▼    db_shop    ▼    ▶ 运行 ▼  ■ 停止 B解释
SELECT   *
FROM reginfo a, levelinfo b
WHERE a.levelid = b.id
```

id	name	age	school	levelid	ispay	idcard	regdate	id(1)	name(1)	price
1	张小航	9	第一小学	1	是	130112201002211234	2019-01-05 00:00:00	1	一级	320.00
2	李明	8	第二小学	3	是	130112201105211234	2019-01-08 00:00:00	3	三级	380.00
3	王杨	9	第一小学	1	是	210112201003211234	2019-01-12 00:00:00	1	一级	320.00
4	李丽	9	第三小学	2	否	210112201009151234	2019-01-06 00:00:00	2	二级	320.00
5	石光	10	第四小学	3	否	230112200902211234	2019-01-05 00:00:00	3	三级	380.00
6	王欢	11	第一小学	2	否	230112200802181234	2019-01-08 00:00:00	2	二级	320.00
7	陈晨	10	第一小学	4	否	130112200908081234	2019-01-05 00:00:00	4	四级	380.00

图 4.43　满足等值条件的所有记录

　　从图 4.43 所示的查询结果可以看出，在查询结果左侧是报名信息表(reginfo)中符合条件的全部数据；右侧是计算机等级信息表(levelinfo)中符合条件的全部数据。下面分别使用两种外连接查询数据，请读者注意观察查询效果。

　　(1) 使用左外连接查询。

　　使用左外连接查询，将报名信息表(reginfo)作为左表，计算机等级信息表(levelinfo)作为右表。具体语句如下：

　　　　SELECT * FROM reginfo

　　　　LEFT　OUTER JOIN levelinfo

　　　　ON reginfo.levelid = levelinfo.id;

执行上面的语句后，运行结果如图 4.44 所示。

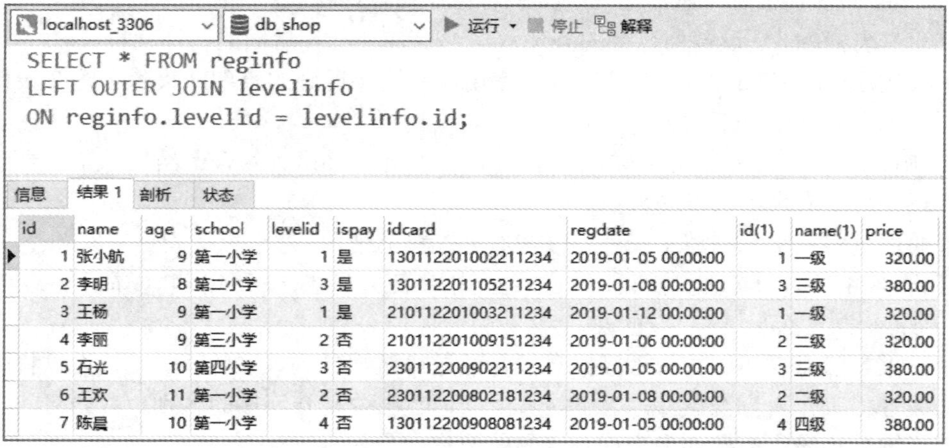

```
localhost_3306    ▼    db_shop    ▼    ▶ 运行 ▼  ■ 停止 B解释
SELECT * FROM reginfo
LEFT OUTER JOIN levelinfo
ON reginfo.levelid = levelinfo.id;
```

id	name	age	school	levelid	ispay	idcard	regdate	id(1)	name(1)	price
1	张小航	9	第一小学	1	是	130112201002211234	2019-01-05 00:00:00	1	一级	320.00
2	李明	8	第二小学	3	是	130112201105211234	2019-01-08 00:00:00	3	三级	380.00
3	王杨	9	第一小学	1	是	210112201003211234	2019-01-12 00:00:00	1	一级	320.00
4	李丽	9	第三小学	2	否	210112201009151234	2019-01-06 00:00:00	2	二级	320.00
5	石光	10	第四小学	3	否	230112200902211234	2019-01-05 00:00:00	3	三级	380.00
6	王欢	11	第一小学	2	否	230112200802181234	2019-01-08 00:00:00	2	二级	320.00
7	陈晨	10	第一小学	4	否	130112200908081234	2019-01-05 00:00:00	4	四级	380.00

图 4.44　使用左外连接查询

　　从图 4.44 所示结果可以看出，左外连接的查询结果与图 4.43 所示是一致的，这是因为左表中的数据全部符合查询条件，下面再看右外连接查询。

(2) 使用右外连接查询。

使用右外连接查询，将报名信息表(reginfo)作为左表，计算机等级信息表(levelinfo)作为右表。具体查询语句如下：

> SELECT * FROM reginfo
>
> RIGHT OUTER JOIN levelinfo
>
> ON reginfo.levelid = levelinfo.id;

执行上面的语句后，运行结果如图 4.45 所示。

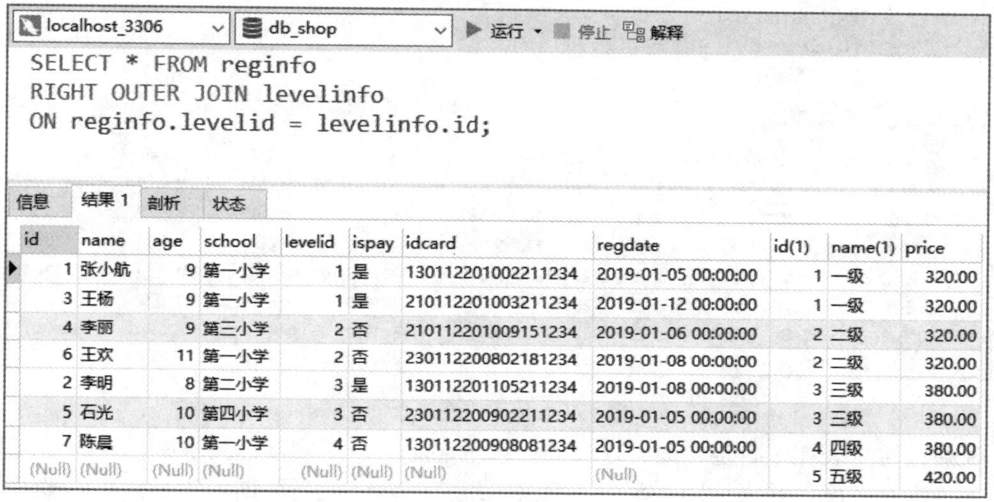

图 4.45 使用右外连接查询

从图 4.45 所示的结果可以看出，第 8 条记录是左表中不存在的数据。由于左表中没有与之对应的数据，因此所有的数据全部都用 NULL 代替。

4.4.4 内连接

与外连接对应的是内连接，内连接与外连接截然不同。内连接可以理解成等值连接，也就是说查询的结果全部都是符合条件的数据。在关系型数据库系统中，主从关系表之间连接时，通常由主表的主键列作为连接条件。内连接的语法格式与外连接很相似。

具体语法格式如下：

> SELECT column_namel, column_name2, …
>
> FROM tablel INNER JOIN table2
>
> ON conditions;

其中：INNER JOIN 是内连接的关键字；ON 是设置内连接中的条件，与外连接中的 ON 关键字是一样的。

下面通过实例演示如何使用内连接。

【例 4.48】 使用内连接查询报名信息表(reginfo)和计算机等级信息表(levelinfo)。

内连接查询使用的条件仍然是报名信息表和计算机等级信息表中等级编号相等。具体语句如下：

```
SELECT * FROM reginfo
INNER JOIN levelinfo
ON reginfo.levelid = levelinfo.id;
```

执行上面的语句后，运行结果如图 4.46 所示，可以看出使用内连接查询的结果就是符合条件的全部数据。

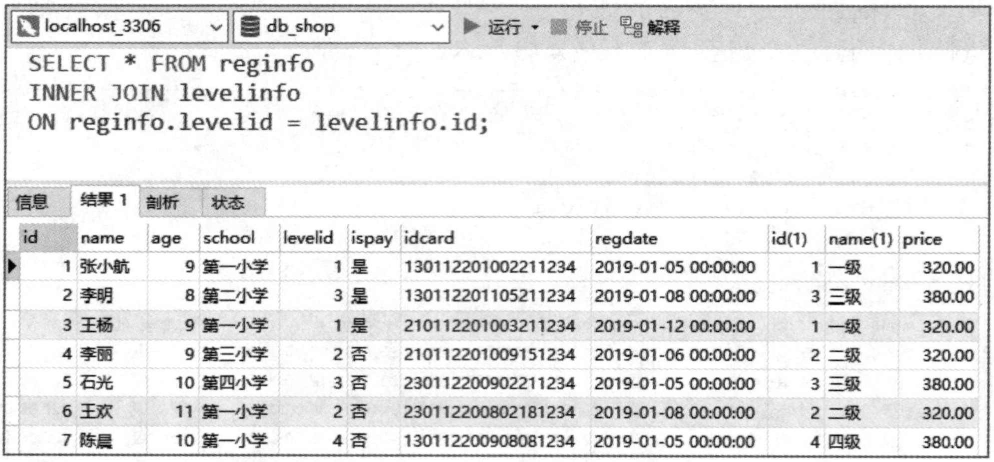

id	name	age	school	levelid	ispay	idcard	regdate	id(1)	name(1)	price
1	张小航	9	第一小学	1	是	130112201002211234	2019-01-05 00:00:00	1	一级	320.00
2	李明	8	第二小学	3	是	130112201105211234	2019-01-08 00:00:00	3	三级	380.00
3	王杨	9	第一小学	1	是	210112201003211234	2019-01-12 00:00:00	1	一级	320.00
4	李丽	9	第三小学	2	否	210112201009151234	2019-01-06 00:00:00	2	二级	320.00
5	石光	10	第四小学	3	否	230112200902211234	2019-01-05 00:00:00	3	三级	380.00
6	王欢	11	第一小学	2	否	230112200802181234	2019-01-08 00:00:00	2	二级	320.00
7	陈晨	10	第一小学	4	否	130112200908081234	2019-01-05 00:00:00	4	四级	380.00

图 4.46　使用内连接查询

注意：两个表在进行连接时，连接列字段的名称可以不同，但要求必须具有相同数据类型、长度和精度，且表达同一范畴的意义。连接字段一般是数据表的主键和外键。使用内连接后，对单表数据查询的所有语法仍可以使用 SELECT 语句。

4.4.5　使用 UNION 关键字合并结果集

所谓合并结果集，就是将两个或更多的查询结果放到一个结果集中显示，但是合并结果是有条件的，那就是必须保证多个结果集中的字段和数据类型一致。UNION 关键字用于合并多个结果集。其语法格式如下：

```
SELECT column_name1, column_name2, …FROM table_name1
UNION [ALL]
SELECT column_name1, column_name2, …FROM table_name2;
UNION
        ⋮
ORDER BY column_name;
```

其中：UNION 是合并结果集的关键字，使结果中去掉相同的行；UNION ALL 与 UNION 类似，但是在结果中不会去掉重复的行；ORDER BY 是对结果集进行排序，其对结果集进行排序是对第一个查询中的字段进行排序的。

下面通过实例演示如何使用 UNION 合并结果集。

【例4.49】查询报名信息表(reginfo)中的报名编号和姓名以及计算机等级信息表(levelinfo)中的等级编号与姓名，并将两个结果集使用 UNION 关键字进行合并。

根据题目要求，需要完成两个查询，并将两个查询用 UNION 关键字连接起来。具体语句如下：

```
SELECT id, name FROM reginfo
UNION
SELECT id, name FROM levelinfo;
```

执行上面的语句后，运行结果如图 4.47 所示，可以看出查询结果按照 id 列进行升序排列。

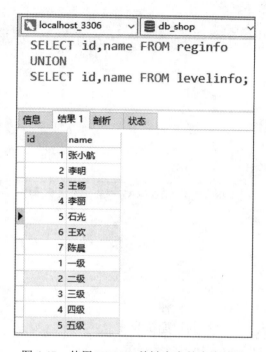

图 4.47 使用 UNION 关键字合并查询结果

4.4.6 排序合并查询结果集

在例 4.49 中，读者已经看到了查询结果默认的排序方式是升序排列，那么能够改变这种排序方式吗？当然可以，在前面的合并查询结果集语法中就有 ORDER BY 子句。也就是说，可以使用 ORDER BY 子句对合并后的查询结果集进行排序。

【例 4.50】 将例 4.49 的结果按照 id 列进行降序排列。

降序排列使用的是 DESC 关键字。具体语句如下：

```
SELECT id, name FROM reginfo
UNION
SELECT id, name FROM levelinfo
ORDER BY id DESC;
```

执行上面的语句后，运行结果如图 4.48 所示，可以看出查询结果按照 id 列进行降序排列。

图 4.48　使用 ORDERBY 对查询结果集排序

课 后 练 习

一、填空题

1. 给列设置别名的方法有 _____ 种。
2. LIKE 查询中代表一个字符的通配符为 _____ 。
3. 查询结果中记录的行数，使用的聚合函数是 _____ 。
4. 子查询中常用的关键字有 _____ 。
5. 外连接的形式有 _____ 。
6. 合并查询结果的关键字是 _____ 。

二、选择题

1. 模糊查询使用的关键字是(　　　)。

A. AVG　　　　　　B. LIKE　　　　　　C. IN　　　　　　D. 以上都不对

2. 求和的聚合函数是(　　　)。

A. AVG　　　　　　B. MIN　　　　　　C. SUM　　　　　　D. COUNT

3. 给查询结果排序的关键字是(　　　)。

A. GROUP　　　　　B. LIMIT　　　　　C. ORDER BY　　　D. HAVING

4. 判断某一个查询语句是否能够查询到结果，使用的关键字是(　　　)

A. IN　　　　　　　B. NOT　　　　　　C. EXISTS　　　　　D. 以上都不对

5. 下面对子查询的描述正确的是(　　　)。

A. 子查询就是在一个查询中包含另一个查询

B. 子查询只能返回一个值

C. 子查询只能返回多个值

D. 以上都不对

6. 下面对多表查询的描述正确的是(　　　　)。

A. 如果在表查询时没有指定 WHERE 条件，则会出现笛卡儿积

B. 同一个表之间的连接称为自连接

C. 多表查询分为内连接、外连接、自连接

D. 以上都对

7. 下列语句中，不是表数据的基本操作语句的是(　　　　)。

A. CREATE 语句　B. INSERT 语句　　C. DELETE 语句　D. UPDATE 语句

8. 关于 SELECT 语句，以下(　　　　)描述是错误的。

A. SELECT 语句用于查询一个表或多个表的数据

B. SELECT 语句属于数据操作语言(DML)

C. SELECT 语句查询的结果列必须是基于表中的列

D. SELECT 语句用于查询数据库中一组特定的数据记录

9. 在 SELECT 语句中，可以使用下列(　　　　)子句，将结果集中的数据行根据选择列的值进行逻辑分组，以便能汇总表内容的子集，即实现对每个组的聚合计算。

A. LIMIT　　　　　　B. GROUP BY　　　　　C. WHERE　　　　　　D. ORDER BY

10. 在语句 "SELECT FROM student WHERE sname LIKE '%晓%'" 中 WHERE 关键字表示的含义是(　　　　)。

A. 条件　　　　　　B. 在哪里　　　　　　C. 模糊查询　　　　　D. 逻辑运算

11. 在图书管理系统中，有如下关系模式：

图书(总编号，分类号，书名，作者，出版单位，单价)；

读者(借书证号，单位，姓名，性别，地址)；

借阅(借书证号，总编号，借书日期)

在该系统数据库中，要查询借阅了《数据库应用》一书的借书证号的 SQL 语句如下：

SELECT 借书证号 FROM 借阅 WHERE 总编号 =_____；

在横线处填写(　　　　)子查询语句可以实现上述功能。

A. (SELECT 借书证号 FROM 图书 WHERE 书名='数据库应用')

B. (SELECT 总编号 FROM 图书 WHERE 书名= '数据库应用')

C. (SELECT 借书证号 FROM 借阅 WHERE 书名= '数据库应用')

D. (SELECT 总编号 FROM 借阅 WHERE 书名='数据库应用')

12. 有订单表 orders，包含用户信息 userid、产品信息 productid，以下能够返回至少被订购过两次的 productid 的 SQL 语句是(　　　　)。

A. SELECT productid FROM orders WHERE COUNT(productid)> 1；

B. SELECT productid FROM orders WHERE MAX(productid)>1；

C. SELECT productid FROM orders WHERE having COUNT (productid)>1
GROUP BY productid；

D. SELECT productid FROM orders GROUP BY productid

HAVING COUNT (productid)>1;

13. 对代码 "DELETE FROM student WHEREs s_id>5" 的含义表述正确的是(　　　)。

A. 删除 student 表中所有 s_id

B. 删除 student 表中所有 s_id 大于 5 的记录

C. 删除 student 表中所有 s_id 大于等于 5 的记录

D. 删除 student 表

14. 代码 "UPDATE student SET s_name='王军'WHERE s_id =1;" 执行的操作是(　　　)。

A. 添加姓名叫王军的记录　　　　　　　　B. 删除姓名叫王军的记录

C. 返回姓名叫王军且 s_id 值为 1 的记录　　D. 更新 s_id 值为 1 的姓名为王军

15. 联合查询使用的关键字是(　　　)。

A. UNION　　　　　B. JOIN　　　　　C. ALL　　　　　D. FULL ALL

三、项目实践

使用运算符写查询语句,为智慧商超系统创建数据表 Sales 订单表,其表结构如表 4.11 所示, 并完成订单数据的查询操作。

表 4.11　Sales 订单表结构

序号	列字段	数据类型	约束	说明
1	saleID	int	主键,自增长字段	订单编号
2	proname	变长字符串, 长度 20	非空	商品名称
3	buyerid	int	非空	客户编号
4	quantity	整型	非空	数量
5	amount	float		总金额
6	saletime	date	默认值当前时间	订单时间

(1) 根据 Sales 表结构,使用 SQL 语句创建表。

(2) 使用 SQL 语句新增订单数据,其订单数据如表 4.12 所示。

表 4.12　sales 表数据

saleID	proname	buyerid	quantity	amount	saletime
1	打孔器	1	1	60	2021-3-4
2	运动服	2	2	3000	2020-5-1
3	回形针	1	3	21	2020-4-3
4	长尾夹套装	2	2	30	2020-3-1
5	T恤	3	3	1200	2021-3-9
6	办公桌	3	2	6000	2021-2-6
7	pen	2	10	1000	2020-6-23
8	pencil	2	20	40	2020-6-9

(3) 查询订单信息，显示订单时间、商品名称、数量，别名为"订单时间""商品名称""数量"，按订单时间降序排序显示。

(4) 查询客户编号为 1，在 2020 年 3 月至 5 月的订单信息。

(5) 查询商品名称为"pe"开头的记录。

(6) 查询商品名称为"运动服""T 恤"的订单记录。

(7) 将客户编号为 1、商品名称为"打孔器"的数量修改为 10，总金额修改为 600。

(8) 查询客户编号为 1 的订单总额。

(9) 查询统计每个客户的订单总额、订单数量。

(10) 查询统计有订单的客户数。

四、拓展

新增客户信息表(buyers)，其表结构和内容如表 4.13 所示。

表 4.13　客户信息表(buyers)

buyerID	buyerName	buyerSex	address	phoneCode
1	陈红	女	北京市	13566778899
2	Lucy	女	上海市	15722336655
3	周平	男	重庆市	13423652145
4	吴青	男	天津市	15696365421

(1) 查询客户"陈红"的订单信息。

(2) 查询有订购商品的客户姓名、电话、地址。

(3) 查询没有订购商品的客户姓名、电话。

(4) 查询客户订单信息，显示：客户姓名、客户电话、商品名称、数量、总额、订购时间。

项目五

索引与视图

默认情况下，数据查询是根据搜索条件进行全表扫描，并将符合查询条件的记录添加到结果集的操作。随着网上商城系统中的数据访问量不断增大，若不对表或查询进行优化，数据查询的效率将会越来越低。MySQL 提供的索引、视图对象以及查询优化工具，能有效地提高数据查询的效率。

索引是对数据库表中一列或多列的值进行排序后的一种结构，对于拥有复杂结构与大量数据的表而言，索引就是表中数据的目录。视图是由一个或多个数据表导出的虚拟表，它能够简化用户对数据的理解，简化复杂的查询过程，对数据提供安全保护，在视图上建立索引则可以大大地提高数据检索的性能。

本项目主要介绍使用索引和视图优化查询性能以及写出高效查询语句的各种方法。

学习目标

(1) 理解索引、视图的概念和作用。
(2) 熟练掌握创建和管理索引、视图的 SQL 语句的语法。
(3) 能使用图形管理工具和命令方式实现索引和视图的创建、修改和删除等操作。

任务 5.1　管 理 索 引

【**任务描述**】　索引用于快速找出在某个列中有一特定值的行。索引是提高数据库性能的重要方式。在 MySQL 中，所有数据类型都可以被索引。本任务将介绍与索引相关的内容，包括索引的定义和特点、索引的分类、索引的设计原则以及如何创建和删除索引等。

5.1.1　索引概述

索引，也称为"键(key)"，是对数据库表中一列或多列的值进行排序后的一种结构，它包含列值的集合以及标识这些值所在数据页的逻辑指针清单。在 MySQL 中，所有数据类型都可以被索引。

对于拥有复杂结构与大量数据的表而言，索引就是表中数据的目录，表中的数据类似于书的内容。在列上创建了索引之后，查找数据时可以直接根据该列上的索引找到对应行的位置，从而快速找到数据。

索引是在存储引擎中实现的，每种存储引擎支持的索引不一定完全相同，并且每种存储引擎也不一定支持所有索引类型。MySQL 中索引的存储类型有两种：BTREE 和 HASH。MyISAM 和 InooDB 存储引擎只支持 BTREE 索引，HEMORY/HEFP 存储引擎可以支持 HASH 和 BTREE 索引。目前大部分 MySQL 索引都以 BTREE 方式存储。

索引是 MySQL 中十分重要的数据库对象，是数据库性能调优技术的基础，常用于实现数据的快速检索。

1. 访问方式

在 MySQL 中，通常有以下两种方式访问数据库表的行数据。

（1）顺序访问。

顺序访问是在表中实行全表扫描，从头到尾逐行遍历，直到在无序的行数据中找到符合条件的目标数据。

实现顺序访问比较简单，但是当表中有大量数据的时候，其效率非常低下。例如，在几千万条数据中查找少量的数据时，使用顺序访问方式将会遍历所有的数据，花费大量的时间，显然会影响数据库的处理性能。

（2）索引访问。

索引访问是通过遍历索引来直接访问表中记录行的方式。

使用这种方式的前提是对表建立一个索引，在列上创建了索引之后，查找数据时可以直接根据该列上的索引找到对应记录行的位置，从而快捷地查找到数据。索引存储了指定列数据值的指针，根据指定的排序顺序对这些指针排序。

例如，在学生基本信息表 tb_students 中，如果基于 student_id 建立了索引，系统就建立了一个索引列到实际记录的映射表。当用户需要查找 student_id 为 120023 的数据的时候，系统先在 student_id 索引上找到该记录，然后通过映射表直接找到数据行，并且返回该行数据。因为扫描索引的速度一般远远大于扫描实际数据行的速度，所以采用索引访问的方式可以大大提高数据库的工作效率。

简而言之，不使用索引，MySQL 就必须从第一条记录开始读完整个表，直到找出相关的行。表越大，查询数据所花费的时间就越多。如果表中查询的列有一个索引，MySQL 就能快速到达一个位置去搜索数据文件，而不必查看所有数据，这样将会节省很大一部分时间。

2. 使用索引的优缺点

使用索引的优点如下：

（1）可以提高查询数据的速度。

（2）通过创建唯一索引，可以保证数据库表中每一行数据的唯一性。

（3）在实现数据的参考完整性方面，可以加速表和表之间的连接。

（4）在使用分组和排序子句进行数据查询时，可以减少分组和排序的时间。

使用索引的缺点如下：

（1）创建和维护索引需要耗费时间，并且随着数据量的增加所耗费的时间也会增加。

（2）索引占用磁盘空间，如果有大量的索引，索引文件可能比数据文件更快达到最大文件尺寸。

（3）当对表中的数据进行增加、删除和修改操作时，索引也需要动态维护，这样就降低了数据的维护速度。

使用索引时，需要综合考虑索引的优点和缺点。

索引可以提高查询速度，但是会影响插入记录的速度。因为，向有索引的表中插入记录时，数据库系统会按照索引进行排序，这样就降低了插入记录的速度，插入大量记录时的速度影响会更加明显。这种情况下，最好的办法是先删除表中的索引，然后插入记录，插入完成后，再创建索引。

5.1.2　索引的分类

按照分类标准的不同，MySQL 的索引有多种分类形式。

MySQL 的索引通常包括普通索引、唯一索引、全文索引、空间索引和复合索引等。

1. 普通索引

普通索引是 MySQL 中的基本索引，允许定义索引的列上插入重复值和空值。一个数据表可以有多个普通索引。

2. 唯一索引

唯一索引中索引列的值必须唯一，允许有空值。一个数据表可以创建多个唯一索引。主键索引是一种特殊的唯一索引，不允许有空值。

3. 全文索引

全文索引是指在定义索引的列上支持值的全文查找，允许在这些索引列中插入重复值和空值。它只能对 CHAR、VARCHAR 和 TEXT 类型的列编制索引，并且只能在 MyISAM 的表中创建。在 MySQL 默认情况下，对于中文作用不大。

4. 空间索引

空间索引是对空间数据类型的字段建立的索引。MySQL 中有 4 种空间数据类型：GEOMETRY、POINT、LINESTRING 和 POLYGON。MySQL 使用 spatil 关键字进行扩展，使得能够利用与创建正规索引类似的语法创建空间索引。创建空间索引的列，必须将其声明为 NOT NULL，空间索引只有在存储引擎 MyISAM 的表中创建。对于初学者来说，这类索引很少会用到。

5. 复合索引(又称组合索引或多列索引)

复合索引是在数据表的多个列组合上创建的索引，只有在查询条件中使用了这些列的左边列时，索引才会被使用。例如由 uID、uName 和 uEmail 这 3 个列构成的复合索引，索引行中按 uID、uName、uEmail 的顺序存放,索引可以搜索的字段组合包括组合(uID、uName、uEmail)、组合(uID、uName)或者 uID。如果选择列不包含索引最左列(索引中最左边的任意数据列集合都可用于匹配各个行，这样的集合称为"最左前缀")，MySQL 服务则不能使用局部索引，如 uName 或者 uEmail。因此，使用复合索引时应遵循最左前缀集合。

5.1.3　创建索引

MySQL 支持在表中的单列或多个列上创建索引，创建索引的方式可以使用 SQL 语句或图形工具来实现。

1. 创建表时创建索引

创建表时可以直接创建索引，这种方式最简单、方便。其基本语法格式如下：

```
CREATE TABLE 表名
(字段定义 1,
    字段定义 2,
        ⋮
    字段定义 n,
    [UNIQUE | FULLTEXT | SPATIAL] INDEX | KEY
    索引名(字段名[(长度)] [ASC | DESC])
);
```

语法说明如下：

• UNIQUE | FULLTEXT | SPATIAL：可选参数，创建索引的类型；UNIQUE 是唯一索引，FULLTEXT 是全文索引，SPATIAL 是空间索引。都不选则默认为普通索引。

• 字段名：建立索引的列名，可以包含多列，中间用逗号隔开，但它们属于同一个表，这样的索引叫作复合索引。

• 长度：可选参数，索引字段的长度，只有字符串类型的字段才能指定该值。

• ASC | DESC：可选参数，指定索引列的值按升序或者降序排列，默认为升序。

【例 5.1】　使用 SQL 语句创建商品信息表 goods，在商品名称 gdName 字段创建名为 IX_gdName 的唯一索引。

具体语句如下：

```
CREATE TABLE goods (
    gdId INT PRIMARY KEY auto_increment COMMENT '商品编号',
    gdName VARCHAR (50) COMMENT '商品名称',
    tid INT COMMENT '商品类别',
    gdPrice FLOAT COMMENT '商品价格',
    gdInfo text COMMENT '商品信息',
    UNIQUE INDEX IX_gdName (gdName)
);
```

【例 5.2】　使用 SQL 语句创建表 tbTest，在空间类型为 GEOMETRY 的字段上创建名为 IX_t1 的空间索引。

由于 MySQL 中只有 MyISAM 存储引擎支持空间索引，因此在创建表 tbTest 时需要指定表的存储引擎为 MyISAM。

具体语句如下：

```
CREATE TABLE tbTest
( id INT (11) NOT NULL,
```

```
        tl GEOMETRY NOT NULL,
        SPATIAL INDEX IX_t1 (tl)
        ) ENGINE = MyISAM;
```

　　注意：创建空间索引时，索引所在列必须为空间类型，如 GEOMETRY、POINT、LINESTRING 和 POLYGON 等，且不能为空，否则在生成空间索引时会产生错误。

　　2. 在已存在的表上创建索引

　　在已经存在的表上创建索引，可以使用 CREATE INDEX 语句或者 ALTER TABLE 语句。

　　(1) 使用 CREATE INDEX 语句创建索引。

　　使用 CREATE INDEX 语句创建索引的基本语法格式如下：

```
        CREATE   [UNIQUE | FULLTEXT | SPATIAL]   INDEX 索引名
        ON 表名(字段名[(长度)] [ASC | DESC] […]) ;
```

其中，关键字 ON 后面的表名是需建立索引的数据表名称。

　　【例 5.3】 使用 SQL 语句在 goods 表的商品类别和商品价格字段创建名为 IX_cp 的复合索引。

　　具体语句如下：

```
        CREATE   INDEX   IX_cp   ON goods(tid，gdPrice);
```

　　【例 5.4】使用 SQL 语句在 goodsinfo 表的 name 列上创建名为 IX_fullIXOrd 的全文索引。

　　具体语句如下：

```
        CREATE FULLTEXT INDEX IX_fullIXOrd ON goodsinfo (name(80));
```

　　(2) 使用 ALTER TABLE 语句创建索引。

　　使用 ALTER TABLE 语句创建索引的基本语法格式如下：

```
        ALTER TABLE 表名
        ADD [UNIQUE | FULLTEXT | SPATIAL]
        INDEX | KEY 索引名(字段名[(长度)] [ASC | DESC]);
```

其中，关键字 ADD 表示向表中添加索引。

　　【例 5.5】使用 SQL 语句在 goods 表的商品信息字段创建名为 IX_gdInfo 的全文索引。

　　具体语句如下：

```
        ALTER TABLE goods
        ADD FULLTEXT INDEX IX_gdInfo (gdInfo);
```

　　【例 5.6】 使用 SQL 语句在 goods 表的 gdId、gdName 和 gdPrice 列上创建名为 IX_comIXgoods 的复合索引。

　　具体语句如下：

```
        ALTER TABLE goods
        ADD INDEX IX_comIXgoods(gdId，gdName，gdPrice);
```

5.1.4　查看索引

　　创建好索引以后，可以通过 SQL 语句查看索引的相关信息。

1. 用 SHOW CREAT TABLE 语句查看索引

用户可以使用 SHOW CREATE TABLE 语句查看表结构，并且可以查看该表是否存在索引。其语法格式如下：

SHOW CREATE TABLE 表名；

【例 5.7】 使用 SHOW CREATE TABLE 语句查看 goods 表的表结构，查看该表是否存在索引信息。

具体语句如下：

SHOW CREATE TABLE goods；

执行上述语句后，运行结果如图 5.1 所示。

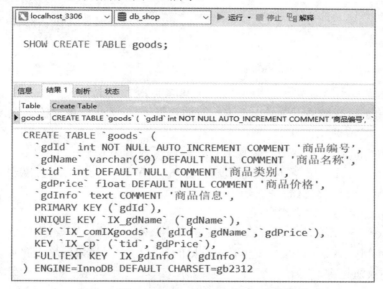

图 5.1 用 SHOW CREATE TABLE 查看结果

从图 5.1 所示结果可以看出，goods 表中有名为"IX_gdName"的唯一索引，有名为"IX_comIXgoods"和"IX_cp"的复合索引，有名为"IX_gdInfo"的全文索引。

2. 用 SHOW INDEX 语句查看索引

用户可以使用 SHOW INDEX FROM 语句或 SHOW KEYS FROM 语句查看指定表的索引信息。其语法格式如下：

SHOW INDEX FROM 表名；

或者

SHOW KEYS FROM 表名

【例 5.8】 使用 SHOW INDEX FROM 语句或 SHOW KEYS FROM 语句，查看 goods 表的索引信息。

具体语句如下：

SHOW INDEX FROM goods；

或者

SHOW KEYS FROM goods；

执行上述语句后，运行结果如图 5.2 所示(仅显示部分内容)。

Table	Non_unique	Key_name	Seq_in_index	Column_name	Collation	Cardinality	Sub_part
goods	0	PRIMARY	1	gdId	A	0	(Null)
goods	0	IX_gdName	1	gdName	A	0	(Null)
goods	1	IX_comIXgoods	1	gdId	A	0	(Null)
goods	1	IX_comIXgoods	2	gdName	A	0	(Null)
goods	1	IX_comIXgoods	3	gdPrice	A	0	(Null)
goods	1	IX_cp	1	tid	A	0	(Null)
goods	1	IX_cp	2	gdPrice	A	0	(Null)
goods	1	IX_gdInfo	1	gdInfo	(Null)	0	(Null)

图 5.2　用 SHOW INDEX FROM 查看结果

由图 5.2 所示运行结果可以看出该表所有的索引信息。运行结果中各字段具体说明如下：

- Table：建立索引的表名。
- Non_unique：表示索引是否包含重复值。不包含为 0，否则为 1。
- Key_name：索引的名称。当该值为 PRIMARY 时，表示为主键索引。
- Seq_in_index：索引的序列号，从 1 开始。
- Column_name：建立索引的列名称。
- Collation：表示列以什么方式存储在索引中。其值为"A"(升序)或 NULL(无分类)。
- Cardinality：表示索引中唯一值的数目的估计值。其基数根据被存储为整数的统计数据来计数，数值越大，当进行联合查询时，MySQL 使用该索引的机会就越大。
- Sub_part：表示如果列只是被部分地编入索引，则为被编入索引的字符的数目。如果整列被编入索引，则为 NULL。
- Packed：表示关键字如何被压缩。如果没有被压缩，则为 NULL。
- Null：如果列含有 NULL，则为 YES。如果没有，则该列为空。
- Index_type：索引类型(BTREE、FULLTEXT、HASH、RTREE)。
- Comment：注释。

5.1.5　删除索引

当一个索引不再需要时，可以使用 DROP INDEX 语句或 ALTER TABLE 语句来对索引进行删除。

1. 使用 DROP INDEX 语句删除索引

使用 DROP INDEX 语句删除索引的语法格式如下：

DROP INDEX 索引名 ON 表名；

【例 5.9】　使用 SQL 语句删除 goods 表中名为 IX_cp 的索引。

具体语句如下：

```
DROP INDEX IX_cp ON goods;
```

2. 使用 ALTER TABLE 语句删除索引

使用 ALTER TABLE 语句删除索引的基本语法格式如下：

```
ALTER  TABLE  表名
DROP INDEX|KEY 索引名;
```

【例 5.10】 使用 SQL 语句删除 goods 表中名为 IX_gdInfo 的索引。

具体语句如下：

```
ALTER TABLE goods DROP KEY IX_gdInfo;
```

提示：删除表中的列时，如果要删除的列为索引的组成部分，则该列也会从索引中被删除。如果组成索引的所有列都被删除，则整个索引将被删除。

在 MySQL 中并没有提供修改索引的直接指令，一般情况下，需要先删除原索引，再根据需要创建一个同名的索引，实现修改索引的操作，从而优化数据查询性能。

5.1.6 使用 Navicat 管理索引

使用 Navicat 图形工具管理索引，可以快速、简单地完成操作。

【例 5.11】 使用 Navicat 图形工具为 db_shop 数据库的 goods 表中 gdName 字段创建名为 IX_tname 的普通索引。

操作步骤如下：

(1) 启动 Navicat，打开 db_shop 数据库，右键单击 goods 数据表，选择"设计表"，打开"设计表"窗口，如图 5.3 所示。

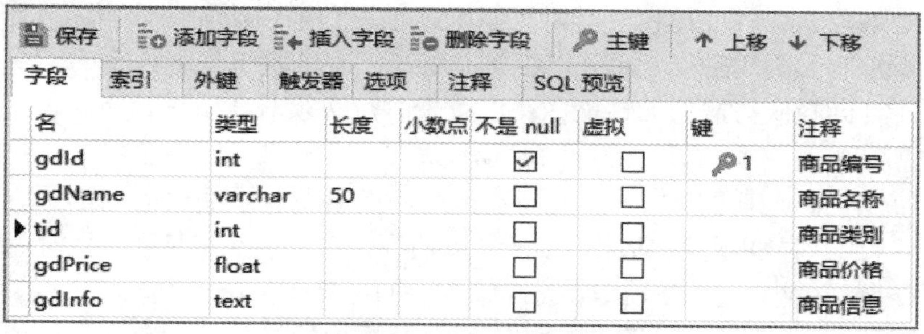

图 5.3 "设计表"窗口

(2) 选择"索引"选项卡，如图 5.4 所示。图中显示该表已经存在的所有索引，点击"添加索引"按钮，则会增加一条空白行，输入索引名 IX_uName，在字段列选择字段 'gdName'，索引类型选择"NORMAL"，表示普通索引，索引方法选择"BTREE"，设置完成，点击"保存"按钮。

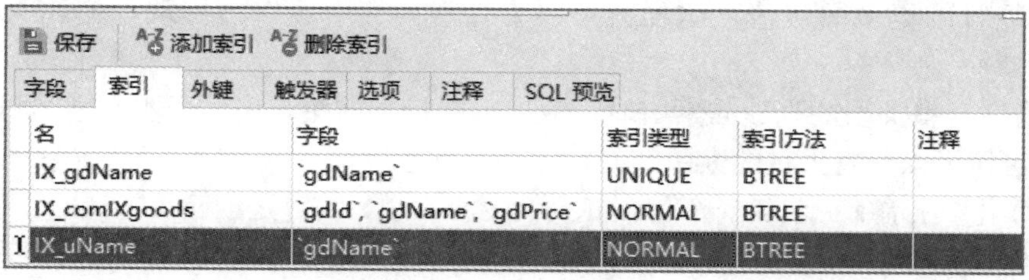

图 5.4 "索引"选项卡

在 Navicat 图形工具中删除索引与添加索引一样简单。

【例 5.12】 在 Navicat 图形工具中删除 goods 表的 IX_uName 索引。

操作步骤如下：

(1) 打开 goods 数据表的设计表窗口，选择"索引"选项卡。

(2) 右键单击"IX_uName"索引或者选中"IX_uName"索引，在快捷菜单中选择"删除索引"命令或者单击"删除索引"按钮，弹出"确认删除"对话框，如图 5.5 所示，单击 "删除"按钮，完成删除索引的任务。

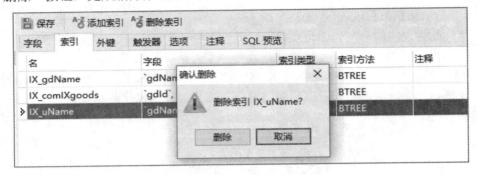

图 5.5　删除索引

5.1.7　索引的设计原则

高效的索引有利于快速查找数据，而设计不合理的索引可能会影响数据库和应用程序的性能。因此创建索引时应尽量符合以下原则，以提升索引的使用效率。

(1) 不要建立过多的索引。索引并非越多越好，一个表中如有大量的索引，不仅占用磁盘空间，而且会降低写操作的性能。在修改表时，必须对索引进行更新，有时可能还需要重构，因此，索引越多，所用的时间就越长。

(2) 为用于搜索、排序或分组的列创建索引，而用于显示输出的列则不宜创建索引。最适合创建索引的列是出现在 WHERE 子句中的列，或出现在连接子句、分组子句和排序子句中的列，而不是出现在 SELECT 关键字后面的选择列表中的列。

(3) 使用唯一索引，并考虑数据列的基数。数据列的基数是指它所容纳的所有非重复值的个数。相对于表中行的总数来说，列的基数越高(也就是说，它包含的唯一值多，重复值少)，使用索引的效果越好。

(4) 使用短索引，尽量选用长度较短的数据类型。 因为选较短值为索引，可以加快索引的查找速度，也可以减少对磁盘 I/O 的请求。另外对于较短的键值，索引高速缓存中的块能容纳更多的键值，这样就可以直接从内存中读取索引块，提高查找键值的效率。

(5) 为字符串类型的列建立索引时，应尽可能指定前缀长度，而不是索引这些列的完整长度，这样可以节省大量的索引空间，加快查询速度。

(6) 利用最左前缀。创建一个包含 n 列的复合索引，实际是创建了 MySQL 可利用的 n 个索引。创建复合索引相当于建立多个索引，因为可利用索引中最左边的列集来匹配行。

(7) 让参与比较的索引类型保持匹配。在创建索引时，大部分存储引擎都会选择需要使用的索引实现，例如，InnoDB 和 MyISAM 存储引擎使用 BTREE 索引。

任务 5.2　管理视图

【任务描述】　视图是从一个或多个数据表中导出的虚拟表，其内容建立在数据表的查询基础之上，视图中的数据在视图被使用时动态生成，数据随着数据源的变化而变化。视图就像一个窗口，用户只需要关心这个窗口提供的有用数据即可。本任务主要介绍视图的基本特性及如何创建、管理和维护视图，使数据库开发人员能够有效、灵活地管理多个数据表，简化数据操作，提高数据的安全性。

5.2.1　视图概述

视图是一个虚拟表，是从数据库中的一个或多个表中导出来的表，其内容由查询语句定义。视图同真实的数据表一样由行和列组成，在数据库中只存放了视图的定义。使用视图查询数据时，数据库系统会从视图引用的表中取出对应的数据。因此，视图中的数据依赖于原始数据表中的数据，一旦表中的数据发生改变，显示在视图中的数据也会发生改变。

对于视图，可以根据其所包含的内容灵活命名。在定义了一个视图之后，就可以把它当作表来引用。虽然视图作为一种数据库对象永久地存储在磁盘上，但它并不创建所包含的行和列的数据表。在每次访问视图时，都需要从原数据表中提取所包含的行和列，因此，视图永远依赖原数据表。当通过视图修改数据时，实际上修改了原数据表中的数据。同样，原数据表中数据的改变也会自动反映在由原数据表产生的视图中。

对于所引用的数据表来说，视图的作用类似于筛选。定义视图可以根据当前或其他数据库的一个或多个表，或者其他视图。通过视图进行查询没有任何限制，且进行数据修改的限制也很少。与直接从数据表中读取相比，视图具有以下优点。

1. 简单性

视图可以大大简化用户对数据的操作。数据库程序员可以将经常使用的连接、投影、联合查询或选择查询定义为视图，这样在每次执行相同的查询时，就不必重新编写复杂的查询语句，只要一条简单的查询视图语句即可。视图对用户隐藏了表与表之间复杂的连接操作。

2. 安全性

视图可以作为一种安全机制。用户通过视图只能查看和修改所能看到的数据，表中其他数据既不可见也不可访问。当某一用户想要访问视图的结果集时，必须授予其访问权限。视图所引用表的访问权限与视图权限的设置互不影响。

3. 逻辑数据独立性

视图可以使应用程序与数据库表在一定程度上相互独立。如果没有视图，程序一定是建立在表上的。有了视图之后，程序可以建立在视图之上，从而使程序与数据库被视图分割开来。视图可以在以下几个方面使程序与数据独立。

(1) 如果应用建立在数据库表上，那么当数据库表发生变化时，可以在表上建立视图，通过视图屏蔽表的变化，从而使应用程序保持不变。

(2) 如果应用建立在数据库表上，那么当应用发生变化时，可以在表上建立视图，通过视图屏蔽应用的变化，从而使数据库表保持不变。

(3) 如果应用建立在视图上，那么当数据库表发生变化时，可以在表上修改视图，通过视图屏蔽表的变化，从而使应用程序保持不变。

(4) 如果应用建立在视图上，那么当应用发生变化时，可以在表上修改视图，通过视图屏蔽应用的变化，从而使数据库保持不变。

5.2.2 创建视图

创建视图是在已存在的数据表上建立视图，它可以建立在一个表或多个表上。创建视图的操作可以使用 Navicat 图形工具，也可以使用 CREATE VIEW 语句来实现。

1. 使用 CREATE VIEW 语句创建视图

在 MySQL 中，创建视图的语句是 CREATE VIEW 语句。其语法格式如下：

```
CREATE  [OR REPLACE]
[ALGORITHM={UNDEFINED | MERGE | TEMPTABLE}]
VIEW  视图名[{字段名列表}]
AS
select_statement
[WITH [CASCADED | LOCAL] CHECK OPTION]
```

语法说明如下：

· OR REPLACE：可选项。在创建视图时，如果存在同名视图，则替换已有视图。

· ALGORITHM={UNDEFINED | MERGE | TEMPTABLE}：可选项，设置视图算法。UNDEFINED 表示自动选择算法；MERGE 表示将合并视图定义和视图语句，使得视图定义的某一部分取代语句的对应部分；TEMPTABLE 表示将视图结果存储到临时表，然后利用临时表执行语句。

· select_statement：定义视图的 SELECT 语句。用于创建视图，可查询多个表或视图。

· WITH [CASCADED | LOCAL] CHECK OPTION：可选项，要求视图上进行的修改都要符合 SELECT 语句所指定的限制条件。[CASCADED | LOCAL] 为可选参数，CASCADED 为默认值，表示更新视图时要满足所有相关视图和表的条件；LOCAL 表示更新视图时满足该视图本身的定义即可。

【例 5.13】 使用 SQL 语句创建名为 view_goodsInfo 的视图，用来显示商品名称、商品编号、商品价格、商品产地、商品描述等信息。

具体语句如下：

```
CREATE VIEW view_goodsInfo (商品名称，商品编号，商品价格，商品产地，商品描述)
AS
SELECT NAME，id，price，origin，remark
FROM    goodsInfo;
```

执行上述语句后，运行结果如图 5.6 所示。

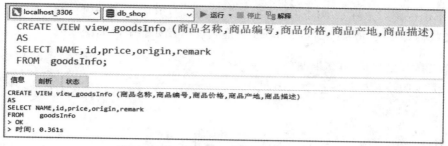

图 5.6　用 CREATE VIEW 语句创建视图

用户可以使用 SELECT 语句查看该视图关联的数据结果。具体语句如下：

SELECT *　FROM view_goodsInfo;

执行上述语句后，运行结果如图 5.7 所示。

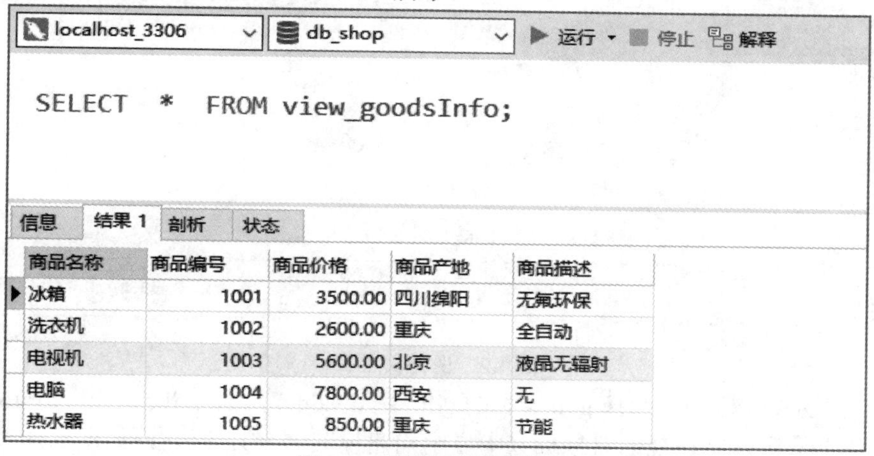

图 5.7　查看视图数据结果

2. 使用 Navicat 图形工具创建视图

【**例 5.14**】　使用 Navicat 图形工具，创建名为 view_goods 的视图。视图用于查询商品的基本信息，包括商品编号、商品名称、商品类别、商品价格和商品信息。

操作步骤如下：

(1) 启动 Navicat，打开数据库所在的服务器连接，在对象管理器中选中"视图"对象，打开视图对象标签，如图 5.8 所示。

图 5.8　视图对象标签

(2) 单击视图对象标签中的"新建视图"按钮，打开"视图创建工具"窗口，双击视图创建工具标签中的 goods 表，将 goods 表拖到视图设计器中，如图 5.9 所示。

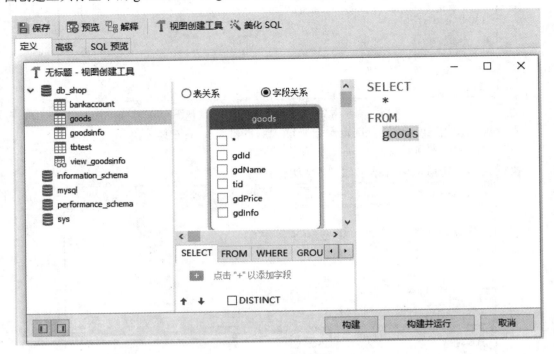

图 5.9　视图设计器

(3) 在视图设计器中，选择 goods 表的 gdId、gdName、tid、gdPrice 和 gdInfo 等 5 列，单击"构建"按钮，则在视图对象标签中显示构建视图的 SQL 语句，如图 5.10 所示。

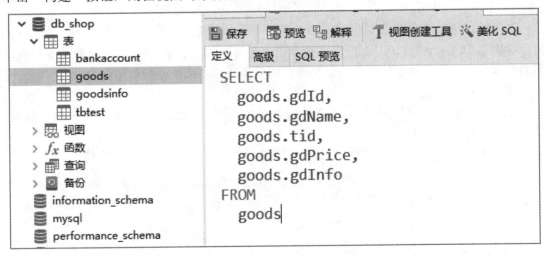

图 5.10　视图的 SQL 语句

(4) 点击"保存"按钮，输入视图名称 view_goods，点击"确定"按钮。

(5) 单击对象管理器中视图对象标签，可以看到视图对象窗口中存在名为 view_goods 的视图对象，如图 5.11 所示。

图 5.11　创建完成的视图对象

5.2.3　查看视图

　　查看视图是指查看数据库中已存在的视图的定义。查看视图必须要有 SHOW VIEW 的权限，MySQL 数据库下的 user 表中保存着这个信息。查看视图的方法包括 DESCRIBE 语句、SHOW TABLE STATUS 语句、SHOW CREATE VIEW 语句和查询 information_ schema 数据库下的 views 表等。

1. 使用 DESCRIBE/DESC 语句查看视图的基本信息

　　同查看表的基本定义一样，可以使用 DESCRIBE/DESC 语句查看视图的基本定义。其语法格式如下：

　　　　DESCRIBE　视图名；

或者

　　　　DESC　视图名；

　　【例 5.15】　使用 DESCRIBE/DESC 语句查看名为 view_goods 的视图结构。

　　具体语句如下：

　　　　DESCRIBE　view_goods；

或者

　　　　DESC　view_goods；

　　执行上述语句后，运行结果如图 5.12 所示。

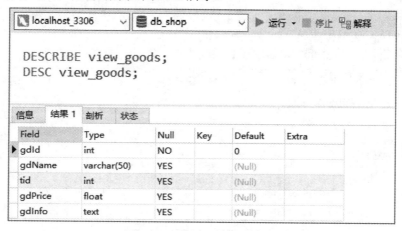

图 5.12　查看视图的结构信息

图 5.12 显示了视图的字段定义、字段的数据类型、是否为空、是否为主/外键、默认值和其他信息等。

2. 使用 SHOW TABLE STATUS 语句查看视图的基本信息

使用 SHOW TABLE STATUS 语句查看视图。其基本语法格式如下：

SHOW TABLE STATUS LIKE '视图名';

其中：LIKE 表示后面匹配的是字符串；要查看的视图的名称需要用单引号引起。

【例 5.16】 使用 SHOW TABLE STATUS 语句查看名为 view_goods 的视图。

具体语句如下：

SHOW TABLE STATUS LIKE 'view_goods';

执行上述语句后，运行结果(部分内容)如图 5.13 所示。

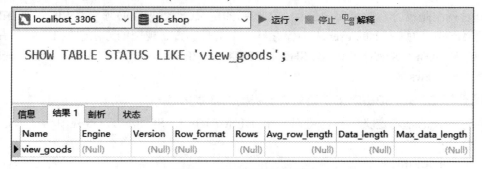

图 5.13　查看视图基本信息

从运行结果看，Name 的值为 view_goods，Comment 的值为 VIEW，说明该表为视图，除 create_time 的值为创建视图的时间值以外，其他的信息均为 null，说明该表为虚表。

3. 使用 SHOW CREATE VIEW 语句查看视图详细信息

使用 SHOW CREATE VIEW 语句查看视图。其语法格式如下：

SHOW CREATE VIEW 视图名；

【例 5.17】 使用 SHOW CREATE VIEW 语句查看名为 view_goodsinfo 视图的定义详细信息。

具体语句如下：

SHOW CREATE VIEW view_goodsinfo;

执行上述语句后，运行结果如图 5.14 所示。

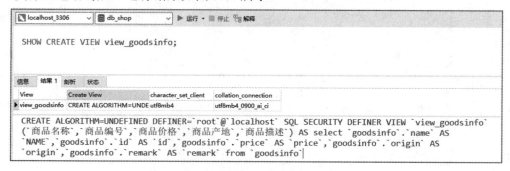

图 5.14　查看视图定义详细信息

图 5.14 所示运行结果显示了视图的名称、创建视图的定义文本、客户端使用的编码以及校对准则。

4. 在 views 表中查看视图的详细信息

在 MySQL 数据库中，所有视图的定义都存在 formation_schema 数据库下的 views 表中。查询 information_schema.views 表，可以查看到数据库中所有视图的详细信息。具体语句如下：

　　　　SELECT * FROM information_schema.views;

其中：*表示查询所有的列的信息；information_schema.views 表示 information_schema 数据库下面的 views 表。

【例 5.18】 使用 SQL 语句查看 views 表中名为 view_goodsinfo 的视图信息。

具体语句如下：

　　　　SELECT *　 FROM information_schema.views
　　　　WHERE　 table_name = 'view_goodsinfo';

执行上述语句后，运行结果(部分内容)如图 5.15 所示。

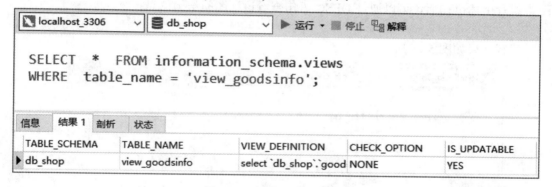

图 5.15　查看视图详细信息

运行结果显示了视图所属的 schema(数据库)的名称、表名称、视图定义语句、创建触发器用户的账户、可更新的标志、客户端使用的编码以及校对准则等信息。

5.2.4　修改视图

视图创建后，若其关联的基本表的某些字段发生变化，则需要对视图进行修改，从而保持视图与基本表的一致性。修改视图可以使用图形工具也可以使用 SQL 语句，图形工具的使用跟创建视图基本相同，这里就不再赘述。MySQL 可以通过 CREATE OR REPLACE VIEW 语句和 ALTER VIEW 语句修改视图。

1. 使用 CREATE OR REPLACE VIEW 语句修改视图

CREATE OR REPLACE VIEW 语句就是创建视图的语句。当视图存在时，使用该语句对视图进行修改；当视图不存在时，使用该语句则创建新的视图。其语法格式如下：

　　　　CREATE OR REPLACE
　　　　[ALGORITHM={UNDEFINED | MERGE | TEMPTABLE}]
　　　　VIEW 视图名(字段名)

AS select_statement

[WITH　[CASCADED | LOCAL]　CHECK OPTION];

其语法说明与创建视图的完全相同。

【例 5.19】 使用 SQL 语句修改名为 view_goodsinfo 的视图，用来显示商品产地是重庆的商品名称、商品编号、商品价格等信息，并要求更新视图时要保证在该视图的权限范围之内。

具体语句如下：

CREATE OR REPLACE

VIEW view_goodsinfo

AS

SELECT name，id，Price

FROM goodsinfo

WHERE origin='重庆'

WITH CHECK OPTION；

执行上述语句后，可以通过 DESC 语句查看该视图的结构信息：

DESC view_goodsinfo；

运行结果如图 5.16 所示。

图 5.16　查看修改后的视图结构

2. 使用 ALTER VIEW 语句修改视图

使用 ALTER VIEW 语句修改视图的基本语法格式如下：

ALTER

[ALGORITHM={UNDEFINED | MERGE | TEMPTABLE}]

VIEW　视图名[{字段名列表}]

AS

select_statement

[WITH[CASCADED | LOCAL] CHECK OPTION];

【例 5.20】使用 SQL 语句修改名为 view_goodsinfo 的视图，用来显示商品价格在 1000 以上的商品名称、商品价格、商品编号等信息。

具体语句如下：

```
ALTER VIEW view_goodsinfo
AS
SELECT name，price，id
FROM goodsinfo
WHERE price>=1000；
```

5.2.5　删除视图

当不再需要视图时，使用 Navicat 图形工具和 SQL 语句都可以删除视图。使用图形工具删除视图只需要在对象浏览器窗口中右击待删除视图，在弹出的快捷菜单中选择"删除视图"选项即可。使用 DROP VIEW 语句删除视图时，只能删除视图的定义，不会删除数据。其语法格式如下：

```
DROP VIEW [IF EXISTS] 视图名；
```

其中，[IF EXISTS]为可选项。加上可选项，如果视图不存在也不会出现错误信息；如果一次删除多个视图，各视图名之间用逗号分隔。

【例 5.21】　使用 SQL 语句删除视图 view_goods。

具体语句如下：

```
DROP VIEW view_goods；
```

5.2.6　更新视图

在 MySQL 中，利用视图不仅可以查询数据，还可以进行更新。

由于视图是一个虚拟表，本身没有数据，因此可以使用 INSERT 或 UPDATE 语句通过更新视图插入或更新原始数据表的数据，还可以使用 DELETE 语句通过更新视图删除原始数据表中的记录。

1. 通过更新视图更新数据表

通过使用 UPDATE 语句更新视图来更新数据表。其语法格式如下：

```
UPDATE 视图名
SET 列名 1=值 1，列名 2=值 2，…，列名 n=值 n
WHERE 条件表达式；
```

其语法说明与 UPDATE 语句的相同。

【例 5.22】　使用 UPDATE 语句更新视图 view_goodsinfo，将商品的价格上调 10%。
具体语句如下：

```
UPDATE view_goodsinfo
SET price = price * 1.1；
```

执行上述语句后，分别查看视图 view_goodsinfo 和数据表 goodsinfo 中商品的价格，如图 5.17 和图 5.18 所示。从查询结果可以看出，goodsinfo 表中的商品价格都在原来基础上上调了 10%，从而通过更新视图达到了更新数据的目的。

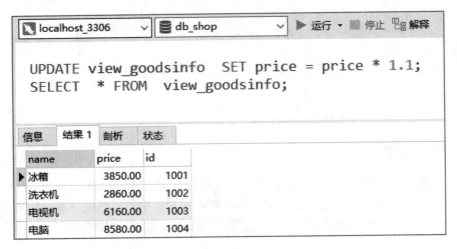

图 5.17　查看视图数据

图 5.18　查看表数据

2. 通过更新视图向数据表插入数据

通过使用 INSERT 语句更新视图来向数据表插入数据。其语法格式如下：

    INSERT　[INTO]视图名(列名列表)

    VALUES(值列表 1), (值列表 2), …, (值列表 n);

语法说明与 INSERT 语句相同。

【例 5.23】　使用 INSERT 语句更新视图 view_goods，向数据表 goods 中插入 3 条记录。具体语句如下：

    INSERT INTO view_goods

    VALUES

        ('1', '牛肉干', '1001', 12, '无'),

        ('2', '运动鞋', '1002', 78, '无'),

        ('3', '零食礼包', '1003', 35, '无');

执行上述语句后，查询 goods 表，运行结果如图 5.19 所示。

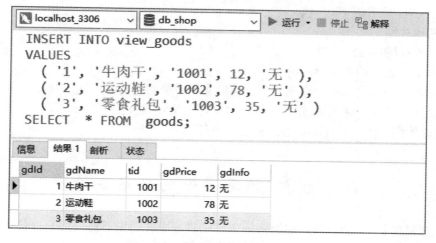

图 5.19　查询插入操作后的数据集

3. 通过更新视图删除数据表中的数据

通过使用 DELETE 语句更新视图来删除数据表中的数据。其语法格式如下：

　　DELETE FROM 视图名 [WHERE 条件表达式];

其语法说明与 DELETE 语句的相同。

【例 5.24】 使用 DELETE 语句，更新视图删除数据表 goods 中商品编号为 2 的记录。具体语句如下：

　　DELETE FROM view_goods
　　WHERE gdid = '2';

执行上述语句后，查看 goods 表，运行结果如图 5.20 所示。

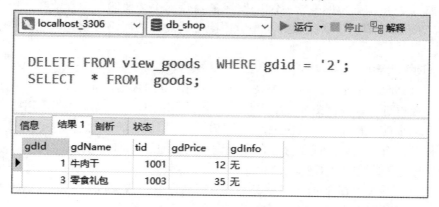

图 5.20　查询删除数据后的记录集

从查询结果可以看出，表中不存在商品编号为 2 的记录。

4. 更新视图的限制

并不是所有的视图都可以更新，以下几种情况不能更新视图。

(1) 定义视图的 SELECT 语句中包含 COUNT 等聚合函数。

（2）定义视图的 SELECT 语句中包含 UNION、UNION ALL、DISTINCT、TOP、GROUP BY 和 HAVING 等关键字。

（3）常量视图。

（4）定义视图的 SELECT 语句中包含子查询。

（5）由不可更新的视图导出的视图。

（6）视图对应的数据表上存在没有默认值且不为空的列，而该列没有包含在视图里。

虽然可以通过更新视图操作相关表的数据，但是限制较多。实际情况下，最好将视图仅作为查询数据的虚表，而不是通过视图更新数据。

任务 5.3　编写高效的数据查询

【任务描述】　数据查询是应用系统中最频繁的操作，当要访问的数据量很大时，查询不可避免地需要筛选大量的数据，这会影响查询性能。要提高数据查询的性能，需要对查询语句进行必要的优化。本任务将从优化数据访问、分析 SQL 的执行计划、子查询优化、Limit 查询优化及优化 GROUP BY 子句等方面分析查询优化的策略。

5.3.1　优化数据访问

影响查询性能的最根本的原因是访问的数据量太多，大部分性能低下的查询都可以通过减少访问的数据量进行优化。

1. 向数据库请求不需要的数据

在实际应用中，有时编写的查询会请求超过实际需要的数据，而这些多余的数据都会被应用程序丢弃，这无形中给 MySQL 服务器带来不必要的负担，消耗应用服务器的 CPU 和内存资源并增加数据库服务器和应用服务器之间的网络开销。这主要体现在以下 3 个方面。

（1）查询不需要的记录。

在编写查询时，常常会误以为 MySQL 只返回需要的数据，而实际上 MySQL 是先返回全部结果集再进行计算。比如在应用程序的分页显示中，用户会从数据库中提取满足条件的记录并取出前 n 行显示在页面上，这种情况下除了显示的 n 条记录外，其余的记录会被丢弃。最简单有效的方法就是分页，在查询语句中通过 LIMIT 完成。

（2）多表关联时返回全部列。

假如数据库系统中存在 user 用户表、scars 商品订单表和 goods 商品信息表，如果想查询张三会员购买的所有商品信息，一定不能编写如下的查询语句：

```
SELECT *
FROM users join scars USING(uId)    join goods USING(gdId)
WHERE uname = '张三'  ;
```

执行上述查询语句将返回 3 个表的全部数据列。正确的方式是只取所需的列，具体语句如下：

SELECT goods.*

FROM users join scars USING(uId) join goods USING(gdId)

WHERE uname = '张三';

（3）总是取出全部列。

在应用程序没有使用相关的缓存机制时，数据库程序员在编写 SELECT * 的查询语句时，应该充分考虑是否需要返回表中的所有列。在取出全部列时，会让优化器无法使用索引覆盖扫描之类的优化，还会为服务器带来额外的 I/O、内存和 CPU 的消耗。

2. 查询的开销

在 MySQL 中，通常衡量查询开销的指标为查询响应的时间、扫描的行数及返回的行数。这 3 个指标大致反映了 MySQL 在内部执行查询时需要访问的数据量，并可以推算出查询运行的时间。

（1）响应时间。

查询响应时间一般被认为是服务时间和查询队列排队时间。其中服务时间是指数据库处理这个查询真正花费的时间，而排队时间是指服务器因为等待某些资源而没有真正执行查询的时间。在不同类型的应用下，该时间受存储引擎的锁、高并发资源竞争、硬件响应等因素影响，与查询语句的编写无关。

（2）扫描的行数和返回的行数。

最理想的查询是扫描的行数和返回的行数相同，但实际中这种情况并不多见。在某些关联查询中，服务器需要扫描多行才能返回一行有效数据。因此分析查询的执行计划，查看查询扫描的行数，以提高扫描行数与返回行数的比例具有实际意义。在 MySQL 中，分析查询计划通常使用 EXPLAIN 语句，该语句将在后面详细介绍。

5.3.2 SQL 的执行计划

要编写高效的查询语句，就要了解查询语句的执行情况，找出查询语句执行的瓶颈，从而优化查询。在 MySQL 中，EXPLAIN 语句是查看查询优化器如何决定执行查询的主要方法，它提供的信息，有助于数据库程序员理解 MySQL 优化器如何工作，并生成查询计划。

EXPLAIN 语句的语法格式如下：

EXPLAIN [EXTENDED] SELECT select_options;

语法说明如下：

- EXTENDED：使用了该关键字，EXPLAIN 语句将产生附加信息。
- select_options：SELECT 语句的查询选项，包括 FROM、WHERE 子句等。

执行该语句，可以分析 EXPLAIN 后 SELECT 语句的执行情况，并且能够分析出所查询表的一些特征。

【例 5.25】 使用 EXPLAIN 语句分析查询商品的语句的执行情况。

具体语句如下：

EXPLAIN

SELECT * FROM goodsinfo;

执行上述语句后，运行结果如图 5.21 所示。

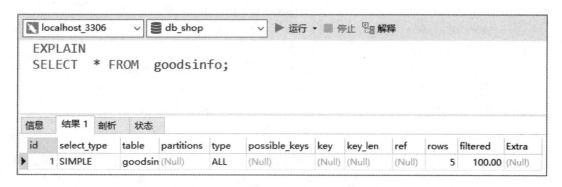

图 5.21　查询商品表的执行情况

EXPLAIN 语句用于对查询的类型、可能的键值、扫描的行数等进行分析。该语句的输出总是具有相同的列，可变的是行数和每列中的内容。图 5.21 所示表格中主要列的具体内容说明如下：

- id 列：用于标识 SELECT 所属的行。如果在语句中没有子查询或联合查询，那么分析结果只会有唯一的 SELECT，且每一行在这个列中都将显示为 1，否则会按顺序进行编号。
- select_type 列：显示对应行是简单还是复杂的 SELECT 语句。其类型和说明如表 5.1 所示。

表 5.1　查询分析器的查询类型

类型名	说　明
SIMPLE	表示简单查询，不包括子查询和 UNION 查询
PRIMARY	表示主查询，或者是最外层的查询语句
SUBQUERY	表示包含在 SELECT 列表中的子查询中的 SELECT
DERIVED	表示包含在 FROM 子句的子查询中的 SELECT，即派生表
UNION	在联合查询的第 2 个或后面的 SELECT
UNION RESULT	用来从 UNION 的匿名临时表检索结果的 SELECT
DEPENDENT SUBQUERY	表示取决于外面的子查询中的第 1 个 SELECT
DEPENDENT UNION	表示取决于外面的连接查询中的第 2 个或后面的 SELECT

- table 列：显示查询正访问的表，可以是表的名称或是表的别名。当 FROM 子句中有子查询时，table 列的值为 "derivedN"，其中 N 表示派生的序号。当使用 UNION 时，UNION RESULT 的 table 列的值包含一个参与 UNION 的 id 列表。
- type 列：显示查询的关联类型，有无使用索引。也可以说是 MySQL 决定如何查找表中的行。其关联类型说明如表 5.2 所示。在表 5.2 中，关联类型从最优到最差的连接类型为 system、const、eq_ref、ref、range、index 和 ALL。一般来说至少要达到 range 级别，否则就可能出现性能问题。

表 5.2　查询分析器的关联类型说明

关联类型	说　　明
ALL	全表扫描，也就是从头到尾扫描整张表
index	同 ALL，只是 MySQL 扫描的是索引树，若在 Extra 列中显示 using index 说明使用的是覆盖索引，只扫描索引数据
range	有限制地索引扫描，开始于索引中的某一点，返回匹配这个值范围的行
ref	索引查找，使用非唯一索引或者唯一索引的非唯一性前缀，索引值需跟某一个参考值进行比较
index_subquery	表示可以使用 index_subquery 替换子查询具有非唯一索引的 IN 子查询
unique_subquery	表示可以使用 unique_subquery(即索引查找函数)替换 IN 子查询的表
index_merge	表示使用了索引合并优化的表
ref_or_null	同 ref，但是添加了 MySQL 可以专门搜索包含 NULL 值的行
eq_ref	索引查找，用于主键或唯一索引查找。索引值需跟某一个参考值进行比较
const	表示最多只有一个匹配行的数据表，它将在查询开始时被读取，并在余下的查询优化中被作为常量对待。const 表查询速度很快，因为它们只读取一次
system	是 const 联接类型的一个特例，表仅有一行满足条件

• possible_keys 列：指出 MySQL 使用哪个索引在该表中找到行。如果该列值为 NULL，则没有相关的索引。此时，可以通过检查 WHERE 子句看是否引用某些列或适合索引的列，又或创建一个适当的索引以提高查询性能。

• key 列：表示查询优化使用哪个索引可以最小化查询成本。如果没有可选择的索引，该列的值是 NULL。

• key_len 列：表示 MySQL 选择的索引字段按字节计算的长度。如 INT 类型长度为 4 字节，若键的值是 NULL，则长度为 NULL。

• ref 列：表示使用哪个列或常数与 key 记录的索引一起来查询记录。

• rows 列：表示为找到所需的行而要读取的行数。它不是 MySQL 认为最终要从表里取出的行数，而是必须读取行的平均数。

• filtered 列：返回结果的行数占读取行数的百分比。值越大越好。

• Extra 列：表示 MySQL 在处理查询时的额外信息。其常用取值如表 5.3 所示。

表 5.3　Extra 的取值

值	说　　明
Using index	表示使用覆盖索引，以避免访问表
Using where	表示 MySQL 服务器将在存储引擎检索行后再进行过滤，不是所有带 where 子句的查询都显示该值。通常表示该查询可受益于不同的索引
Using temporary	表示 MySQL 对查询结果排序时会用到一个临时表
Using filesort	表示 MySQL 会使用一个外部索引排序，而不是按索引次序从表里读取行
Range checked for each record(index map: N)	表示没有好用的索引。N 值显示在 possible_keys 列中索引的位图

5.3.3 子查询优化

子查询因其使用灵活，在实际应用中广泛使用。MySQL 优化器对子查询的处理方式是先遍历外层表的数据，对于外层表返回的每一条记录都执行一次子查询，因而执行效率不高。而连接查询之所以效率更高一些，是因为 MySQL 不需要在内存中创建临时表来完成逻辑上需要两个步骤的查询工作。

【例 5.26】 使用 SQL 语句查询 goodsinfo 表中 id 值与 goods 表中 tid 列的值相同的 goodsinfo 表中的所有信息。

(1) 使用 EXPLAIN 语句分析子查询的执行计划。其 SQL 语句如下：

```
EXPLAIN
SELECT *
FROM goodsinfo
WHERE id IN ( SELECT tid FROM goods);
```

执行上述语句后，运行结果如图 5.22 所示。

图 5.22 EXPLAIN 分析子查询的执行计划

从图 5.22 所示可以看出，查询计划按两个表进行扫描，执行时间大致为 0.040 s，这个时间因多次执行，不完全相同。

(2) 使用 EXPLAIN 语句分析连接查询的执行计划。其 SQL 语句如下：

```
EXPLAIN
SELECT goodsinfo.*
FROM goodsinfo，goods
WHERE goodsinfo.id = goods.tid ;
```

执行上述语句后，运行结果如图 5.23 所示。

对比两次的执行计划可以明显看出，使用连接查询的执行计划比使用子查询的执行计划，在扫描的记录范围、索引使用情况、执行时间上都有了明显改善。特别是在数据量很大的情况下，这种性能的提升更为有效。通常情况下，MySQL 建议使用连接查询替代子查询以及结合索引来优化子查询。

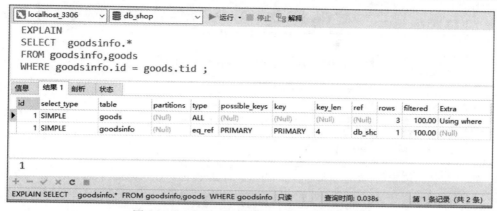

图 5.23　EXPLAIN 分析连接查询的执行计划

5.3.4　Limit 查询优化

Limit 子句主要用于强制 SELECT 语句返回指定的记录数。在数据库系统中，当要进行分页操作时，通常会使用 Limit 加上偏移量的方法实现，同时加上合适的 ORDER BY 子句。若再加上对应的索引，会大大提高执行效率，否则，MySQL 需要做大量的文件排序操作。但是当分页操作要求偏移量非常大的时候(即翻页到非常靠后的页面)，例如 "Limit 10000，10" 这样的查询，这时 MySQL 需要查询 10010 条记录，然后只返回最后 10 条记录，前面的 10000 条记录都将被抛弃，这样使查询的效率非常低。如果所有的页面被访问的频率相同，那么查询平均需要访问半个表的数据，查询效率就更低。

针对上述问题，查询可以采取查询优化法或索引覆盖法来优化 Limit 查询语句。

1. 查询优化法

查询优化法是指先查询目标数据中的第一条，然后再获取大于等于这条数据的 id 数据范围。这种方法要求查询的目标数据必须连续，即不带 where 条件的查询，因为 where 条件会筛选数据，导致数据失去连续性。

【例 5.27】　使用 Limit 语句返回 goods 表中的 35 001～35 020 行数据。

具体语句如下：

  select * from goods

  limit 35000，20；

执行上述语句后，查询执行计划如图 5.24 所示，查询结果信息如图 5.25 所示。

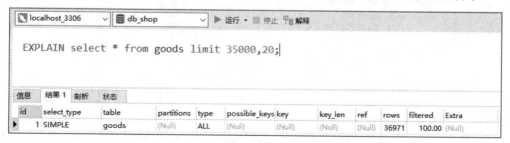

图 5.24　优化前的执行计划

图 5.25　优化前的查询信息

　　采用查询优化法，先根据主键聚集索引列查询到目标记录的第 1 条，再选取其后的 20 条记录即可。具体语句如下：

　　　　select * from goods

　　　　where gdid>=(select gdid from goods limit 35000，1)

　　　　limit 20；

　　执行上述 SQL 语句后，查询执行计划如图 5.26 所示，查询结果信息如图 5.27 所示。

图 5.26　优化后的执行计划

图 5.27　优化后的查询信息

　　从优化后的执行计划可以看出，查询优化器在子查询中采用索引查询，主查询采用有限制的索引查询 range，扫描数据行为 8936 行。

　　对比优化前后两张图的查询时间来看，优化前所花费时间大约为 0.029 s，优化后所花费的时间大约是 0.011 s，查询速度提高了近 3 倍。

2. 覆盖索引

覆盖索引法是指 SELECT 查询的数据列从索引中就能够取得，不必读取数据行，换句话说就是查询列要被所建立的索引覆盖，索引的字段不仅仅包含查询的列，还包含查询条件、排序等。

【例 5.28】　使用 Limit 语句，查询 goods 表中的 gdID、gdName 列，并将 gdName 列升序排列，返回 35 001～35 020 之间的行。

具体语句如下：

```
SELECT gdID，gdName
FROM goods
ORDER BY gdName
LIMIT 35000，20;
```

优化前，查询执行计划如图 5.28 所示，查询结果信息如图 5.29 所示。

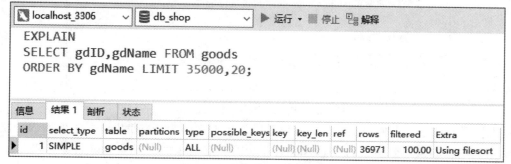

图 5.28　优化前的查询计划 1

从执行计划可以看到，查询优化器对该查询采用全表扫描，并使用外部文件排序。

图 5.29　优化前的查询结果信息 1

该查询需要对 gdName 排序，因此在 gdName 列上建立索引可以有效地提高查询性能。为 gdName 列建立索引的语句如下：

```
ALTER TABLE goods
ADD INDEX ix_gdName USING BTREE (gdName asc);
```

执行上述语句后，成功创建索引。查看优化后查询计划如图 5.30 所示，查询结果信息如图 5.31 所示。

图 5.30　优化后的查询计划 1

图 5.31　优化后的查询结果信息 1

　　优化后的执行计划使用了索引扫描，其中运用的索引为 ix_gdName，主要原因是建立的 ix_gdName 的索引树中包括了 gdName 和 gdID 的值，查询只需要扫描索引树即可。

　　对比索引建立前后的查询结果，优化前所花费时间是 0.075 s，而优化后所花费的时间是 0.01 s。显然，建立了索引后的查询语句的执行效率要大大高于未建立索引的语句。

5.3.5　优化 GROUP By

　　GROUP By 子句用于对查询结果按照指定的字段进行分类统计，它的实现过程除了要使用排序操作外，还要进行分组操作，如果使用到一些聚合函数，还要进行相应的聚合计算。

　　查询优化器会尽可能地读取满足条件的索引键完成 GROUP By 操作，在使用索引时，必须保证 GROUP By 字段被同时存放于同一个索引中。当查询优化器无法找到合适的索引时，就会选择将读取的数据放入临时表中来完成 GROUP By 操作，而使用临时表的数据查询对查询性能影响较大。

　　要解决 GROUP By 子句使用临时表实现分组统计操作的问题，通常采用只查索引的方法来优化查询性能。

课　后　练　习

一、单项选择题

1. 下列选项中，(　　　)不能用于创建索引。

A. CREATE INDEX　　　　　　　　　　B. CREATE TABLE

C. ALTER TABLE　　　　　　　　　　D. CREATE DATABASE

2. 索引可以提高(　　)操作的效率。

A. INSERT　　　　B. UPDATE　　　　C. DELETE　　　　D. SELECT

3. 在 MySQL 中唯一索引的关键字是(　　)。

A. ONLY　　　　B. INDEX　　　　C. FULLTEXT　　　　D. UNIQUE

4. 下面语句中用于创建视图的是(　　)。

A. CREATE TABLE　　　　　　　　　　B. CREATE VIEW

C. ALTER VIEW　　　　　　　　　　　D. DROP VIEW

5. 下面语句不可对视图进行操作的是(　　)。

A. UPDATE　　　　　　　　　　　　　B. CREATE INDEX

C. DELETE　　　　　　　　　　　　　D. INSERT

6. 下面对索引的相关描述正确的是(　　)。

A. 小型表适合建立索引　　　　　　　B. 主键或外键列不适合建立索引

C. 经常被查询的列不适合建立索引　　D. 有很多重复值的列不适合建立索引

7. 以下关于视图的描述中，错误的是(　　)。

A. 视图中保存有数据

B. 视图通过 SELECT 查询语句定义

C. 可以通过视图操作数据库中表的数据

D. 通过视图操作的数据仍然保存在表中

8. 以下说法不正确的是(　　)。

A. 视图的基表可以是表或视图

B. 视图占用实际的存储空间

C. 创建视图必须通过 SELECT 查询语句

D. 利用视图可以将数据永久地保存

9. 下面关于索引描述中错误的一项是(　　)。

A. 索引可以提高数据查询的速度

B. 索引可以降低数据的插入速度

C. InnoDB 存储引擎支持全文索引

D. 删除索引的命令是 DROP INDEX

10. 下列不能用于创建索引的是(　　)。

A. 使用 CREATE INDEX 语句　　　　B. 使用 CREATE TABLE 语句

C. 使用 ALTER TABLE 语句　　　　　D. 使用 CREATE DATABASE 语句

11. 下列不适合建立索引的情况是(　　)。

A. 经常被查询的列　　　　　　　　　B. 包含太多重复值的列

C. 主键或外键列　　　　　　　　　　D. 具有唯一值的列

12. 在 SQL 语句中的视图 VIEW 是数据库的(　　)。

A. 外模式　　　B. 存储模式　　　C. 模式　　　　D. 内模式

13. 下列可以查看视图的创建语句是(　　)。

A. SHOW VIEW   B. SELECT VIEW   C. SHOW CREATE VIEW   D. DISPLAY VIEW

14. 在视图上不能完成的操作是(   )。

A. 更新视图数据   B. 在视图上定义新基本表

C. 在视图上定义新的视图   D. 查询

15. 数据表 temp(a int，b int，t date)涉及 3 条 SQL 语句如下：

　　SELECT * FROM temp WHERE a=1 AND b=1；

　　SELECT * FROM temp WHERE b=1；

　　SELECT * FROM temp WHERE b=1 ORDER BY t DESC；

现为该表只创建一个索引，选择(   )创建性能最优。

A. idx_ab(a, b)   B. idx_ba(b, a)

C. idx_bt(b, t)   D. idx_abt(a, b, t)

16. 下列(   )操作不会影响查询的性能。

A. 返回查询的所有列   B. 反复进行同样的查询

C. 在查询列上未建立索引   D. 查询多余的记录

二、操作题

在 school 数据库中创建数据表 student_info，student_info 表结构见表 5.4，按以下要求进行操作。

表 5.4   student_info 表结构

字段名	数据类型	主键	非空	唯一	自增长
s_ID	int	√	√	√	√
s_name	varchar(20)		√		
s_address	varchar(25)				
s_birth	date		√		
s_note	varchar(100)				

(1) 使用 ALTER TABLE 语句在 s_name 字段上建立名称为 NameIdx 的普通索引。

(2) 使用 CREATE INDEX 语句在 s_address 和 s_birth 字段上建立名称为 MultiIdx 的组合索引。

(3) 使用 CREATE INDEX 语句在 s_note 字段上建立名称为 FTIdx 的全文索引。

(4) 删除名称为 FTIdx 的全文索引。

(5) 使用 CREATE VIEW 语句创建一个名为 V_stu 的视图，显示学生的学号、姓名。

(6) 使用 SQL 语句修改视图 V_stu，显示学生的学号、姓名、出生年份。

(7) 使用 SQL 语句删除视图 V_stu。

项目六

数据库编程

计算机应用有科学计算、数据处理与过程控制三大主要领域。伴随信息时代对数据处理的要求不断增多，使得数据处理在计算机应用领域中占有越来越大的比重。为了有效地提高数据访问效率和数据安全性，对应用软件系统的开发过程更加专注于业务逻辑的处理，数据库实现为系统提供数据支持的任务，把复杂逻辑的数据处理放在数据库中，即数据库编程。MySQL 提供了函数、存储过程、触发器、事件等数据对象来实现复杂的数据处理逻辑。本项目详细介绍了数据库编程基础和函数的应用。

学习目标

(1) 掌握 SQL 语言程序设计。

(2) 掌握系统函数的应用。

(3) 理解自定义函数的应用。

(4) 掌握游标的使用。

任务 6.1　学习 SQL 程序语言

【任务描述】　任何一种语言都是为了解决实际应用中的问题而存在的。SQL 程序的流程控制和游标的使用能够有效解决数据库程序设计中的复杂逻辑问题。本任务在 SQL 程序语言基础上，详细讨论 SQL 的流程控制。

6.1.1　SQL 程序语言基础

1. 变量

变量是指程序运行过程中会变化的量，MySQL 支持的变量类型有 4 种。

(1) 用户变量。这种变量用一个 "@" 字符作为前缀，在 MySQL 会话末端结束其定义。

(2) 系统变量和服务器变量。这种变量包含了 MySQL 服务器的状态或属性。它们以 "@@" 字符作为前导符(例如：@@binlog_cache_size)。

(3) 结构化变量。这种变量是系统变量的一种特例。MySQL 目前只在需要定义更多的 MyISAM 索引缓存区时才会用到这种变量。

(4) 局部变量。这种变量处于存储过程中，而且只是在存储过程中有效。它们没有特殊的前导标识，因此，给它们起的名字必须与数据表和数据列的名字有所区别。

在 MySQL 5.0 及以前的版本里，MySQL 变量名一直区分字母大小写。但从 MySQL 5.0 版本开始，不再区分字母的大小写。例如，@name、@Name 以及@NAME 都表示同一个变量。下面介绍 3 种主要变量类型

1) 用户变量

用户变量即用户定义的变量。用户变量可以被赋值，也可以在后面的其他语句中引用其值。用户变量的名称由 "@" 字符作为前缀标识符。

用户变量使用 SET 命令和 SELECT 命令给其赋值，SET 命令使用的赋值操作符是 "=" 或 "：="，SELECT 命令使用的赋值操作符只能是 "：="。另外，在 MySQL 5.0 版本之后，可以使用 SELECT 命令把一条记录的多个字段分别赋值给几个变量，这种用法只适用于返回结果只有一条记录的情况。

【例 6.1】 使用 SQL 语句为变量赋值。

具体语句如下：

　　　　SET @id＝3；

　　　　SELECT @name ：＝'张三'；

　　　　SELECT id，name FROM goodsinfo WHERE id=1001 INTO @t_id，@t_name；

上述语句的功能是：将变量@id 赋值为 3；将变量@name 赋值为"张三"；从表 goodsinfo 中查询 id=1001 的商品信息，并把商品编号值赋值给变量@t_id，商品名称赋值给变量 @t_name。

为变量赋值以后，可以使用 SELECT 语句查看变量的值。

【例 6.2】 使用 SQL 语句查看变量的值。

具体语句如下：

　　　　SELECT @id，@name，@t_id，@t_name；

执行上面的语句后，运行结果如图 6.1 所示。

图 6.1　查看变量值

2) 局部变量

局部变量一般用在 SQL 语句块(如存储过程的 BEGIN 和 END)中，其作用域仅限于语句块，当执行完语句块后，局部变量就消失了。局部变量一般用 DECLARE 来声明，可以

使用 DEFAULT 来设置默认值。

【例 6.3】　使用 SQL 语句定义名称为 proc_add 的存储过程，该存储过程有两个 int 类型的参数，分别为 a 和 b，其结果返回 a 和 b 的和。

具体语句如下：

```
CREATE PROCEDURE proc_add(in a int, in b int)
BEGIN
    DECLARE c int DEFAULT 0;
    SET c = a + b;
    SELECT c AS '和';
END;
```

用户变量和局部变量有所不同，主要区别如下：

(1) 用户变量以 "@" 字符开头，局部变量没有修饰符号。

(2) 用户变量使用 SET 语句进行定义和赋值，局部变量使用 DECLARE 语句声明。

(3) 用户变量在当前会话中有效，局部变量只在 BEGIN 和 END 语句块之间有效，该语句块被执行完毕，局部变量就失效了。

调用例 6.3 声明的存储过程，其运行结果如图 6.2 所示。

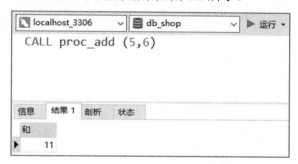

图 6.2　局部变量的使用

3) 系统变量

MySQL 中的系统变量分为 SESSION(会话)变量和 GLOBAL (全局)变量。SESSION 变量只对当前会话(当前连接)有效，而 GLOBAL 变量则对整个服务器全局有效。无论是会话变量还是全局变量，都可以使用 SET 命令来修改其值。当一个全局变量被改变时，新的值对所有新的连接有效，但对已经存在的连接无效。而会话变量的改变只对当前连接有效，当一个新的连接出现时，会话变量的默认值起作用。

【例 6.4】　使用 SQL 语句设置和查看系统变量。

具体语句如下：

```
SET @@wait_timeout = 10000;              -- 会话变量
SET @@session.wait_timeout = 10000;      -- 会话变量
SET SESSION wait_timeout = 10000;        -- 会话变量
SET @@global.wait_timeout = 10000;       -- 全局变量
SET GLOBAL wait_timeout = 10000;         -- 全局变量
```

SELECT @@wait_timeout，@@global.wait_timeout;

执行上面的语句后，运行结果如图 6.3 所示。

图 6.3　设置和查看系统变量

在设置系统变量之前，可以先查看当前默认系统变量，前后比较系统变量值的改变。除了使用 SELECT 语句查看系统变量之外，还可以使用 SHOW VARIABLES 语句查看系统变量。具体语句如下：

SHOW SESSION VARIABLES;　　　　　-- 查看所有会话变量

SHOW GLOBAL VARIABLES;　　　　　-- 查看所有全局变量

上述语句的运行结果如图 6.4 所示。

图 6.4　查看系统变量

由于系统变量太多，这里只是截取了其中一部分系统变量名称和值。

2. 常量

常量是指在程序运行过程中，值不会改变的量。一个数字、一个字母或一个字符串等都可以是一个常量。MySQL 中提供了多种类型的常量。

1) 字符串常量

字符串是指用单引号或双引号括起来的字符序列，包含字母、数字字符、汉字以及其他特殊字符等。例如 'hello'、'123'、"大家好!" 等都是字符串常量。字符串常量分为以下两种。

(1) ASCII 字符串常量是用单引号括起来的，由 ASCII 字符构成的符号串，如'hello' 和 'How are you!'。

(2) Unicode 字符串常量与 ASCII 字符串常量相似，但它前面有一个 N 标识符。N 必须为大写，并且只能用单引号(')括起字符串，如 N'hello'。

在字符串中不仅可以使用普通的字符，也可使用转义字符。转义字符可以代替特殊的字符，如换行符和退格符。每个转义序列以一个反斜杠(\)开始，指出后面的字将使用转义字符来解释，而不是普通字符。表 6.1 列出了常用的转义字符。

表 6.1　转义字符

转义字符	说　　明
\'	单引号(')
\"	双引号(")
\b	退格符
\n	换行符
\r	回车符
\t	Tab 字符
\\	反斜线(\ )字符

2) 数值常量

数值常量可以分为整数常量和浮点数常量。整数常量即不带小数点的十进制数，例如 1453、20 和 −213432 等。浮点数常量是使用小数点的数值常量，例如 −5.43、1.5E6 和 0.5E −2 等。

3) 日期时间常量

用单引号将表示日期时间的字符串括起来就是日期时间常量。例如，'2021-05-22 24:36:24:00' 就是一个合法的日期时间常量。

日期型常量包括年、月、日，数据类型为 DATE，表示为 '2000-12-12'。时间型常量包括小时数、分钟数、秒数和微秒数，数据类型为 TIME，表示为 '15:25:43:00'。MySQL 还支持日期/时间的组合，数据类型为 DATETIME，表示为 '2020-12-12 15:25:43:00'。

4) 布尔值常量

布尔值只包含 TRUE 和 FALSE 两个值，其中 TRUE 表示真，数字值为 1，FALSE 表示假，数字值为 0。

5) NULL 值常量

NULL 值适用于各种类型，它通常用来表示没有值、无数据等意义，并且与数字类型的"0"或字符串类型的空字符串不同。

注意：常量不仅可以放置在 SET 语句中，而且可以在 SQL 语句中任何子句里出现，并且可以参与计算，但在计算时要注意数据类型的转换。

3. 运算符和表达式

运算符是执行数学运算、字符串连接以及列、常量和变量之间进行比较的符号。运算符按照功能不同，分为以下几种。

算术运算符：+、−、*、/、%。

赋值运算符：=。

逻辑运算符：! (NOT)、&& (AND)、‖ (OR)、XOR。

位运算符：&、^、<<、>>、~。

比较运算符：=、<>、(!=)、<=>、<、<=、>、>=、IS NULL。

以上运算符的意义与使用在前面的项目中我们已经详细介绍过，这里不再赘述。

表达式是按照一定的原则，用运算符将常量、变量和标识符等对象连接而成的有意义的式子。

【例 6.5】 运算符和表达式使用示例。

具体语句如下：

    SET @x = 5, @y = 3;

    SET @x = @x + @y;

    SELECT @x as 和;

执行上述语句后，运行结果如图 6.5 所示。

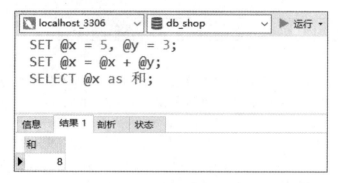

图 6.5　运算符和表达式的使用

6.1.2　BEGIN…END 语句

使用 SQL 语言也像其他程序设计语言一样有顺序结构、分支结构和循环结构等流程控制语句。通过流程控制语句来控制 SQL 语句、语句块、函数和存储过程的执行过程，实现数据库中较为复杂的程序逻辑。

BEGIN…END 语句相当于程序设计语句中的一对括号，在括号中可以存放一组 SQL 语句。在 BEGIN…END 中的语句可以视为一个整体，虽然 BEGIN 和 END 表示的含义相当于一对括号，但是绝对不能用括号来代替，它们是 SQL 语句中的关键字。其语法格式如下：

    BEGIN

    {

        Sql_statement | statement_block

    }

    END;

其中：BEGIN…END 为语句关键字，它允许嵌套；{Sql_statement | statement_block}项，指

任何有效的 SQL 语句或语句块。所谓语句块，是指多条 SQL 语句。

6.1.3 条件分支语句

条件分支语句是通过对特定条件的判断，选择一个分支的语句执行。SQL 中可以实现条件分支的语句有 IF、IFNULL、IF…ELSE、 CASE 等 4 种。

1. IF 语句

IF 语句是一个三目运算表达式。其语法格式如下：

IF (条件表达式, 结果 1, 结果 2);

其中，当"条件表达式"的值为 TRUE 时，返回"结果 1"，否则返回"结果 2"。

【例 6.6】 在 db_shop 数据库中，使用 SQL 语句查询 reginfo 表的前 5 条记录，输出 name 字段和 school 字段的值。当 school 字段的值为"第一小学"时，输出字符串"明星学校"，否则显示"其他学校"。

根据题目要求，具体语句如下：

SELECT NAME, IF (school = '第一小学', '明星学校', '其他学校') AS 学校等级

FROM reginfo

LIMIT 5;

执行上述语句后，运行结果如图 6.6 所示。

图 6.6 IF 语句示例

2. IFNULL 语句

IFNULL 语句是一个双目运算。其语法格式如下：

IFNULL (结果 1, 结果 2);

其中，若"结果 1"的值不为空，则返回"结果 1"，否则返回"结果 2"。

【例 6.7】 使用 SQL 语句查询 goodsinfo 表的前 5 条记录，输出 id、name 和 remark 字段的值。当 remark 字段不为空时，输出 remark 字段值，否则输出"no remark"。

为了演示该实例，执行下面的语句，改变表中的一些信息。

UPDATE goodsinfo SET remark = NULL WHERE id = 1002 or id = 1004;

根据题目要求，具体语句如下：

```
SELECT id, name, IFNULL (remark, 'no remark') as 备注
FROM goodsinfo
LIMIT 5;
```

执行上述语句后，运行结果如图 6.7 所示。

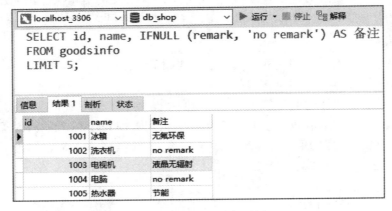

图 6.7　IFFULL 语句示例

3. IF…ELSE 语句

IF…ELSE 语句只能使用在存储过程中，实现非此即彼的逻辑。使用方法和其他程序设计语言中的 IF…ELSE 完全相同。在 MySQL 中，IF…ELSE 语句允许嵌套使用，且嵌套层数没有限制。其语法格式如下：

```
IF 条件表达式 1 THEN
    语句块 1;
[ELSEIF 条件表达式 2 THEN
    语句块 2; ]
    ⋮
[ELSE
    语句块 m; ]
END IF;
```

其中：当"条件表达式 1"的值为 TRUE 时，"语句块 1"将被执行；若没有"条件表达式"的值为 TRUE，则执行"语句块 m"，每个语句块都可以包含一个或多个语句。

【例 6.8】 使用 SQL 语句创建存储过程，查询 goodsinfo 数据表中是否有产地是重庆的商品。

具体语句如下：

```
CREATE PROCEDURE CQgoods()
BEGIN
DECLARE num int;
SELECT COUNT(*) into num FROM goodsinfo WHERE origin = '重庆';
IF num > 0 THEN
    SELECT num, '有商品' as 结果;
```

```
    ELSE
        SELECT num,'无商品' as 结果;
    END IF;
    END;
```

执行上面的语句后，生成名称为 CQgoods 的一个存储过程，执行该存储过程，运行结果如图 6.8 所示。

图 6.8　IF…ELSE 语句示例

4. CASE 语句

CASE 语句在 SQL 中用于实现分支处理，能够根据表达式的不同取值，转向不同的计算或处理，类似高级程序语言中的 switch…case 语句。当条件判断的范围较大时，使用 CASE 会使得程序的结构更为简洁。CASE 语句适用于需要根据同一个表达式的不同取值来决定将执行哪一个分支的场合。CASE 语句具有简单结构和搜索结构两种语法。

(1) CASE 简单结构。

CASE 简单结构将表达式与一组简单表达式进行比较以确定结果。

其语法格式如下：

```
    CASE  表达式
    WHEN  数值 1 THEN
        语句 1;
    [WHEN  数值 2 THEN
        语句 2; ]
    ⋮
    [ELSE
        语句 n+1; ]
    END CASE;
```

该结构用"表达式"的值与 WHEN 子句后的"数值"比较，找到完全相同的项时，则执行对应的"语句"，若未找到匹配项，则执行 ELSE 后的"语句"。

【例 6.9】　使用 SQL 语句查询 reginfo 表，输出学生的姓名、学校和缴费情况信息，其中 ispay 字段的取值若为"是"则显示为 1，否则显示为 0。

具体语句如下：

```
    SELECT name, school, ispay,
    CASE    ispay
```

```
        WHEN '是' THEN
        1 ELSE 0
    END AS '缴费情况'
FROM    reginfo;
```

执行上述语句后，运行结果如图 6.9 所示。

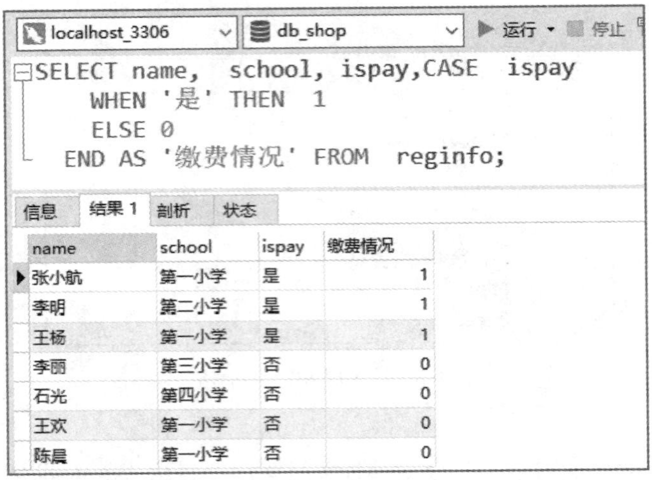

图 6.9   CASE 简单结构示例

从执行语句后的结果可以看出，已经缴费学生的缴费情况值为 1，没有缴费学生的缴费情况值为 0。

(2) CASE 搜索结构。

CASE 搜索结构用于搜索条件表达式以确定相应的操作，其语法格式如下：

```
CASE
WHEN  条件表达式 1 THEN
      语句 1;
[WHEN  条件表达式 2 THEN
      语句 2; ]
  ⋮
[ELSE
      语句 n+1; ]
END CASE;
```

该结构判断 WHEN 子句后的"条件表达式"的值是否为 TRUE，若为 TRUE，返回对应"语句"，若所有的"条件表达式"的值均为 FALSE，则返回 ELSE 后的"语句"。若无 ELSE 子句，则返回为 NULL。

【例 6.10】 使用 SQL 语句查询 goodsinfo 表，对 price 字段的价格进行调整：原来商品价格在 5000 以上的打九折优惠，在 3000 以上的打九五折优惠，其他商品价格上调 10%。

具体语句如下：

```
SELECT name, price, origin,
CASE
```

WHEN price >= 5000 THEN　　　price * 0.9

WHEN price >= 3000 THEN　　　price * 0.95

ELSE price * 1.1

END AS 调整后价格

FROM　goodsinfo;

执行上面的语句后，运行结果如图 6.10 所示。

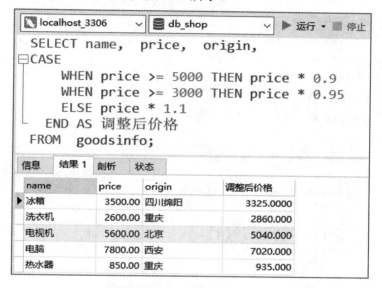

图 6.10　CASE 搜索结构示例

6.1.4　WHILE 循环语句

除了条件语句之外，在 MySQL 中还经常会用循环语句，循环语句可以在函数、存储过程或者触发器等内容中使用。每一种循环都是重复执行一个语句块，该语句块可包括一条或多条语句。循环语句有多种形式，在 MySQL 中，只有 WHILE、REPEAT 和 LOOP 等 3 种。

WHILE 循环语句，用于重复执行符合条件的 SQL 语句或语句块，只要满足 WHILE 后面的条件就重复执行语句。那会不会出现不停地执行 WHILE 中的语句呢?当然会了，我们把这种一直重复执行的语句称为死循环。如果想避免死循环的发生，就要为 WHILE 循环设置合理的判断条件，并且可以使用 LEAVE 关键字控制循环语句的执行。WHILE 语句的语法格式如下:

[开始标签:]

WHILE 条件表达式 DO

　　语句块;

END WHILE

[结束标签];

其中: WHILE 语句内的语句块被重复执行，直至"条件表达式"的值为 FALSE;只有"开始标签"语句存在，"结束标签"语句才能被使用;若两者都存在，它们的名称必须相同;

"语句块"表示需要循环执行的语句。

【例 6.11】 创建存储过程，使用 WHILE 循环语句计算出 1 到 100 的连续和。

具体语句如下：

```
CREATE PROCEDURE doWhile()
BEGIN
    SET @count = 1;
    SET @sum = 0;
    WHILE @count <= 100 DO
        SET @sum = @sum + @count;
        SET @count = @count + 1;
    END WHILE;
    SELECT @sum AS 100 以内连续和;
END;
```

执行上面的语句后，运行结果如图 6.11 所示。

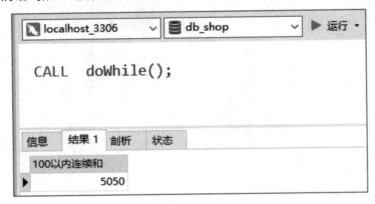

图 6.11　WHILE 循环语句示例

前面已经提到过在循环中可以使用 LEAVE 关键字控制循环语句的执行。实际上，它的作用就是跳出循环，类似于其他语言的 BREAK 关键字的功能，也是避免发生死循环的重要手段。接下来通过实例介绍它的作用。

【例 6.12】 创建一个存储过程，使用 WHILE 循环语句判断一个整数是不是素数。

具体语句如下：

```
CREATE PROCEDURE isPrime ( IN num INT)
BEGIN
    DECLARE     a INT DEFAULT 2;
    SET @flag='是';
    outer_label: BEGIN           #设置一个标记
        WHILE    a < num/2 DO
                SET a = a + 1;
            IF    num % a = 0   THEN
                SET @flag='否';
```

                    LEAVE outer_label;
                END IF;
            END WHILE;
        END outer_label;
    SELECT @flag AS 是否是素数；
    END;

执行上面的语句后，运行结果如图 6.12 所示。

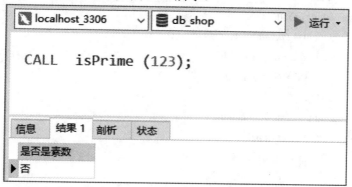

图 6.12   使用 WHILE 循环语句判断素数示例

6.1.5   LOOP 循 环 语 句

LOOP 循环语句可以使某些特定的语句重复执行，实现一个简单的循环。但是 LOOP 语句本身没有停止循环的语句，必须和 LEAVE 语句结合使用来停止循环，还可以与 ITEATE 语句结合使用，表示结束本次循环，继续下一次循环，类似于其他程序设计语言的 CONTINUE 语句的功能。

LOOP 循环语句的语法格式如下：

    [开始标签：] LOOP
        语句块
    END LOOP [结束标签];

其中："开始标签"参数和"结束标签"参数分别表示循环开始和结束的标识，这两个标识必须相同，可以省略；"语句块"表示需要循环执行的语句。

【例 6.13】 LOOP 语句示例。

    add_num: LOOP
    SET @count = @count + 1;
    END LOOP add_num;

本例中循环语句的开始标签为"**add_num**"，循环体执行变量@count 加 1 的操作。由于循环里没有跳出循环的语句，因此，这个循环是死循环。

LEAVE 语句主要用于跳出循环控制，与高级语言中的 BREAK 语句相似。其语法格式如下：

    LEAVE 标签名；

其中，"标签名"用于标识跳出的循环。

【例 6.14】 创建一个存储过程，使用 LOOP 循环语句计算出 1 到任意整数的连续和。

具体语句如下：

```
CREATE PROCEDURE doloop (IN a INT)
    BEGIN
    SET @count = 0;
    SET @sum = 0;
    outer_label: LOOP
    SET @count = @count + 1;
        IF    @count > a THEN
            LEAVE outer_label;
        END IF;
    SET @sum = @sum + @count;
    END LOOP outer_label;
    SELECT   @sum AS 连续和;
    END;
```

执行上面的语句后，运行结果如图 6.13 所示。

图 6.13   LOOP 和 LEAVE 语句的示例

ITERATE 语句可用于跳出循环，与高级语言中的 CONTINUE 语句相似。ITERATE 语句只跳出当次循环，然后直接进入下一次循环。ITERATE 语句的语法格式如下：

```
ITERATE 标签名;
```

其中，"标签名"表示循环的标识。

【例 6.15】 创建一个存储过程，使用 LOOP 循环语句计算出 1 到任意整数的连续偶数和。

具体语句如下：

```
CREATE PROCEDURE evenNumberSum (IN num INT)
BEGIN
    DECLARE
        x INT DEFAULT 0;
```

```
            SET @sum = 0;
            loop_label :     LOOP
                SET x = x + 1;
                IF    x > num THEN
                        LEAVE loop_label;
                ELSEIF    (x % 2 = 0) THEN
                        SET @sum = @Sum + x;
                    ELSE
                        ITERATE loop_label;
                END IF;
            END LOOP loop_label;
            SELECT   @sum;
        END;
```

执行上面的语句后，运行结果如图 6.14 所示。

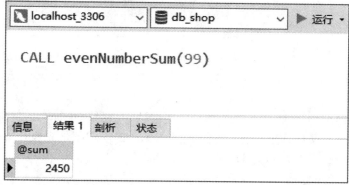

图 6.14　LOOP、LEAVE 和 ITERATE 语句的使用示例

6.1.6　REPEAT 循环语句

REPEAT 语句是有条件控制的循环语句。当满足特定条件时，就会跳出循环语句。REPEAT 语句的语法格式如下：

```
        [开始标签：] REPEAT
        语句块;
        UNTIL 条件表达式;
        END REPEAT [结束标签]
```

其中，UNTIL 关键字表示直到满足条件表达式时结束循环，其他参数释义同 WHILE 语句。

【例 6.16】　创建一个存储过程，使用 REPEAT 循环语句计算出 1 到任意整数的连续和。

具体语句如下：

```
        CREATE PROCEDURE numberSum (IN num INT)
        BEGIN
            SET @count = 1;
            SET @sum = 0;
```

```
REPEAT
    SET @sum = @sum + @count;
    SET @count = @count + 1;
    UNTIL @count > num
END REPEAT;
SELECT   @sum;
END;
```

执行上面的语句后，运行结果如图 6.15 所示。

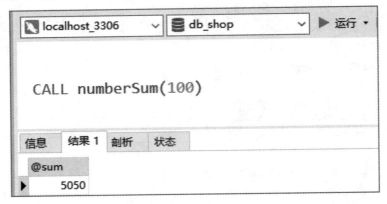

图 6.15　REPEAT 语句示例

学习提示：REPEAT 语句是在执行循环体里的语句块后再执行"条件表达式"的比较，不管条件是否满足，循环体至少执行一次；而 WHILE 语句则是先执行"条件表达式"的比较，当结果为 TRUE 时再执行循环体中的语句块。

任务 6.2　学习系统函数

【任务描述】 在 MySQL 中提供了很丰富的系统函数，通过这些函数，可以简化用户的操作。本任务主要是学习常用的系统函数，如数学函数、字符串函数、日期时间函数、系统信息函数、流程控制函数等。

6.2.1　函数概述

函数是存储在服务器端的 SQL 语句的集合。MySQL 中的函数分为 MySQL 提供的系统函数和用户自定义函数两大类。MySQL 提供了很丰富的系统函数，主要包括数学函数、字符串函数、日期时间函数、条件判断函数、系统信息函数、加密函数、格式化函数等。这些系统函数可以简化数据库操作，提高 MySQL 的处理速度。另外，根据业务需求，用户可以在 MySQL 中编写用户自定义函数来完成特定的功能。用户使用自定义函数，可以避免重复编写相同的 SQL 语句，减少客户端和服务器的数据传输。

MySQL 系统函数是 MySQL 数据库提供的内部函数。这些内部函数可以帮助用户更加方便地处理表中的数据。SQL 语句和表达式中都可以使用这些函数。下面介绍几类常用的

MySQL 系统函数。

6.2.2 数学函数

数学函数主要用于处理数字，包括整数、浮点数等。数学函数包括绝对值函数、正弦函数、余弦函数和随机函数等。MySQL 中常用的数学函数如表 6.2 所示。

表 6.2 MySQL 中常用的数学函数

函数名称	作　　用
ABS(x)	求绝对值
SQRT(x)	求二次方根
MOD(x)	求余数
CEIL(x) 和 CEILING(x)	两个函数功能相同，都是返回不小于参数的最小整数，即向上取整
FLOOR(x)	向下取整，返回值转化为一个 BIGINT
RAND(x)	生成一个 0～1 之间的随机数，传入整数参数时，用来产生重复序列
ROUND(x)	对所传参数进行四舍五入
SIGN(x)	返回参数的符号
POW(x, y) 和 POWER(x, y)	两个函数的功能相同，都是所传参数的次方的结果值
SIN(x)	求正弦值
ASIN(x)	求反正弦值，与函数 SIN 互为反函数
COS(x)	求余弦值
ACOS(x)	求反余弦值，与函数 COS 互为反函数
TAN(x)	求正切值
ATAN(x)	求反正切值，与函数 TAN 互为反函数
COT(x)	求余切值

【例 6.17】 按照下列要求使用数学函数进行计算。

(1) 使用函数计算 5 的平方以及 36 的平方根。

(2) 使用函数计算半径是 3 的圆面积。

(3) 使用函数计算 3 的 4 次幂。

(4) 使用函数取不大于 5.28 的最大整数和不小于 5.28 的最小整数。

要使用系统提供的数学函数完成题目要求，必须找到 MySQL 提供的相应数学函数来计算。

(1) MySQL 没有提供计算平方的函数，只有使用幂函数 power，计算平方根的函数是 SQRT。其语句如下：

    SELECT power(5, 2)，SQRT (36);

(2) 计算圆的面积，需要知道圆的半径和 PI 的值，那么，PI 的值可以通过函数 PI 来得到。语句如下：

    SELECT PI ()* POW(3, 2);

(3) 计算 x 的 y 次幂使用的函数是 POWER 或者 POW。语句如下：

    SELECT POWER (3, 4);

(4) 取最大整数用函数 FLOOR，取最小整数用函数 CEILING。语句如下：

    SELECT FLOOR (5.28)，CEILING (5.28);

执行上面的语句后，运行结果如图 6.16 所示。

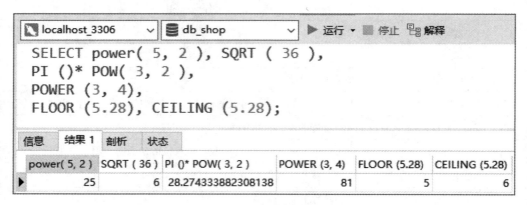

图 6.16　数学函数的示例

【例 6.18】　按照下列要求使用三角函数进行计算。

(1) 使用三角函数计算 0.5 的正弦值和余弦值。

(2) 使用三角函数计算 0.8 的正切值和余切值。

(3) 使用三角函数计算 0.6 的反正弦值和反正切值。

根据题目的要求，在 MySQL 数学函数表中找到相应的三角函数并进行计算。

(1) 取正弦值的函数是 SIN，取余弦值的函数是 COS。语句如下：

    SELECT SIN (0.5), COS (0.5);

(2) 取正切值的函数是 TAN，取余切值的函数是 COT。语句如下：

    SELECT TAN (0.8), COT (0.8);

(3) 取反正弦值的函数是 ASIN，取反正切值的函数是 ATAN。语句如下：

    SELECT ASIN (0.6), ATAN (0.6);

执行上面的语句后，运行结果如图 6.17 所示。

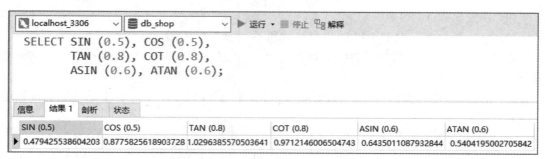

图 6.17　三角函数的应用

6.2.3 字符串函数

字符串函数主要用于处理字符串。字符串函数包括字符串长度、合并字符串、在字符串中插入子串和大小字母之间切换等函数。MySQL 中常用的字符串函数如表 6.3 所示。

表 6.3　MySQL 中常用的字符串函数

函数名称	作　用
LENGTH	计算字符串长度函数，返回字符串的字节长度
CONCAT	合并字符串函数，返回结果为连接参数产生的字符串，参数可以是一个或多个
INSERT	替换字符串函数
LOWER	将字符串中的字母转换为小写
UPPER	将字符串中的字母转换为大写
LEFT	从左侧截取字符串，返回字符串左边的若干个字符
RIGHT	从右侧截取字符串，返回字符串右边的若干个字符
TRIM	删除字符串左右两侧的空格
REPLACE	字符串替换函数，返回替换后的新字符串
SUBSTRING	截取字符串，返回从指定位置开始的指定长度的字符串
REVERSE	字符串反转(逆序)函数，返回与原始字符串顺序相反的字符串

【例 6.19】　选择合适的字符串函数来实现下面的要求。

(1) 给定字符串"abcdefga"，将其中 a 换成 A。

(2) 给定字符串"abcdefabcdef"，计算该字符串的长度，并将其逆序输出。

(3) 给定字符串"abcdefg"，从左边取该字符串的前 3 个字符。

(4) 给定字符串"aabbcc"，将该字符串转换成大写。

(5) 给定字符串"abcdefg"，查看字符"b"在该字符串中所在的位置。

根据题目给出的要求，选择字符串函数实现相应的功能如下。

(1) 替换字符串中的字符，可以选择 REPLACE 函数。语句如下：

```
SELECT REPLACE ('abcdefga', 'a', 'A'),
```

(2) 计算字符串长度使用的函数是 LENGTH，逆序输出使用的是 REVERSE 函数。语句如下：

```
SELECT LENGTH ('abcdefabcdef'), REVERSE ('abcdefabcdef');
```

(3) 从左边开始截取字符串的函数是 LEFT。语句如下：

```
SELECT LEFT ('abcdefg', 3);
```

(4) 将字符串转换成大写使用的函数是 UPPER。语句如下：

```
SELECT UPPER ('aabbcc');
```

(5) 查找"b"在字符串"abcdefg"中的位置使用的函数是 LOCATE。语句如下：

```
SELECT LOCATE ('b', 'abcdefg');
```

执行上面的语句后，运行结果如图 6.18 所示。

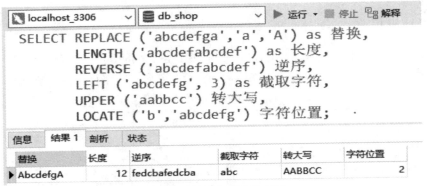

图 6.18 字符串函数的应用

6.2.4 日期时间函数

日期时间函数主要用于处理日期和时间数据。日期时间函数包括获取当前日期的函数、获取当前时间的函数、计算日期的函数、计算时间的函数等。MySQL 中常见的日期时间函数如表 6.4 所示。

表 6.4 MySQL 常见的日期时间函数

函数名称	作 用
CURDATE 和 CURRENT_DATE	两个函数作用相同，返回当前系统的日期值
CURTIME 和 CURRENT_TIME	两个函数作用相同，返回当前系统的时间值
NOW 、SYSDATE 和 CURRENT_TIMESTAMP	三个函数作用相同，返回当前系统的日期和时间值
UNIX_TIMESTAMP	获取 UNIX 时间戳函数，返回一个以 UNIX 时间戳为基础的无符号整数
FROM_UNIXTIME	将 UNIX 时间戳转换为时间格式，与 UNIX_TIMESTAMP 互为反函数
MONTH	获取指定日期中的月份
MONTHNAME	获取指定日期中的月份英文名称
DAYNAME	获取指定日期对应的星期几的英文名称
DAYOFWEEK	获取指定日期对应的一周的索引位置值
WEEK	获取指定日期是一年中的第几周，返回值的范围是 0～52 或 1～53
DAYOFYEAR	获取指定日期是一年中的第几天，返回值范围是 1～366
DAYOFMONTH	获取指定日期是一个月中的第几天，返回值范围是 1～31
YEAR	获取年份，返回值范围是 1970～2069
TIME_TO_SEC	将时间参数转换为秒数
SEC_TO_TIME	将秒数转换为时间，与 TIME_TO_SEC 互为反函数
DATE_ADD 和 ADDDATE	两个函数功能相同，都是向日期添加指定的时间间隔

续表

函数名称	作　用
DATE_SUB 和 SUBDATE	两个函数功能相同，都是从日期减去指定的时间间隔
ADDTIME	时间加法运算，在原始时间上添加指定的时间
SUBTIME	时间减法运算，在原始时间上减去指定的时间
DATEDIFF	获取两个日期之间间隔，返回参数 1 减去参数 2 的值
DATE_FORMAT	格式化指定的日期，根据参数返回指定格式的值
WEEKDAY	获取指定日期在一周内的对应的工作日索引

【例 6.20】　使用日期时间函数获取系统当前日期时间的年份值、月份值、日期值、小时值、分钟值和秒钟值。

根据题目要求，使用系统提供的日期时间函数。其语句如下：

SET @mydate = CURDATE();

SET @mytime = CURTIME();

SELECT YEAR(@mydate) 年, MONTH(@mydate) 月, DAYOFMONTH (@mydate) 日,

　　　　HOUR(@mytime) 时, MINUTE(@mytime) 分, SECOND(@mytime) 秒;

执行上面的语句后，运行结果如图 6.19 所示。

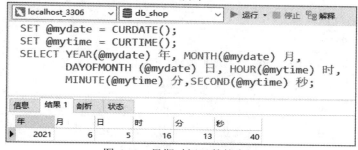

图 6.19　日期时间函数的应用

【例 6.21】　使用日期时间函数完成如下操作。

(1) 获取当前的系统时间。

(2) 获取当前系统时间中的年份。

(3) 在当前时间的基础上，添加 10 天。

(4) 获取当前时间到 2019 年 1 月 1 日的时间间隔。

根据题目要求，使用系统提供的日期时间函数。其语句如下：

(1) 使用 CURRENT_TIMESTAMP()、NOW()或者 SYSDATE()这 3 个函数都可以获取当前的系统时间。语句如下：

SELECT CURRENT_TIMESTAMP();

(2) 使用 YEAR(date)函数来获取当前时间的年份。语句如下：

SELECT YEAR(NOW());

(3) 使用 DATE_ADD(date, INTERVAL expr unit)函数可以在当前日期的基础上加上 10 天。语句如下：

SELECT DATE_ADD(SYSDATE(), INTERVAL 10 DAY);

(4) 使用 DATEDIFF (begindate, enddate)函数计算时间间隔。语句如下：

SELECT DATEDIFF (NOW(), '2019-1-1');

执行上面的语句后，运行结果如图 6.20 所示。

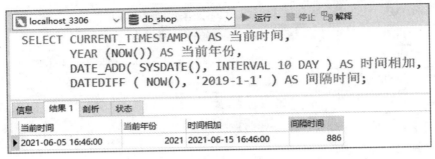

图 6.20　日期时间函数示例

6.2.5　系统信息函数

系统信息函数用来查询 MySQL 数据库的系统信息。例如，查询数据库版本、数据库当前用户等。MySQL 中常见的系统信息函数如表 6.5 所示。

表 6.5　MySQL 中常见的系统信息函数

函数名称	作　用
VERSION()	返回数据库的版本号
CONNECTION_ID()	返回服务器的连接数
DATABASE()，SCHEMA()	返回当前数据库名
CURRENT_USER()，USER()	返回当前登录用户名和主机名的组合

【例 6.22】　使用系统信息函数获取当前使用 MySQL 的版本号、连接数、数据库名和当前用户。

根据题目要求，使用系统提供的系统信息函数。其语句如下：

SELECT VERSION() AS 版本号,

　　CONNECTION_ID() AS 连接数,

　　DATABASE() AS 数据库名称,

　　CURRENT_USER() AS 当前用户;

执行上面的语句后，运行结果如图 6.21 所示。

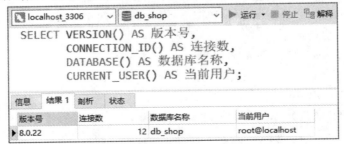

图 6.21　系统信息函数的应用

6.2.6 流程控制函数

流程控制函数又称为条件判断函数，是 MySQL 中应用较多的一种函数。用户可以使用这类函数在 SQL 语句中实现条件选择。表 6.6 列出了 MySQL 中的流程控制函数及其功能。

表 6.6 MySQL 中的流程控制函数及其功能

函数名称	功 能
IF(expr, v1, v2)	如果 expr 为真，则返回 v1，否则返回 v2
IFNULL(v1, v2)	如果 v1 不为 NULL，则返回 v1，否则返回 v2
CASE WHEN expr1 THEN r1 [WHEN expr2 THEN r2] [ELSE rn] END	根据条件将数据分为几个档次
CASE expr WHEN v1 THEN r1 [WHEN v2 THEN r2] [ELSE rn] END	根据条件将数据分为几个档次

1. IF()函数

IF(expr, v1, v2)函数的意义是：如果表达式 expr 的结果为真，则函数的返回值为 v1；如果表达式 expr 的结果为假，则返回值为 v2。

【例 6.23】 查询 goodsinfo 数据表中信息，使用 IF(expr, v1, v2)函数将商品分为两大类，商品价格在 5000 以上的是高档商品，5000 以下的是一般商品。

具体语句如下：

```
SELECT *, if(price>=5000,'高档商品','一般商品') as 商品等级
    from goodsinfo;
```

执行上面的语句后，运行结果如图 6.22 所示。

图 6.22 IF()函数的应用

2. IFNULL()函数

IFNULL(v1, v2)函数的意义是：如果 v1 不为 NULL，则函数的返回值为 v1，否则返回值为 v2。我们知道，NULL 值是不能参与数值运算的，实际应用中常用该函数来替换

NULL 值，下面通过实例介绍。

【例 6.24】 查询 goodsinfo 数据表中信息，使用 IFNULL(v1, v2)函数将表中 remark 字段的 NULL 值替换为"无"。

具体语句如下：

```
SELECT *, IFNULL(remark, '无') AS 备注   FROM goodsinfo;
```

执行上面的语句后，运行结果如图 6.23 所示。

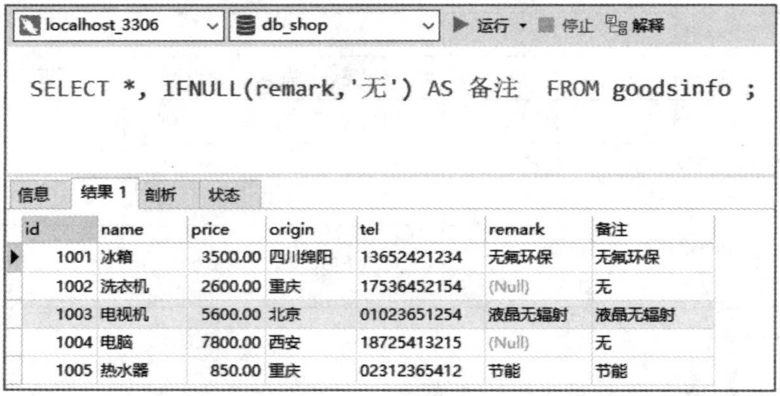

图 6.23　IFNULL()函数的应用

3. CASE 函数

CASE 函数一共有两种形式，下面分别介绍。

CASE 函数的第 1 种形式如下：

```
CASE
    WHEN expr1 THEN r1
    [WHEN expr2 THEN r2]
    [ELSE rn]
END;
```

该形式的意义是：如果表达式 expr1 为真，则返回 r1；如果表达式 expr2 为真，则返回 r2；如果 expr1 和 expr2 都不为真，则返回 rn。

【例 6.25】 查询 goodsinfo 数据表中信息，使用 CASE 函数将商品分类，商品价格在 5000 以上的是高档商品，3000 以上的是中档商品，其他的是一般商品。

具体语句如下：

```
SELECT *,
    CASE
        WHEN price >= 5000 THEN      '高档商品'
        WHEN price >= 3000 THEN      '中档商品'
        ELSE '一般商品'
    END
    AS '商品等级'
FROM    goodsinfo;
```

执行上面的语句后，运行结果如图 6.24 所示。

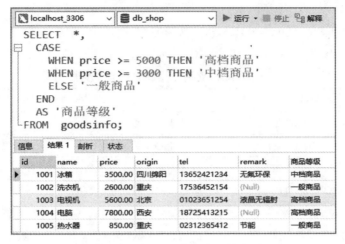

图 6.24　CASE 函数形式 1 的应用

CASE 函数的第 2 种形式如下：

> CASE expr
>
> WHEN v1 THEN r1
>
> [WHEN v2 THEN r2]
>
> [ELSE rn]
>
> END;

该形式的意义是：如果表达式 expr 的结果等于 v1，那么返回 r1；如果 expr 的结果等于 v2，那么返回 r2；如果表达式 expr 的结果既不等于 v1 也不等于 v2，则返回 rn。

将例 6.25 的要求使用 CASE 函数的第 2 种形式完成，则 SQL 语句及其运行结果如图 6.25 所示。

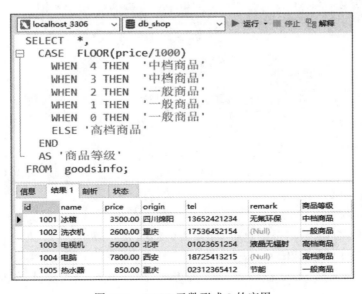

图 6.25　CASE 函数形式 2 的应用

6.2.7　JSON 函数

从 MySQL 5.7.8 起，开始支持 JSON 数据类型。JSON 函数就是用于处理 JSON 类型的数据。表 6.7 列出了 MySQL 支持的 JSON 函数及其功能。

表 6.7　MySQL 支持的 JSON 函数及其功能

函数名称	功　　能
JSON_ARRAY()	创建 JSON 数组
JSON_OBJECT()	创建 JSON 对象
JSON_ARRAY_APPEND()	向 JSON 数组中追加数据
JSON_SET()	修改 JSON 对象中的数据
JSON_REMOVE()	删除 JSON 数组和 JSON 对象中的数据
JSON_EXTRACT()	返回 JSON 数组中 KEY 所对应的数据
JSON_SEARCH()	返回 JSON 数组中给定数据的路径

1. 创建 JSON 值的函数

在 MySQL 中创建 JSON 值的函数有两个，一个用于创建数组形式的 JSON 值，另一个用于创建对象形式的 JSON 值。

(1) 创建 JSON 数组函数。

JSON_ARRAY()函数用于创建数组形式的 JSON 值。其语法格式如下：

JSON_ARRAY(val1, val2, …, valn);

【例 6.26】编写 SQL 语句，创建 JSON 数组。SQL 语句及其运行结果如图 6.26 所示。

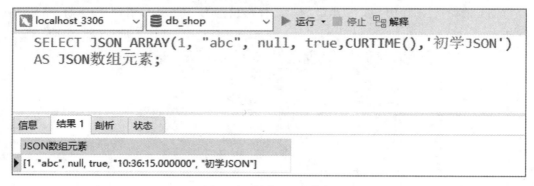

图 6.26　创建 JSON 数组

由图 6.26 所示可以看出，JSON 数组里面的元素可以同时包含任何数据类型的值，多个元素之间用逗号隔开。

(2) 创建 JSON 对象函数。

JSON_OBJECT()函数用于创建对象形式的 JSON 值。其语法格式如下：

JSON_OBJECT(key1, val1, key2, val2, …, keyn, valn);

【例 6.27】　编写 SQL 语句，创建 JSON 对象。SQL 语句及其运行结果如图 6.27 所示。

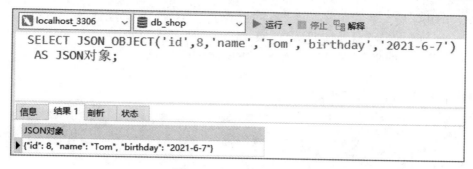

图 6.27　创建 JSON 对象

由图 6.27 所示可以看出，JSON 对象的创建是以"key-value"键值对的形式存在，必须保证键的唯一性，否则后面的值将替换掉前面的值；并且必须成对出现，否则会报错。

2. 修改 JSON 值的函数

在 MySQL 中常用修改 JSON 值的函数两个：JSON_ARRAY_APPEND()和 JSON_SET()。

(1) JSON_ARRAY_APPEND()函数。

使用 JSON_ARRAY_APPEND()函数，可以将值附加到 JSON 文档中指示数组的结尾并返回结果。其语法格式如下：

JSON_ARRAY_APPEND(json_doc, key, val[, key, val]···)

其中，json_doc 表示 JSON 文档，key 表示键，val 表示要附加的值。

【例 6.28】　编写 SQL 语句，向定义好了的 JSON 数组添加值。具体语句如下：

SET @j = '["a", ["b", "c"], "d"]';　　#定义 JSON 类型的数组

SELECT JSON_ARRAY_APPEND(@j, '$[2]', 1) AS 追加数据;

执行上述语句后，运行结果如图 6.28 所示。

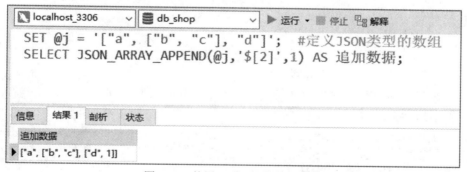

图 6.28　使用 JSON 函数追加数据

(2) JSON_SET()函数。

使用 JSON_SET()函数，可以在 JSON 文档中插入或更新数据并返回结果。其语法格式如下：

JSON_SET(json_doc, KEY, val [, KEY, val]···)

其中，json_doc 表示 JSON 文档，key 表示键，val 表示要插入或更新的值。

【例 6.29】定义 JSON 对象，使用 JSON_SET()函数在 JSON 文档中更新和插入数据，并查看结果。

具体语句如下：

SET @j = '{ "a"：1, "b"：[2, 3]}';

SELECT JSON_SET(@j, '$.a', 10, '$.c', '[true, false]')

AS 更新和插入值;

执行上述语句后，运行结果如图 6.29 所示。

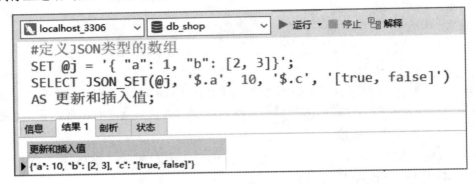

图 6.29　使用 JSON 函数更新和插入数据

注意：在使用 JSON SET( )函数时，如果 key 已经存在，修改值会将原值替换；如果 key 不存在，会在原 JSON 对象中追加不存在的 key 和相对应的值。

3. 删除 JSON 值的函数

如果用户需要删除 JSON 数组或者 JSON 对象中的数据，可以使用 JSON_REMOVE() 函数。其语法格式如下：

JSON_REMOVE(json_doc，KEY，val [，KEY，val]…);

【例 6.30】 编写 SQL 语句，删除 JSON 数组和 JSON 对象中的数据。

具体语句如下：

#定义 JSON 类型的数组和对象

SET @j = '["a", ["b", "c"], "d"]';

SET @h = '{ "a"：1, "b"：[2, 3]}';

SELECT JSON_REMOVE(@j, '$[1]'), JSON_REMOVE(@h, '$.a');

执行上述语句后，运行结果如图 6.30 所示。

图 6.30　删除 JSON 值函数的应用

4. 返回 JSON 文档中数据和路径的函数

(1) JSON_EXTRACT()函数。

使用 JSON_EXTRACT()函数，可以根据给出的 key，返回 JSON 文档中其所对应的数据。其语法格式如下：

JSON_EXTRACT (json_doc, key1[, key2]···)

【例 6.31】 编写 SQL 语句，根据 key 返回 JSON 文档中其所对应的数据。SQL 语句及其运行结果如图 6.31 所示。

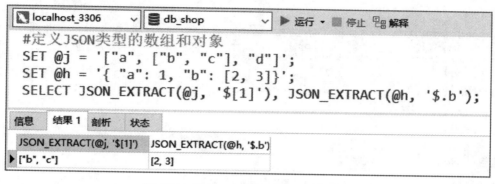

图 6.31　JSON_EXTRACT()函数的应用

(2) JSON_SEARCH()函数。

使用 JSON_SEARCH()函数可以根据给出的数据，返回 JSON 文档中其所对应的路径。其语法格式如下：

JSON_SEARCH (json_doc, one_or_all, str);

当参数 one_or_all 的值为 one 时，返回第一次匹配字符串 str 的 key；当其值为 all 时，返回所有匹配字符串 str 的 key。

【例 6.32】 编写 SQL 语句，根据数据返回 JSON 文档中其所对应的路径。SQL 语句及其运行结果如图 6.32 所示。

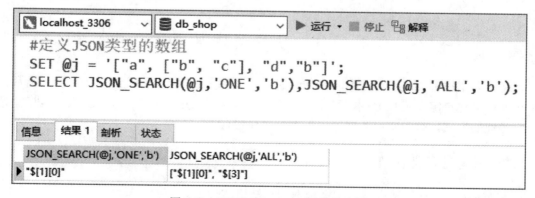

图 6.32　JSON_SEARCH()函数的应用

6.2.8　加密函数

MySQL 中有多种加密函数，在 MySQL 8.0 版本中，对以前其他版本支持的

PASSWORD()加密函数不再支持，本小节主要介绍 MD5()函数。MD5()是只支持正向加密不支持反向解密的函数，针对此类加密的算法 MySQL 不提供解密，但是我们可以通过一些加密解密网站反向解密。

函数 MD5()可以对字符串 str 进行加密，算出一个 128 位二进制形式的信息，但是系统会显示为 32 位十六进制的信息；若参数为 NULL，则返回 NULL 值。该函数常用于对一些普通的不需要解密的数据进行加密。

【例 6.33】 编写 SQL 语句，验证 MD5(str)函数的用法。SQL 语句及其运行结果如图 6.33 所示。

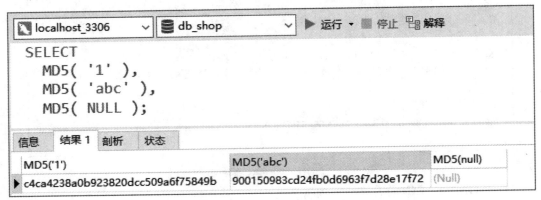

图 6.33   MD5(str)函数的用法

使用 MD5()函数加密数据需注意以下两点：一是无论输入信息长度为多少，经过处理后，结果均为 128 位二进制形式的信息，但系统会显示为 32 位十六进制的信息；二是 MD5()函数是单向加密，根据输出结果不能反推出输入的信息。

MySQL 数据库中的系统函数有很多，由于篇幅有限，仅介绍了一些常用的系统函数，其他函数如不同进制数据进行转换，IP 地址与数字相互转换等函数就省略解读了。如果读者在学习工作中，需要用到一些其他函数，可以通过 MySQL 帮助文档或网络查找学习。

任务 6.3   学习自定义函数

【任务描述】 在实际应用中，如果没有可用的系统函数，通常都会自己创建函数。那么如何创建自定义函数呢?本任务的重点就是学习 MySQL 中用户自定义函数的创建、调用和管理的方法，有效实现数据库中程序模块化设计。

6.3.1   创建自定义函数

在 MySQL 中，创建用户自定义函数的语法格式如下：

```
CREATE FUNCTION function_name ([proc_params_list])
    RETURNS type
    [characteristic[, …]]
Routine_body;
```

语法说明如下：

- function_name：用户自定义函数的名称。
- proc_params_list：用户自定义函数的参数列表。每个参数由参数名称和参数类型组成，参数列表中参数的定义格式如下：

    param_name type

其中，param_name 是指定函数的参数的名称，type 为参数类型，该类型可以是 MySQL 的任意数据类型。参数与参数间用逗号分隔。

- RETURNS type：指定函数返回值的类型。MySQL 自定义函数不支持返回表格类型或含多个值的数据类型。
- Routine_body：SQL 代码内容，可以用 BEGIN…END 来标识 SQL 代码的开始和结束。
- characteristic：用于指定用户自定义函数的特性。

【例 6.34】　用 SQL 语句创建函数 funCount，返回 goodsinfo 表中的商品类别的数量。具体语句如下：

```
CREATE FUNCTION funCount()
    RETURNS INT
    BEGIN
        RETURN (SELECT COUNT(*) FROM goodsinfo);
    END;
```

在 MySQL 中，用户自定义函数的使用方法与 MySQL 内部函数的使用方法是一样的。区别在于用户自定义函数是用户自己定义的，而内部函数是 MySQL 的开发者定义的。所以调用用户自定义函数的方法也与内部函数类似，主要使用 SELECT 关键字。其语法格式如下：

```
SELECT fn_name ([func_parameter[, …]]);
```

其中，fn_name 表示函数名称，func_parameter 表示函数参数列表。

创建和调用函数 funCount()的 SQL 语句及其运行结果如图 6.34 所示。

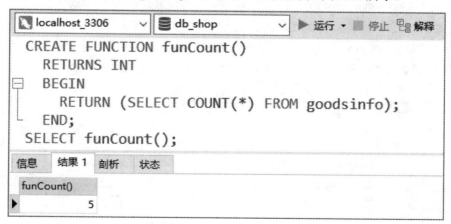

图 6.34　创建和调用无参数函数

【例 6.35】　使用 SQL 语句创建函数 funGetName，查询 goodsinfo 表，根据指定的商品 ID，查询商品名称。

具体语句如下：

```
CREATE FUNCTION funGetName(sid INT)
    RETURNS VARCHAR(100)
    BEGIN
        SET @name = (SELECT name FROM goodsinfo  WHERE   id =sid);
        RETURN   IFNULL(@name, '没有该商品编号');
    END;
```

执行上述语句后，运行结果如图 6.35 所示。

图 6.35　创建和调用带参数函数

6.3.2　查看自定义函数

创建自定义函数以后，用户可以查看自定义函数的状态和定义。用户可以通过 SHOW STATUS 语句来查看函数的状态，也可以通过 SHOW CREATE 语句来查看函数的定义。MySQL 中可以通过 SHOW STATUS 语句来查看函数的状态。其语法格式如下：

```
SHOW FUNCTION STATUS [LIKE 'pattern'];
```

其中：FUNCTION 参数表示查询存储函数；LIKE 'pattern'参数用来匹配函数的名称。

【例 6.36】　使用 SHOW STATUS 语句查看自定义函数的相关状态。

SQL 语句和运行结果如图 6.36 所示。

图 6.36　SHOW STATUS 语句的应用

SHOW STATUS 语句只能查看函数是操作哪一个数据库的和函数的名称、类型、谁定义的、创建和修改时间、字符编码等信息。但是，这个语句不能查询函数的具体定义。如果需要查看详细定义，需要使用 SHOW CREATE 语句。在 MySQL 中可以通过 SHOW

CREATE 语句查看函数的定义。其基本语法格式如下：

   SHOW CREATE FUNCTION fn_name;

其中：FUNCTION 参数表示查询存储函数；fn_name 参数表示存储过程或函数的名称。

【例 6.37】 使用 SHOW CREATE 语句查看自定义函数 funGetName 的相关定义。SQL 语句和运行结果如图 6.37 所示。

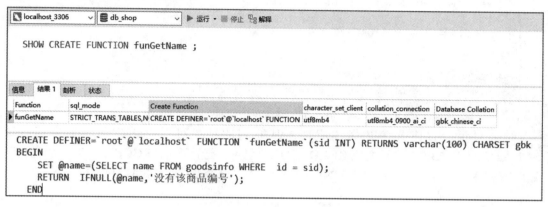

图 6.37　SHOW CREATE 语句的应用

6.3.3　修改自定义函数

修改函数是指修改已经定义好的函数。MySQL 中通过 ALTER FUNCTION 语句来修改存储函数。其语法格式如下：

   ALTER FUNCTION fn_name [characteristic…]

   characteristic：

   { CONTAINS SQL | NO SQL | READS SQL DATA | MODIFIES SQL DATA }

   | SQL SECURITY { DEFINER | INVOKER }

   | COMMENT 'string'

其中：fn_name 参数表示函数的名称；characteristic 参数指定自定义函数的特性；CONTAINS SQL 表示子程序包含 SQL 语句，但不包含读或写数据的语句；NO SQL 表示子程序中不包含 SQL 语句；READS SQL DATA 表示子程序中包含读数据的语句；MODIFIES SQL DATA 表示子程序中包含写数据的语句；SQL SECURITY { DEFINER | INVOKER }指明谁有权限来执行；DEFINER 表示只有定义者自己才能够执行，INVOKER 表示调用者可以执行；COMMENT 'string' 是注释信息。

【例 6.38】 修改自定义函数 funGetName 的定义。将读/写权限改为 READS SQL DATA，指明调用者可以执行，并加上注释信息"FIND NAME"。

具体语句如下：

   ALTER FUNCTION funGetName

    READS SQL DATA

    SQL SECURITY INVOKER

    COMMENT 'FIND NAME';

执行上述语句后，查看修改后的信息，运行结果如图 6.38 所示。

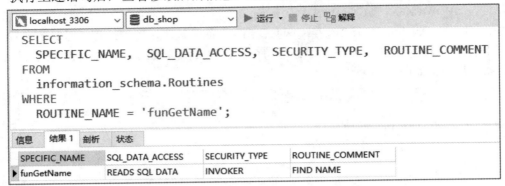

图 6.38　修改函数信息

结果显示，自定义函数修改成功。从查询的结果可以看出，访问数据的权限 (SQL_DATA_ACCESS)已经变成 READS SQL DATA，安全类型(SECURITY_TYPE)已经变成了 INVOKER，函数注释(ROUTINE_COMMENT)已经变成了 FIND NAME。

6.3.4　删除自定义函数

删除函数指删除数据库中已经存在的自定义函数。MySQL 中使用 DROP FUNCTION 语句来删除自定义函数。其基本语法格式如下：

```
DROP    FUNCTION    fn_name;
```

其中，fn_name 参数表示删除函数的名称。

【例 6.39】　使用 SQL 语句删除自定义函数 funGetName。

具体语句如下：

```
DROP    FUNCTION    funGetName;
```

执行上述语句后，完成删除功能。可以通过查询 information_schema 数据库下的 Routines 表来确认上面的删除是否成功。SELECT 语句的运行结果如图 6.39 所示。

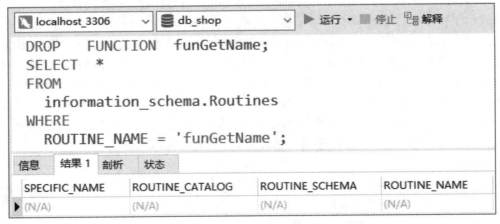

图 6.39　删除函数

结果显示，没有查询出任何记录。这说明自定义函数 funGetName 已经被删除。

任务 6.4　学习游标的使用

【任务描述】　用户在数据库中查询数据时，查询的结果都是一组数据或者说是一个数据集合。如果想查看其中的某一条数据，则只能通过 WHERE 条件语句控制。使用 WHERE 语句控制的方法固然简单，但是缺乏灵活性，如果查看每条数据都要使用 WHERE 语句就比较麻烦。为了改善 WHERE 语句带来的不便，数据库提供了游标这种操作结果集的方式。游标是一种数据访问机制，允许用户访问数据集中的某一行，类似 C 语言中指针的功能。本任务就是学习游标的使用，包括声明游标、打开游标、使用游标和关闭游标。

6.4.1　声明和打开游标

MySQL 中使用 DECLARE 关键字来声明游标。其语法格式如下：

　　DECLARE cursor_name CURSOR FOR sql_statement;

其中：cursor_name 表示新定义的游标名称；sql_statement 是用于定义游标所要操作结果集的 SELECT 语句。

使用游标前，必须先声明，并打开游标。

MySQL 中使用 OPEN 关键字来打开游标。其语法格式如下：

　　OPEN cursor_name;

【例 6.40】　使用 SQL 语句定义游标 db_cursor，查询商品信息表(goodsinfo)中商品名称(name)和商品价格(price)，并使用 OPEN 语句打开该游标。

具体语句如下：

　　DECLARE db_cursor

　　CURSOR for SELECT name, price FROM goodsinfo;

　　OPEN db_cursor;

6.4.2　使用游标

打开游标后，使用 FETCH 关键字来获取游标当前指针的记录，并将记录值传给指定变量列表。其语法格式如下：

　　FETCH cursor_name INTO var_name[, var_name…];

其中：cursor_name 表示游标的名称；var_name 用于存储游标中的 SELECT 语句查询的结果信息。var_name 中的变量必须事先定义，且变量的个数必须和游标返回字段的数量相同，否则游标提取数据失败。

【例 6.41】　使用 SQL 语句将例 6.40 中查询出来的数据存入 u_name 和 u_price 这两个变量中。

根据题目要求，具体语句如下：

　　FETCH db_cursor INTO u_name, u_price;

将游标 db_cursor 中 SELECT 语句查询出来的信息存入 u_name 和 u_price 两个变量中，

u_name 和 u_price 这两个变量必须在前面已经定义过，否则会报错。

需要注意的是：MySQL 中游标是仅向前的且只读的，也就是说，游标只能按顺序从前往后一条条读取结果集。

使用游标设计几个明确的步骤如下：

(1) 在能够使用游标前，必须声明(定义)它。这个过程实际上没有检索数据，它只是定义要使用的 SELECT 语句。

(2) 一旦声明后，必须打开游标以供使用。在这个过程中用前面定义的 SELECT 语句把数据实际检索出来。

(3) 对于填有数据的游标，根据需要取出(检索)各行。

(4) 在结束使用游标时，必须关闭游标。

在声明游标后，可根据需要频繁地打开和关闭游标。在打开游标后，可根据需要频繁地执行取操作。

6.4.3　关闭游标

MySQL 中使用 CLOSE 关键字来关闭游标。其语法格式如下：

```
CLOSE cursor_name;
```

【例 6.42】　使用 SQL 语句关闭 db_cursor 游标。

具体语句如下：

```
CLOSE db_cursor;
```

在关闭一个游标后，如果没有重新打开，就不能使用它。但是，使用声明过的游标不需要再次声明，用 OPEN 语句打开它就可以了。

注意：如果你不明确关闭游标，MySQL 将会在到达 END 语句时自动关闭它。

6.4.4　游标应用案例

前面我们已经对游标的创建、打开、使用和关闭语法进行了详细解读，读者会发现这几个例题都不能单独应用。游标一般要与存储过程或函数结合使用，接下来我们用一个综合的案例来详细解读游标的应用。

新建一个 student 表，其表结构和插入数据代码如下：

```
create table student(
    stuId int primary key auto_increment,
    stuName varchar(20),
    stuSex varchar(2),
    stuAge int
)default charset=utf8;

insert into student(stuName, stuSex, stuAge) values
('小明', '男', 20),
('小花', '女', 19),
```

```
('大赤', '男', 20),
('可乐', '男', 19),
('莹莹', '女', 19);
```

【例6.43】　使用游标创建一个存储过程，获取年龄大于19的记录的学号和姓名。具体语句如下：

```
create procedure sp_student()
begin
    declare id int;
    declare name varchar(100) character set utf8;
    declare done int default 0;
    -- 声明游标
    declare mc cursor for select stuId, stuName from student where stuAge >19;
    -- 指定游标循环结束时的返回值
    declare continue handler for not found set done = 1;
    -- 打开游标
    open mc;
    -- 获取结果
    fetch mc into id, name;
    -- 这里是为了显示获取结果
    select id, name;
    -- 关闭游标
    close mc;
end;
```

执行上述语句后，创建存储过程 sp_student 成功，并且在存储过程里面对游标的创建、打开、使用和关闭进行了全部应用。运行这个存储过程，其结果如图 6.40 所示。

图 6.40　游标的普通案例使用

从图 6.40 所示可以看出，运行结果没有达到我们的预期效果，表格里面插入了 5 条数据，其中有两条数据满足查询条件，结果只显示出一条数据，那是因为游标是逐条处理数据的。

课 后 练 习

一、单项选择题

1. MySQL 支持的变量类型有用户变量、系统变量、服务器变量、结构化变量和(　　　)。

A. 成员变量　　　　B. 局部变量　　　　　　C. 全局变量　　　　　　D. 时间变量

2. 表达式"SELECT (9+6-5+3%2)5 -3"的运算结果是(　　　)。

A. 1　　　　　　　B. 3　　　　　　　　　C. 5　　　　　　　　D. 7

3. 返回 0~1 的随机数的数学函数是(　　　)。

A. RAND( )　　　　B. SIGN(x)　　　　　　C. ABS(x)　　　　　　D. PI( )

4. 计算字段的累加和函数是(　　　)。

A. SUM( )　　　　　B. ABS( )　　　　　　C. COUNT( )　　　　　D. PI( )

5. 返回当前日期的函数是(　　　)。

A. CURTIME( )　　　　　　　　　　　　B. ADDDATE( )

C. CURNOW( )　　　　　　　　　　　　D. CURDATE( )

6. 创建用户自定义函数的关键语句是(　　　)。

A. CREATE FUNCTION　　　　　　　　B. ALTER FUNCTION

C. CREATE PROCEDURE　　　　　　　　D. ALTER PROCEDURE

7. 下面的(　　　)语句用来声明游标。

A. CREATE CURSOR　　　　　　　　　B. ALTER CURSOR

C. SET CURSOR　　　　　　　　　　　D. DECLARE CURSOR

二、上机练习

使用函数进行如下运算。

(1) 计算 18 除以 5 的余数。

(2) 将弧度值 PI()/4 转换为角度值。

(3) 计算 9 的 4 次方值。

(4) 保留浮点值 3.141 59 小数点后面 2 位。

(5) 分别计算字符串"Hello World !"和"University"的长度。

(6) 从字符串"Nice to meet you!"中获取子字符串"meet"。

(7) 重复输出 3 次字符串"Cheer!"。

(8) 将字符串"voodoo"逆序输出。

(9) 将 4 个字符串"MySQL""not""is" 和"great"，按正常排列，从中选择 1、3 和 4 位置处的字符串组成新的字符串。

(10) 计算"1921-07-14"与当前日期之间相差的年份。

项目七

管理存储过程与触发器

存储过程是 SQL 语句主要应用的对象之一,在存储过程中可以将一系列相关联的 SQL 语句集合到一起,并且具有"一次编译,多次调用"的特点。如果想执行这些 SQL 语句,则只需要调用存储过程而不用每次都写那么多的语句。触发器与存储过程不同,它不需要使用 CALL 语句调用就可以执行。但是,在触发器中所写语句又与存储过程类似,因此,经常会把触发器看作是特殊的存储过程。对表进行 UPDATE、INSERT 和 DELETE 操作时可以自动调用触发器。

学习目标

(1) 会创建和调用存储过程。
(2) 会创建和调用触发器。
(3) 会创建和管理事件。

任务 7.1 使用存储过程实现数据访问

【任务描述】 存储过程也是数据库的重要对象,它可以封装具有一定功能的语句块,并将其预编译后保存在数据库中,供用户重复使用。本任务通过存储过程的优点,详细介绍创建、调用、修改和删除存储过程的方法和技巧,有效实现数据库中程序模块化设计。

7.1.1 存储过程概述

MySQL 从 MySQL5.1 版本开始支持存储过程。在 MySQL 中,可以定义一段完成特定功能的 SQL 语句集,经编译后存储在数据库中,用户可以通过指定的存储过程名称并给出参数(如果该存储过程带有参数)来执行它,这样的语句集称为存储过程。存储过程是数据库对象之一,它提供了一种高效和安全的访问数据库的方法,经常被用来访问数据和管理要修改的数据。当希望在不同的应用程序或平台上执行相同的语句集,或者封装特定功能时,存储过程是非常有用的。

存储过程几乎是每个大、中型软件系统数据库设计环节必不可少的对象。为什么这些软件系统的数据库中要使用存储过程呢?那是因为存储过程具备以下特点。

(1) 安全性。存储过程之所以安全,是因为要执行的 SQL 语句都写在了存储过程里,在程序中只需要通过存储过程名调用即可，这样有效保护了数据库中的表名及列名，在一定程度上提高了数据库的安全性。

(2) 提高 SQL 语句执行的速度。传统的执行 SQL 语句的方法是每次执行时都需要对语句进行编译，然后再执行。而在创建存储过程后，只需编译一次，以后就不再需要编译了。因此，存储过程被称为是“一次编译，多次调用”的对象。基于存储过程的这种执行方式大大提高了执行 SQL 语句的速度。

(3) 提高可重用性。所谓可重用性是指如果不同的数据库有着相同功能的需求，就可以直接将相应的存储过程复制过去，只需更改其中的一些表名或列名即可。

(4) 减少服务器的负担。服务器每天要执行成百上千条 SQL 语句，如果能将一些数量比较多的 SQL 语句写入存储过程，在执行时就能够降低服务器的使用率，同时也提高了数据库的访问速度。

7.1.2　创建存储过程

在 MySQL 中，使用 CREATE PROCEDURE 语句创建存储过程。其语法格式如下：

CREATE PROCEDURE <过程名> ([过程参数[, …]]) <过程体>

[过程参数[, …]] 格式

[IN | OUT | INOUT] <参数名> <类型>

1) 过程名

过程名是存储过程的名称，默认在当前数据库中创建。若需要在特定数据库中创建存储过程，则要在名称前面加上数据库的名称，即 db_name.sp_name。

需要注意的是：应当尽量避免选取与 MySQL 内置函数相同的名称，否则会发生错误。

2) 过程参数

过程参数是存储过程的参数列表。其中，参数名为参数名称，类型为参数的类型(可以是任何有效的 MySQL 数据类型)。当有多个参数时，参数列表中彼此间用逗号分隔。存储过程可以没有参数(此时存储过程的名称后仍需加上一对括号)，也可以有一个或多个参数。

MySQL 存储过程支持 3 种类型的参数，即输入参数、输出参数和输入/输出参数，分别用 IN、OUT 和 INOUT 3 个关键字标识。其中，输入参数可以传递给一个存储过程，输出参数用于存储过程需要返回一个操作结果的情形，而输入/输出参数既可以充当输入参数也可以充当输出参数。

需要注意的是：参数的取名不要与数据表的列名相同，否则尽管不会返回出错信息，但是存储过程的 SQL 语句会将参数名看作列名，从而引发不可预知的结果。

3) 过程体

过程体是存储过程的主体部分，也称为存储过程体，包含在过程调用的时候必须执行的 SQL 语句。这个部分以关键字 BEGIN 开始，以关键字 END 结束。若存储过程体中只有一条 SQL 语句，则可以省略 BEGIN…END 标志。

在存储过程的创建中，经常会用到一个十分重要的 MySQL 命令，即 DELIMITER 命令，特别是对于通过命令行的方式来操作 MySQL 数据库的使用者，更要学会使用该命令。

在 MySQL 中，服务器处理 SQL 语句默认是以分号作为语句结束标志的。然而，在创建存储过程时，存储过程体可能包含有多条 SQL 语句，这些 SQL 语句如果仍以分号作为语句结束符，那么 MySQL 服务器在处理时会以遇到的第一条 SQL 语句结尾处的分号作为整个程序的结束符，而不再去处理存储过程体中后面的 SQL 语句，这样显然不行。

为解决以上问题，通常使用 DELIMITER 命令将结束命令修改为其他字符。其语法格式如下：

　　　　DELIMITER $$

语法说明如下：

· $$ 是用户定义的结束符，通常这个符号可以是一些特殊的符号，如两个"?"或两个"￥"等。

· 当使用 DELIMITER 命令时，应该避免使用反斜杠"\"字符，因为它是 MySQL 的转义字符。

例如在 MySQL 命令行客户端输入如下 SQL 语句：

　　　　mysql > DELIMITER ??

成功执行这条 SQL 语句后，任何命令、语句或程序的结束标志就都换为两个问号"??"。

若希望换回默认的分号"；"作为结束标志，则在 MySQL 命令行客户端输入下列语句：

　　　　mysql > DELIMITER;

注意：DELIMITER 和分号"；"之间一定要有一个空格。在创建存储过程时，必须具有 CREATE ROUTINE 权限。

【例 7.1】 使用 SQL 语句创建存储过程 spGetgdNames，查询 goodsinfo 表中前 5 条商品的 name 和 price。

具体语句如下：

　　　　DELIMITER　　　　//
　　　　CREATE PROCEDURE spGetgdNames( )
　　　　　　READS SQL DATA
　　　　BEGIN
　　　　　　SELECT　name, price
　　　　　　FROM　goodsinfo
　　　　　　LIMIT 5;
　　　　END //

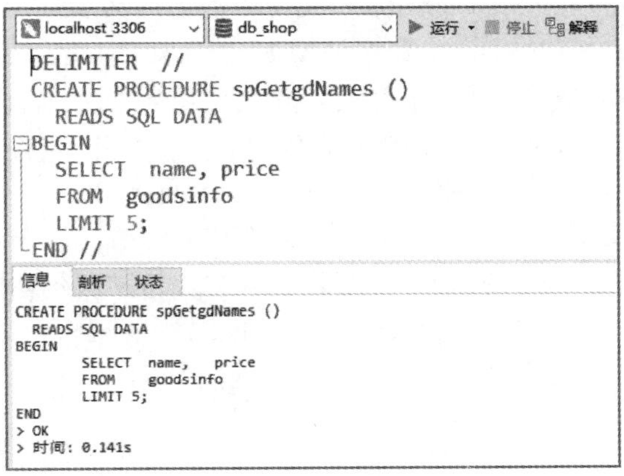

图 7.1　创建存储过程

执行上述语句后，运行结果如图 7.1 所示。

结果显示 spGetgdNames 存储过程已经创建成功。

【例 7.2】 使用 SQL 语句创建名称为 sp_getPrice 的存储过程，输入参数是商品名称。存储过程的作用是通过输入的商品名称从商品信息表(goodsinfo)中查询指定商品的价格信息。

具体语句如下：

　　　　DELIMITER //
　　　　CREATE PROCEDURE sp_getPrice (IN u_name VARCHAR (30))

```
    BEGIN
        SELECT    price FROM       goodsinfo
        WHERE    name = u_name;
    END //
```

执行上述语句后，运行结果如图 7.2 所示。

图 7.2　创建带参数存储过程

结果显示 sp_getPrice 存储过程已经创建成功。

7.1.3　调用存储过程

存储过程通过 CALL 语句来调用，存储函数的使用方法与 MySQL 内部函数的使用方法相同。执行存储过程和存储函数需要拥有 EXECUTE 权限(EXECUTE 权限的信息存储在 information_schema 数据库下的 USER_PRIVILEGES 表中)。

MySQL 中使用 CALL 语句来调用存储过程。调用存储过程后，数据库系统将执行存储过程中的 SQL 语句，然后将结果返回给输出值。

CALL 语句接收存储过程的名称以及需要传递给它的任意参数。基本语法形式如下：

```
    CALL    sp_name ([parameter[…]]);
```

其中，sp_name 表示存储过程的名称，parameter 表示存储过程的参数。

【例 7.3】　分别调用例 7.1、例 7.2 创建的存储过程 spGetgdNames 和 sp_getPrice。

SQL 语句和运行结果如图 7.3 所示。

图 7.3　调用存储过程

7.1.4　查看存储过程

创建完存储过程后，用户可以通过 SHOW STATUS 语句来查看存储过程的状态，也可以通过 SHOW CREATE 语句来查看存储过程的定义。

MySQL 中可以通过 SHOW STATUS 语句查看存储过程的状态。其基本语法格式如下：

SHOW PROCEDURE STATUS LIKE 存储过程名；

其中，LIKE 存储过程名用来匹配存储过程的名称，LIKE 不能省略。

【例 7.4】　使用 SQL 语句查看目前已经定义的所有存储过程状态。

具体语句和运行结果如图 7.4 所示。由图 7.4 中可以看出，SHOW STATUS 语句只能查看存储过程是操作的哪一个数据库和存储过程的名称、类型、谁定义的、创建及修改时间、字符编码等信息。但是，这个语句不能查询存储过程的具体定义，如果需要查看详细定义，需要使用 SHOW CREATE 语句。

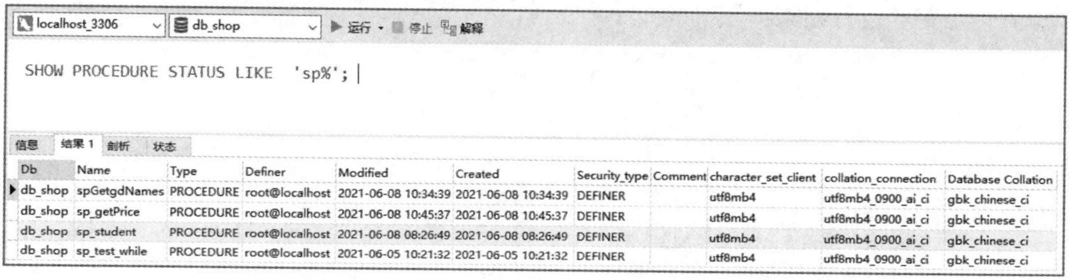

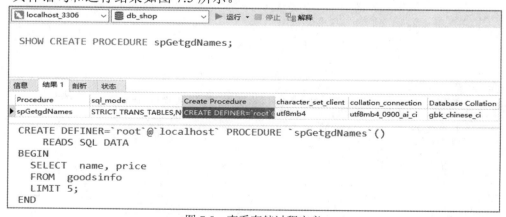

图 7.4　查看存储过程状态

MySQL 中可以通过 SHOW CREATE 语句查看存储过程的定义，语法格式如下：

SHOW CREATE PROCEDURE 存储过程名；

【例 7.5】　使用 SQL 语句查看存储过程 spGetgdNames 的具体定义。

具体语句和运行结果如图 7.5 所示。

图 7.5　查看存储过程定义

7.1.5　修改存储过程

MySQL 中通过 ALTER PROCEDURE 语句来修改存储过程。其语法格式如下：

ALTER PROCEDURE 存储过程名 [特征…]

其中，特征指定了存储过程的特性，可能的取值有：

- CONTAINS SQL 表示子程序包含 SQL 语句，但不包含读或写数据的语句。
- NO SQL 表示子程序中不包含 SQL 语句。
- READS SQL DATA 表示子程序中包含读数据的语句。
- MODIFIES SQL DATA 表示子程序中包含写数据的语句。
- SQL SECURITY { DEFINER | INVOKER } 指明谁有权限来执行。
- DEFINER 表示只有定义者才能够执行。
- INVOKER 表示调用者可以执行。
- COMMENT 'string' 表示注释信息。

【例 7.6】 使用 SQL 语句修改存储过程 sp_getPrice 的定义，将读/写权限改为 MODIFIES SQL DATA，指明调用者可以执行，并加上注释信息"查找单价"。

具体语句和运行结果如图 7.6 所示。

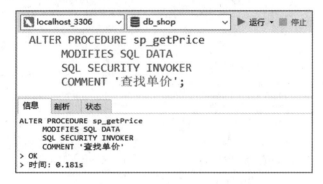

图 7.6　修改存储过程

执行语句，完成修改并查看修改后的信息。SQL 语句和运行结果如图 7.7 所示。

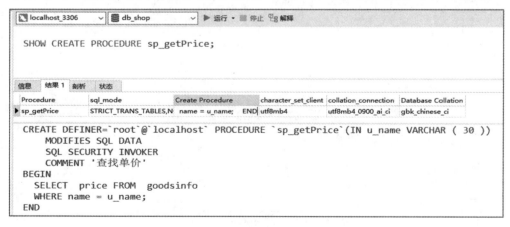

图 7.7　查看修改后的存储过程

结果显示，存储过程修改成功。从图 7.7 所示运行结果可以看到，访问数据的权限已经变成了 MODIFIES SQL DATA，安全类型也变成了 INVOKE，注释信息也变成了"查找单价"。

提示：ALTER PROCEDURE 语句用于修改存储过程的某些特征。如果要修改存储过程的内容，可以先删除原存储过程，再以相同的命名创建新的存储过程；如果要修改存储过程的名称，可以先删除原存储过程，再以不同的命名创建新的存储过程。

7.1.6　删除存储过程

存储过程被创建后，就会一直保存在数据库服务器上，直至被删除。当 MySQL 数据库中存在废弃的存储过程时，我们需要将它从数据库中删除。

MySQL 中使用 DROP PROCEDURE 语句来删除数据库中已经存在的存储过程。其语法格式如下：

　　　　DROP PROCEDURE [IF EXISTS] <过程名>

语法说明如下：

- 过程名：指定要删除的存储过程的名称。
- IF EXISTS：指定这个关键字，用于防止因删除不存在的存储过程而引发的错误。

注意：存储过程名称后面没有参数列表，也没有括号，在删除之前，必须确认该存储过程没有任何依赖关系，否则会导致其他与之关联的存储过程无法运行。

【例 7.7】　使用 SQL 语句删除存储过程 sp_getPrice。

具体语句和运行结果如图 7.8 所示。

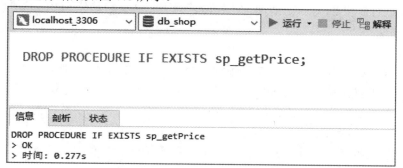

图 7.8　删除存储过程

由图 7.8 中可以看出，存储过程删除成功。可以通过查询 information_schema 数据库下的 routines 表来确认上面的删除是否成功。SQL 语句和运行结果如图 7.9 所示。

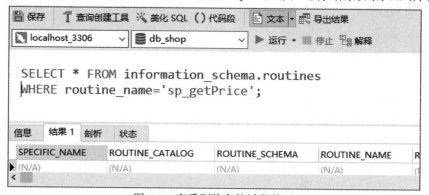

图 7.9　查看删除存储过程结果

图 7.9 中结果显示，没有查询出任何记录，说明存储过程 sp_getPrice 已经被删除了。

任务7.2 使用触发器实现自动任务

【任务描述】　触发器是数据库中的独立对象，为了确保数据完整性，设计人员可以用触发器实现复杂的业务逻辑。例如，如果用户选购好商品并完成了订单之后，那么用户所选购的商品的库存量应该根据用户订单中商品的数量进行减少。本任务主要是学习触发器的创建和使用。

7.2.1　触发器概述

MySQL 的触发器和存储过程一样，都是嵌入 MySQL 中的一段程序，是 MySQL 中管理数据的有力工具。不同的是执行存储过程要使用 CALL 语句来调用，而触发器的执行不需要使用 CALL 语句来调用，也不需要手工启动，而是通过对数据表的相关操作来触发、激活从而执行的。

触发器与数据表关系密切，主要用于保护表中的数据。特别是当有多个表具有一定的相互联系的时候，触发器能够让不同的表保持数据的一致性。在 MySQL 中，只有执行 INSERT、UPDATE 和 DELETE 语句时才能激活触发器，执行其他 SQL 语句则不会激活触发器。

触发器具有如下优点：

(1) 触发器的执行是自动的，在对触发器相关表的数据做出相应的修改后立即执行。

(2) 触发器可以实施比 FOREIGN KEY 约束、CHECK 约束更为复杂的检查和操作。

(3) 触发器可以实现表数据的级联更改，在一定程度上保证了数据的完整性。

触发器也存在如下缺点：

(1) 使用触发器实现的业务逻辑在出现问题时很难进行定位，特别是在涉及多个触发器的情况下，这会使后期维护变得困难。

(2) 大量使用触发器容易导致代码结构被打乱，增加了程序的复杂性。

(3) 当需要变动的数据量较大时，触发器的执行效率会非常低。

在实际使用中，MySQL 所支持的触发器有 3 种：INSERT 触发器、UPDATE 触发器和 DELETE 触发器。

1. INSERT 触发器

INSERT 触发器是在执行 INSERT 语句之前或之后响应的触发器。

使用 INSERT 触发器需要注意以下几点：

(1) 在 INSERT 触发器代码内，可引用一个名为 NEW(不区分大小写)的虚拟表来访问被插入的行。

(2) 在 BEFORE INSERT 触发器中，NEW 中的值也可以被更新，即允许更改被插入的值(只要具有对应的操作权限)。

(3) 对于 AUTO_INCREMENT 列，NEW 在 INSERT 语句执行之前包含的值是 0，在

INSERT 语句执行之后将包含新的自动生成值。

2. UPDATE 触发器

UPDATE 触发器是在执行 UPDATE 语句之前或之后响应的触发器。

使用 UPDATE 触发器需要注意以下几点:

(1) 在 UPDATE 触发器代码内,可引用一个名为 NEW(不区分大小写)的虚拟表来访问更新的值。

(2) 在 UPDATE 触发器代码内,可引用一个名为 OLD(不区分大小写)的虚拟表来访问 UPDATE 语句执行前的值。

(3) 在 BEFORE UPDATE 触发器中,NEW 中的值可能被更新,即允许更改将要用于 UPDATE 语句中的值(只要具有对应的操作权限)。

(4) OLD 中的值全部是只读的,不能被更新。

注意:当触发器设计对触发表自身的更新操作时,只能使用 BEFORE 类型的触发器,AFTER 类型的触发器将不被允许。

3. DELETE 触发器

DELETE 触发器是在执行 DELETE 语句之前或之后响应的触发器。

使用 DELETE 触发器需要注意以下几点:

(1) 在 DELETE 触发器代码内,可以引用一个名为 OLD(不区分大小写)的虚拟表来访问被删除的行。

(2) OLD 中的值全部是只读的,不能被更新。

总体来说,在触发器的使用过程中,MySQL 会按照以下方式来处理错误。

(3) 对于事务性表,如果触发程序失败,以及由此导致的整个语句失败,那么该语句所执行的所有更改将回滚;对于非事务性表,则不能执行此类回滚,即使语句失败,失败之前所做的任何更改依然有效。

(4) 若 BEFORE 触发程序失败,则 MySQL 将不执行相应行上的操作。

(5) 若在 BEFORE 或 AFTER 触发程序的执行过程中出现错误,则将导致调用触发程序的整个语句失败。

(6) 仅当 BEFORE 触发程序和行操作均已被成功执行,MySQL 才会执行 AFTER 触发程序。

7.2.2　创建触发器

在 MySQL 中,可以使用 CREATE TRIGGER 语句创建触发器。其语法格式如下:

```
CREATE    TRIGGER <触发器名称>
< BEFORE | AFTER >
<INSERT | UPDATE | DELETE >
ON <表名> FOR EACH ROW <触发器主体>
```

语法说明如下:

- 触发器名称：指创建的触发器名称，触发器在当前数据库中必须具有唯一的名称。如果要在某个特定数据库中创建，名称前面应该加上数据库的名称。

- INSERT | UPDATE | DELETE：指触发事件，用于指定激活触发器的语句的种类。

注意：以上 3 种触发器的执行时间如下：

① INSERT：将新行插入表时激活触发器。例如，INSERT 的 BEFORE 触发器不仅能被 MySQL 的 INSERT 语句激活，也能被 LOAD DATA 语句激活。

② DELETE：从表中删除某一行数据时激活触发器，例如 DELETE 和 REPLACE 语句。

③ UPDATE：更改表中某一行数据时激活触发器，例如 UPDATE 语句。

- BEFORE | AFTER：指触发器被触发的时刻，表示触发器是在执行激活它的语句之前或之后触发。若希望验证新数据是否满足条件，则使用 BEFORE 选项；若希望在执行激活触发器的语句之后完成几个或更多的改变，则通常使用 AFTER 选项。

- 表名：指与触发器相关联的表名，此表必须是永久性表，不能将触发器与临时表或视图关联起来。在该表上触发事件发生时才会激活触发器。同一个表不能拥有两个具有相同触发时刻和事件的触发器。例如，对于一个数据表，不能同时有两个 BEFORE UPDATE 触发器，但可以有一个 BEFORE UPDATE 触发器和一个 BEFORE INSERT 触发器，或一个 BEFORE UPDATE 触发器和一个 AFTER UPDATE 触发器。

- 触发器主体：指触发器动作主体，包含激活触发器时将要执行的 MySQL 语句。如果要执行多个语句，可使用 BEGIN…END 复合语句结构。

- FOR EACH ROW：一般是指行级触发，对应于受触发事件影响的每一行都要激活触发器的动作。例如，使用 INSERT 语句向某个表中插入多行数据时，触发器会对每一行数据的插入都执行相应的触发器动作。

注意：每个表都支持 INSERT、UPDATE 和 DELETE 的 BEFORE 与 AFTER，因此每个表最多支持 6 个触发器。每个表的每个事件每次只允许有一个触发器。单一触发器不能与多个事件或多个表关联。

另外，在 MySQL 中，若需要查看数据库中已有的触发器，则可以使用 SHOW TRIGGERS 语句。

为了更好地演示触发器的应用，我们需要在 db_shop 数据库中添加商品信息表(goods)。其表结构如表 7.1 所示，并向商品信息表(goods)添加数据，如表 7.2 所示。

表 7.1　商品信息表(goods)

序号	列名	数据类型	长度	约束	允许空	说明
1	g_ID	Int	4	主键	否	商品 ID
2	g_name	varchar	20		否	商品名称
3	g_price	float	8	0	否	商品单价
4	g_count	int	4	0	否	商品库存
5	g_time	datetime	8		是	最后更改时间

表 7.2　商品信息表(goods)中的数据

g_ID	g_name	g_price	g_count	g_time
1001	计算机基础	35	100	2021-6-6
1002	数据库技术	37	210	2021-6-6
1003	Java 编程教程	46	150	2021-6-6
1004	人工智能导论	53	120	2021-6-6
1005	大数据导论	42	50	2021-6-6

【例 7.8】　使用 SQL 语句创建触发器 trigInsertGoods，当向商品信息表(goods)添加新的商品时，设置当前记录的 g_time 的值为系统日期时间。

创建触发器的 SQL 语句如下：

```
CREATE TRIGGER trigInsertGoods
    BEFORE INSERT
    ON goods
    FOR EACH ROW
    BEGIN
        SET new.g_time = NOW();
    END
```

执行上述语句后，运行结果如图 7.10 所示。

由图 7.10 中可以看出，触发器创建成功。向 goods 表中插入记录的运行结果如图 7.11 所示。

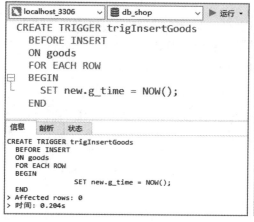

图 7.10　创建触发器 trigInsertGoods

图 7.11　trigInsertGoods 触发器执行结果示例

注意：当触发器中对表本身执行 INSERT 和 UPDATE 操作时，触发器的动作时间只能用 BEFORE 而不能用 AFTER；当触发程序的语句类型是 INSERT 或者 UPDATE 时，在触发器里应直接使用 SET，避免出现 UPDATE SET 重复错误；触发器既不能传入参数也不能有返回值。

7.2.3　查看触发器

查看触发器是指查看数据库中已经存在的触发器的定义、状态和语法信息等。MySQL 中查看触发器的方法包括使用 SHOW TRIGGERS 语句和查询 information_schema 数据库下的 triggers 数据表等。

在 MySQL 中，可以通过 SHOW TRIGGERS 语句来查看触发器的基本信息。其语法格式如下：

SHOW TRIGGERS;

运行结果如图 7.12 所示。

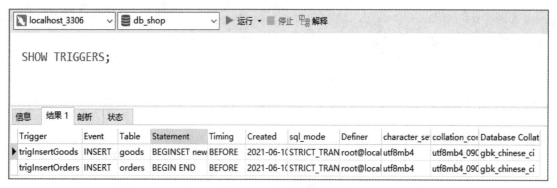

图 7.12　查看触发器

由图 7.12 所示结果可以看到触发器的基本信息。其中：Trigger 表示触发器的名称；Event 表示激活触发器的事件；Table 表示激活触发器的操作对象表；Statement 表示触发器执行的操作；Timing 表示触发器触发的时间；还有一些其他信息，比如触发器的创建时间、SQL 的模式、触发器的定义账户和字符集等。

SHOW TRIGGERS 语句用来查看当前创建的所有触发器的信息。因为该语句无法查询指定的触发器，所以在触发器较少的情况下，使用该语句会很方便。如果要查看特定触发器的信息或者数据库中触发器较多时，可以直接从 information_schema 数据库中的 triggers 数据表中查找。

在 MySQL 中，所有触发器的信息都存在 information_schema 数据库的 triggers 表中，可以通过查询命令 SELECT 来查看。其语法格式如下：

SELECT * FROM information_schema.triggers WHERE TRIGGER_NAME= '触发器名';

其中，触发器名用来指定要查看的触发器的名称，需要用单引号引起来。这种方式可以查询指定的触发器，使用起来更加方便、灵活。

【例 7.9】　使用 SELECT 命令查看 trigInsertGoods 触发器。

具体语句如下：

SELECT * FROM information_schema.triggers

WHERE TRIGGER_NAME= 'trigInsertGoods'

上述命令通过 WHERE 来指定需要查看的触发器的名称，运行结果(部分内容)如图 7.13 所示。

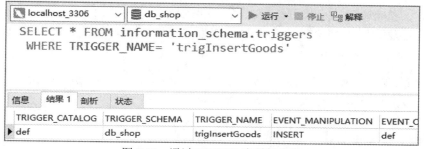

图 7.13　通过 WHERE 查看触发器

由图 7.13 所示运行结果可以看到触发器的详细信息。对显示信息的说明如下:

· TRIGGER_SCHEMA 表示触发器所在的数据库。
· TRIGGER_NAME 表示触发器的名称。
· EVENT_OBJECT_TABLE 表示在哪个数据表上触发。
· ACTION_STATEMENT 表示触发器触发的时候执行的具体操作。
· ACTION_ORIENTATION 的值为 ROW,表示在每条记录上都触发。
· ACTION_TIMING 表示触发的时刻是 AFTER。
· 还有一些其他信息,比如触发器的创建时间、SQL 的模式、触发器的定义账户和字符集等。

上述 SQL 语句也可以不指定触发器名称,这样将查看所有的触发器,SQL 语句如下:

SELECT * FROM information_schema.triggers;

这个语句会显示 triggers 数据表中所有的触发器信息。

7.2.4　删除触发器

在 MySQL 中,使用 DROP TRIGGER 语句可以删除已经定义的触发器。其语法格式如下:

DROP TRIGGER [IF EXISTS] [数据库名] <触发器名>;

其中:触发器名是要删除的触发器名称;数据库名是可选项,指定触发器所在的数据库的名称,若没有指定,则为当前默认的数据库;IF EXISTS 是可选项,避免在没有触发器的情况下删除触发器。

注意:删除一个表的同时,也会自动删除该表上的触发器。另外,触发器不能更新或覆盖,为了修改一个触发器,必须先删除它,再重新创建。

【例 7.10】　使用 SQL 语句删除名称为 trigInsertGoods 的触发器。

具体语句如下:

DROP TRIGGER trigInsertGoods;

7.2.5　使用图形化工具管理触发器

使用 Navicat for MySQL 可以非常方便地查看和管理触发器,具体操作如下:

(1) 使用 Navicat 连接数据库后,双击(打开)需要操作的数据库。

(2) 选中需要管理触发器的表,单击“设计表”选项,然后选择“触发器”选项卡,可看到针对该表的所有触发器列表，如图 7.14 所示。该界面可以实现添加触发器、插入触发器和删除触发器等功能。单击(选择)某个触发器，可以在下方的"定义"编辑区查看、更新和修改触发器执行的 SQL 语句，最后点击"保存"按钮即可。

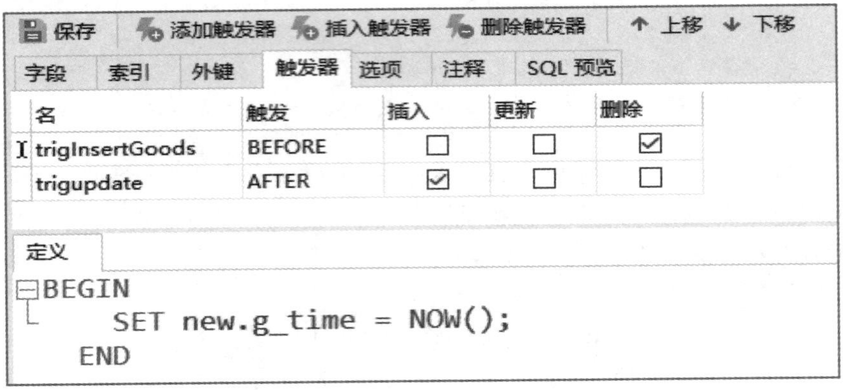

图 7.14　Navicat 管理触发器

任务 7.3　使用事件实现自动任务

【任务描述】　数据库管理是一项重要且烦琐的工作，许多日常管理任务往往被频繁地、周期性地执行，例如定期维护索引、定时刷新数据、定时关闭账户、定时打开或关闭数据库等操作，实际应用中，数据库管理员会定义事件对象以自动化完成这些任务。本任务将详细介绍 MySQL 中事件的创建、维护和管理等。

7.3.1　事件概述

事件(event)是在 MySQL 5.1.x 版本之后引入的新特性。事件是在特定时刻调用的数据库对象。一个事件可被调用一次，也可周期性地被调用，它由一个特定的线程来管理，也就是"事件调度器"。

事件和触发器类似，都是在发生某些事情的时候启动。当数据库启动一条语句的时候，触发器就被启动了，而事件是根据调度事件来启动的。由于它们具有相似性，所以事件也称为临时性触发器。事件取代了原先只能由操作系统的计划任务来执行的工作，而且 MySQL 的事件调度器可以精确到每秒钟执行一个任务，而操作系统的计划任务(如 Linux 下的 CRON 或 Windows 下的任务计划)只能精确到每分钟执行一次。因此在实时性要求较高的应用(如股票、期货等)中广泛使用事件。

事件调度器是 MySQL 数据库服务器的一部分，负责事件的调度，它不断监视某个事件是否需要被调用。在创建事件前，必须先打开事件调度器。MySQL 中的全局变量 @@GLOBAL.EVENT_SCHEDULER 用于监控事件调度器是否开启。

【例 7.11】　使用 SQL 语句查看 MySQL 服务器事件调度器的状态。

具体语句如下：

```
SHOW VARIABLES LIKE '%event_scheduler%';
```

运行结果如图 7.15 所示。

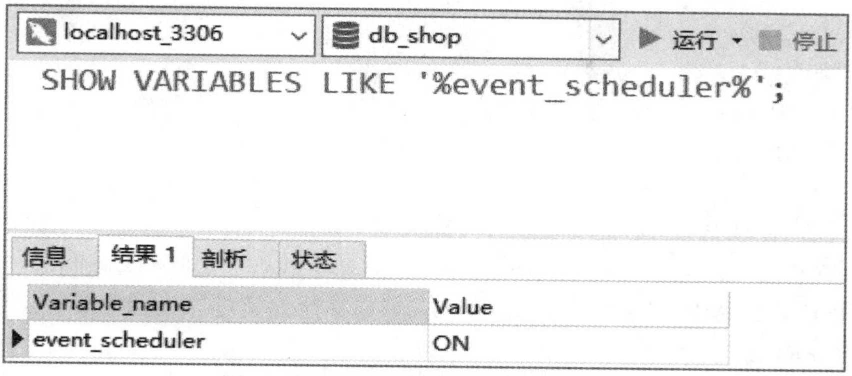

图 7.15 查看服务器事件调度器的状态

从图 7.15 所示结果可以看出，事件调度器当前处于打开状态。

【例 7.12】 使用 SQL 语句打开和关闭 MySQL 服务器事件调度器。

具体语句如下：

```
#打开 MySQL 服务器事件调度器
SET GLOBAL event_scheduler = ON;
SET @@global.event_scheduler = ON;
SET GLOBAL event_scheduler = 1;
SET @@global.event_scheduler = 1;
# 关闭 MySQL 服务器事件调度器
SET GLOBAL event_scheduler = OFF;
SET @@global.event_scheduler = OFF;
SET GLOBAL event_scheduler = 0;
SET @@global.event_scheduler = 0;
```

其中值"1"和"ON"表示开启，"0"和"OFF"表示关闭。

当重启服务器时，事件调度器的状态会恢复到默认值。若要想永久改变事件调度器的状态，可以修改 my.ini 文件，并在[mysqld]部分添加如下内容，然后重启 MySQL。

```
EVENT SCHEDULER =1
```

7.3.2 创建事件

在 MySQL 中，要完成自动化作业就需要创建事件。每个事件由事件调度(event schedule)和事件动作(event action)两个主要部分组成,其中事件调度表示事件何时启动以及按什么频率启动，事件动作表示启动事件时执行的代码。

创建事件由 CREATE EVENT 语句完成。其语法格式如下：

```
CREATE EVENT [IF NOT EXISTS] event_name
    ON SCHEDULE schedule
    [ON COMPLETION [NOT] PRESERVE]
    [ENABLE | DISABLE | DISABLE ON SLAVE]
```

```
[COMMENT 'comment']
DO event_body;
```

语法说明如下：

- IF NOT EXISTS：只有在同名 event 不存在时才创建，否则忽略。不建议使用，以保证 event 创建成功。

- event_name：表示事件的名称。

- ON SCHEDULE：定义执行的时间和时间间隔。

- ON COMPLETION [NOT] PRESERVE：默认在执行完之后自动删除。如果想保留该事件使用 ON COMPLETION PRESERVE；如果不想保留可以设置 ON COMPLETION [NOT] PRESERVE。

- ENABLE | DISABLE | DISABLE ON SLAVE：用于设置启用或者禁止该事件，其中 ENABLE 表示系统执行这个事件，DISABLE 表示系统不执行该事件。在主从环境下的 event 操作中，若自动同步主服务器上创建事件的语句，则会自动加上 DISABLE ON SLAVE。

- COMMENT：表示增加注释。

- DO 子句名：用于指定执行事件的动作。可以是一条 SQL 语句，也可以是一个简单的 INSERT 或者 UPDATE 语句，还可以是一个存储过程或者 BEGIN…END 语句块。

schedule 的取值如下：

```
schedule：
AT timestamp [+ INTERVAL interval] …   | EVERY interval
    [STARTS timestamp [+ INTERVAL interval] …]
    [ENDS timestamp [+ INTERVAL interval] …]
```

参数说明如下：

- AT timestamp：一般只执行 1 次，使用时可以使用当前时间加上延后的一段时间，例如：AT CURRENT_TIMESTAMP + INTERVAL 1 HOUR。也可以定义一个时间常量，例如：AT '2021-06-10 13:59:00'。

- EVERY interval：一般用于周期性执行。

- STARTS：表示可以设定的开始时间。

- ENDS：表示可以设定的结束时间。

interval 的取值如下：

```
interval：
    quantity {YEAR | QUARTER | MONTH | DAY | HOUR | MINUTE |
        WEEK | SECOND | YEAR_MONTH | DAY_HOUR | DAY_MINUTE |
        DAY_SECOND | HOUR_MINUTE | HOUR_SECOND | MINUTE_SECOND}
```

【例 7.13】使用 SQL 语句创建名为 event_goodsbak 的即时事件，将商品信息表(goods)中的所有商品插入商品历史表(goods_story)中。

创建事件使用的 SQL 语句如下：

```
CREATE EVENT event_goodsbak
    ON SCHEDULE
    AT NOW()
```

```
                DO
                CREATE TABLE goods_story SELECT * FROM goods;
```
其中 AT NOW()表示该事件为创建时立即执行。

执行上述语句，事件立即执行。使用 SELECT 语句，查看 goods_story 表中的内容，结果如图 7.16 所示。

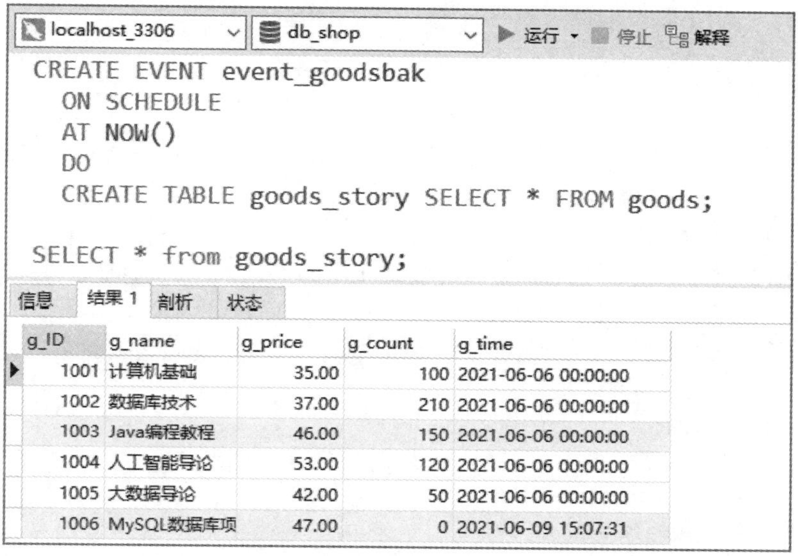

图 7.16　查看执行事件后的结果

从图 7.16 所示运行结果可以看出，goods 表中的所有信息都插入到了 goods_story 表中。事件被执行完后会释放，如立即执行事件，执行完后，便自动删除事件，多次调用事件或等待执行事件才可以查看到。

【例 7.14】 使用 SQL 语句创建名为 event_callprogoods 的事件，每周一次调用存储过程 pro_reIndex_goods，该存储过程的作用为重建表 goods 上的索引 ix_goods。

重建表上索引常用的方式是先删除建立在该表上的索引，并重新创建该索引，创建存储过程 pro_reIndex_goods 的语句如下：

```
        CREATE PROCEDURE pro_reIndex_goods()
        BEGIN
            IF EXISTS(SELECT * FROM information_schema.statistics
                    WHERE table_schema='db_shop'
                    AND table_name = 'goods'
                    AND index_name = 'ix_goods')
            THEN
                DROP INDEX ix_goods ON goods;
            END IF;
            CREATE INDEX ix_goods ON goods(g_name);
        END;
```
调用存储过程 pro_reIndex_goods 的事件代码如下：

```
CREATE EVENT event_reindex_goods
    ON SCHEDULE
    EVERY 1 WEEK
    DO
    CALL pro_reIndex_goods;
```

其中，EVERY 1 WEEK 表示每周执行一次。

7.3.3　查看事件

在 MySQL 中，重复事件对象可以使用 SHOW EVENTS 语句查看事件信息，其语法格式如下：

　　　SHOW EVENTS;

【例 7.15】　使用 SQL 语句查看当前数据库中的事件。

具体语句和运行结果如图 7.17 所示。

图 7.17　查看事件

图 7.17 中只是截取了部分内容，可以看出该事件所在数据库的名称、事件名称、创建者、类型、开始时间、结束时间、启用状态等。

要查看事件的创建信息，语法如下：

　　　SHOW CREATE EVENT event_name;

【例 7.16】　使用 SQL 语句查看事件 event_reindex_goods 的创建信息。

具体语句和运行结果如图 7.18 所示。

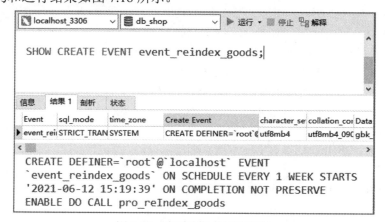

图 7.18　查看事件的创建信息

7.3.4　修 改 事 件

当事件的功能和属性发生变化时，可以使用 ALTER EVENT 语句来修改事件，如禁用事件、启用事件、更改事件的执行频率等。请注意，ALTER EVENT 语句仅应用于修改现有事件。如果尝试修改不存在的事件，MySQL 将发出一个错误消息，因此，应该先使用 SHOW EVENTS 语句来检查事件是否存在，然后再修改它。

修改事件的基本语法格式如下：

```
ALTER    EVENT    event_name
[ON SCHEDULE schedule]
[ON COMPLETION [NOT] PRESERVE]
[RENAME TO new_event_name]
[ENABLE | DISABLE | DISABLE ON SLAVE]
[COMMENT 'comment']
[DO event_body]
```

其中，event_name 表示修改事件的名称，其他参数与创建事件的参数相同。

【例 7.17】　使用 SQL 语句禁用和启用名为 event_reindex_goods 的事件。

具体语句如下：

```
# 禁用事件
ALTER EVENT event_reindex_goods DISABLE;
# 启用事件
ALTER EVENT event_reindex_goods    ENABLE;
```

【例 7.18】　使用 SQL 语句修改事件 event_reindex_goods 的执行频率，改为每 10 天执行一次，开始时间为 2021 年 6 月 10 日凌晨 0 点，结束时间为 2025 年 12 月 31 日中午 12 点。

具体语句如下：

```
ALTER EVENT event_reindex_goods
   ON SCHEDULE EVERY 10 DAY
   STARTS '2021-6-10 00:00:00'
   ENDS '2025-12-31 12:00:00';
```

7.3.5　删 除 事 件

当事件不再被需要时，使用 DROP EVENT 语句删除事件。其语法格式如下：

```
DROP EVENT [IF EXISTS][database_name.] event_name;
```

其中，database_name 为事件所在的数据名称，event_name 为待删除的事件对象名称。

【例 7.19】　使用 SQL 语句删除名为 event_reindex_goods 的事件。

具体语句和运行结果如图 7.19 所示。

图 7.19　删除事件

课　后　练　习

一、选择题

1. 存储过程的程序中选择语句有(　　　　)。

A. IF　　　　　　　　　　　　　　　B. WHILE

C. SELECT　　　　　　　　　　　　D. SWITCH

2. MySQL 中使用(　　　　)来调用存储过程。

A. EXEC　　　　　　　　　　　　　B. CALL

C. EXECUTE　　　　　　　　　　　D. CREATE

3. 禁用事件的关键字是(　　　　)。

A. ENABLE　　　　　　　　　　　　B. DISABLE

C. SLAVE　　　　　　　　　　　　 D. DISABLE ONSLAVE

4. 一般激活触发器的事件包括 INSERT、UPDATE 和(　　　　)事件。

A. CREATE　　　　　　　　　　　　B. ALTER

C. DROP　　　　　　　　　　　　　D. DELETE

5. 下列说法中错误的是(　　　　)。

A. 常用触发器有 insert、update、delete 等 3 种

B. 对于同一个数据表,可以同时有两个 BEFORE UPDATE 触发器

C. NEW 表在 INSERT 触发器中用来访问被插入的行

D. OLD 表中的值只读不能被更新

二、填空题

1. 创建存储过程的语法格式为 _____。

2. 创建存储函数的语法格式为 _____。

3. 调用存储过程和函数的关键字分别为 _____ 和_____。

4. 变量可以分为 3 类,分别为 _____、_____ 和_____。

5. 定义、打开、使用和关闭游标的 4 个关键字分别为 _____、_____、

_____和_____。

6. MySQL 支持的流程控制语句包括：_____、_____、_____、
_____、_____和_____等。

7. 查看存储过程和函数状态的语法格式为 _____。

8. 修改存储过程和函数的语法格式为 _____。

9. 删除存储过程和函数的语法格式为 _____。

10. 创建触发器的语法格式为 _____。

11. 触发器可以根据其执行时机分为 _____和_____。

12. 触发器可以根据触发事件分为 _____、_____和_____。

13. 查看触发器基本信息的语法格式为 _____。

项目八

管理数据库安全性

随着信息化、网络化水平的不断提升，数据信息的安全性越来越受到重视，而大量的重要数据往往都存放在数据库系统中。如何保护数据库，有效防范泄露和篡改信息成为一个重要的安全保障目标。

MySQL 提供了用户认证、授权、事务和锁等来实现和维护数据的安全，以避免用户恶意攻击或者越权访问数据库中的数据对象，并能根据不同用户分配其在数据库中的权限。本项目详细介绍了 MySQL 中用户、权限、授权、事务和锁在数据库应用系统开发中的作用，并通过实例进行阐述。

学习目标

(1) 掌握在数据库中创建和管理用户。
(2) 掌握在数据库中对权限的授予、查看和收回操作。
(3) 了解事务的基本原理，会使用事务控制程序。
(4) 了解事务的隔离级别和锁机制。

任务 8.1　管理用户

【任务描述】MySQL 是一个多用户数据库管理系统，具有功能强大的访问控制系统。本任务详细介绍对 MySQL 数据库实现用户管理，以防止不合法的使用所造成的数据泄露、更改和破坏数据库。

8.1.1　详解 MySQL user 权限表

数据库的安全性，是指只允许合法用户进行其权限范围内的数据库相关操作，从而保护数据库以防止任何不合法的使用所造成的数据泄露、更改或破坏。数据库安全性措施主要涉及用户认证和访问权限两个方面。

　　MySQL 用户主要包括 root 用户和普通用户。root 用户是超级管理员,拥有操作 MySQL 数据库的所有权限。如 root 用户的权限包括创建用户、删除用户和修改普通用户的密码等管理权限,而普通用户仅拥有创建该用户时赋予它的权限。

　　在安装 MySQL 时,会自动安装名为 mysql 的数据库,该数据库中包含了 5 个用于管理 MySQL 中权限的表,分别是 user 表、db 表、table_priv 表、columns_priv 表和 procs_priv 表。其中 user 表是顶层的, 是全局的权限, db 表是数据库层级的权限, table_priv 表是表层级权限, columns_priv 表是列层级权限, procs_priv 表则是定义在存储过程上的权限。当 MySQL 服务启动时, 会读取 mysql 数据库中的权限表,并将表中的数据加载到内存,当用户进行数据库访问操作时,MySQL 会根据权限表中的内容对用户作相应的权限控制。

　　user 表是 MySQL 中最重要的一个权限表,用来记录允许连接到服务器的账号信息。需要注意的是, 在 user 表里启用的所有权限都是全局级的,适用于所有数据库。user 表中的字段大致可以分为 4 类, 分别是用户列、权限列、安全列和资源控制列,下面主要介绍这些字段的含义。

1. 用户列

　　用户列存储了用户连接 MySQL 数据库时需要输入的信息。需要注意的是 MySQL 8.0 版本不再使用 Password 作为密码的字段,而改成了 authentication_string。MySQL8.0 版本的用户列如表 8.1 所示。

表 8.1　user 表用户列

字段名	字段类型	是否主键	是否为空	说　　明
Host	char(255)	是	否	登录服务器的主机名
User	char(32)	是	否	登录服务器的用户名
authentication_string	text	否	是	登录服务器的密码

　　用户登录时, 只有表 8.1 所示的 3 个字段同时匹配,MySQL 数据库系统才会允许其登录。创建新用户时,也是设置这 3 个字段的值。修改用户密码时,实际就是修改 user 表的 authentication_string 字段的值。因此, 表 8.1 所示的 3 个字段决定了用户能否登录。

2. 权限列

　　权限列的字段决定了用户的权限,用来描述在全局范围内允许对数据和数据库进行的操作。

　　权限大致分为两大类,分别是高级管理权限和普通权限。

　　(1) 高级管理权限主要用于对数据库进行管理,例如关闭服务的权限、超级权限和加载用户等。

　　(2) 普通权限主要用于操作数据库,例如查询权限、修改权限等。

　　user 表的权限列包括 Select_priv、Insert_priv 等以 priv 结尾的字段,这些字段值的数据类型为 enum,可取的值只有 Y 和 N;Y 表示该用户拥有对应的权限,N 表示该用户没有对应的权限。从安全角度考虑,这些字段的默认值都为 N。MySQL8.0 版本的权限列如表 8.2 所示。

表 8.2　user 表权限列

字段名	字段类型	是否为空	默认值	说 明
Select_priv	enum('N', 'Y')	NO	N	是否可以通过 SELECT 命令查询数据
Insert_priv	enum('N', 'Y')	NO	N	是否可以通过 INSERT 命令插入数据
Update_priv	enum('N', 'Y')	NO	N	是否可以通过 UPDATE 命令修改现有数据
Delete_priv	enum('N', 'Y')	NO	N	是否可以通过 DELETE 命令删除现有数据
Create_priv	enum('N', 'Y')	NO	N	是否可以创建新的数据库和表
Drop_priv	enum('N', 'Y')	NO	N	是否可以删除现有数据库和表
Reload_priv	enum('N', 'Y')	NO	N	是否可以执行刷新和重新加载 MySQL 所用的各种内部缓存的特定命令，包括日志、权限、主机、查询和表
Shutdown_priv	enum('N', 'Y')	NO	N	是否可以关闭 MySQL 服务器。将此权限提供给 root 账户之外的任何用户时，都应当非常谨慎
Process_priv	enum('N', 'Y')	NO	N	是否可以通过 SHOW PROCESSLIST 命令查看其他用户的进程
File_priv	enum('N', 'Y')	NO	N	是否可以执行 SELECT INTO OUTFILE 和 LOAD DATA INFILE 命令
Grant_priv	enum('N', 'Y')	NO	N	是否可以将自己的权限再授予其他用户
References_priv	enum('N', 'Y')	NO	N	是否可以创建外键约束
Index_priv	enum('N', 'Y')	NO	N	是否可以对索引进行增删查
Alter_priv	enum('N', 'Y')	NO	N	是否可以重命名和修改表结构
Show_db_priv	enum('N', 'Y')	NO	N	是否可以查看服务器上所有数据库的名字，包括用户具有足够访问权限的数据库
Super_priv	enum('N', 'Y')	NO	N	是否可以执行某些强大的管理功能，例如通过 KILL 命令删除用户进程；使用 SET GLOBAL 命令修改全局 MySQL 变量，执行关于复制和日志的各种命令(超级权限)
Create_tmp_table_priv	enum('N', 'Y')	NO	N	是否可以创建临时表
Lock_tables_priv	enum('N', 'Y')	NO	N	是否可以使用 LOCK TABLES 命令阻止对表的访问/修改
Execute_priv	enum('N', 'Y')	NO	N	是否可以执行存储过程

续表

字段名	字段类型	是否为空	默认值	说　明
Repl_slave_priv	enum('N', 'Y')	NO	N	是否可以读取用于维护复制数据库环境的二进制日志文件
Repl_client_priv	enum('N', 'Y')	NO	N	是否可以确定复制从服务器和主服务器的位置
Create_view_priv	enum('N', 'Y')	NO	N	是否可以创建视图
Show_view_priv	enum('N', 'Y')	NO	N	是否可以查看视图
Create_routine_priv	enum('N', 'Y')	NO	N	是否可以更改或放弃存储过程和函数
Alter_routine_priv	enum('N', 'Y')	NO	N	是否可以修改或删除存储函数及函数
Create_user_priv	enum('N', 'Y')	NO	N	是否可以执行 CREATE USER 命令,这个命令用于创建新的 MySQL 账户
Event_priv	enum('N', 'Y')	NO	N	是否可以创建、修改和删除事件
Trigger_priv	enum('N', 'Y')	NO	N	是否可以创建和删除触发器
Create_tablespace_priv	enum('N', 'Y')	NO	N	是否可以创建表空间

如果要修改权限,可以使用 GRANT 语句为用户赋予一些权限,也可以通过 UPDATE 语句更新 user 表的方式来设置权限。

3. 安全列

安全列主要用来判断用户是否能够登录成功,user 表中的安全列如表 8.3 所示。

表 8.3　user 表安全列

字段名	字段类型	是否为空	默认值	说　明
ssl_type	enum(' ', 'ANY', 'X509', 'SPECIFIED')	NO	—	支持 ssl 标准加密安全字段
ssl_cipher	blob	NO	—	支持 ssl 标准加密安全字段
x509_issuer	blob	NO	—	支持 x509 标准字段
x509_subject	blob	NO	—	支持 x509 标准字段
plugin	char(64)	NO	'caching_sha2_password'	引入 plugins 以进行用户连接时的密码验证,plugin 创建外部/代理用户
password_expired	enum('N', 'Y')	NO	N	密码是否过期(N 未过期,Y 已过期)
password_last_changed	timestamp	YES	—	记录密码最近修改的时间
password_lifetime	smallint(5) unsigned	YES	—	设置密码的有效时间,单位为天数
account_locked	enum('N', 'Y')	NO	N	用户是否被锁定(Y 锁定,N 未锁定)

注意：即使 password_expired 为 "Y"，用户也可以使用密码登录 MySQL，但是不允许做任何操作。

通常标准的发行版不支持 ssl，读者可以使用 SHOW VARIABLES LIKE "have_openssl" 语句来查看是否具有 ssl 功能。如果 have_openssl 的值为 DISABLED，则不支持 ssl 加密功能。

4. 资源控制列

资源控制列的字段用来限制用户使用的资源，user 表中的资源控制列如表 8.4 所示。

表 8.4 User 表的资源控制列

字段名	字段类型	是否为空	默认值	说　明
max_questions	int(11) unsigned	NO	0	规定允许每小时执行查询的操作次数
max_updates	int(11) unsigned	NO	0	规定允许每小时执行更新的操作次数
max_connections	int(11) unsigned	NO	0	规定允许每小时执行的连接操作次数
max_user_connections	int(11) unsigned	NO	0	规定允许同时建立的连接次数

以上字段的默认值为 0，表示没有限制。一个小时内用户查询或者连接数量超过资源控制限制，用户将被锁定，直到下一个小时才可以再次执行对应的操作。可以使用 GRANT 语句更新这些字段的值。

在 MySQL 数据库中，权限表除了 user 表外，还有 db 表、tables_priv 表、columns_priv 表和 procs_priv 表。这些表的具体内容读者可以参考网络等其他资料，这里就不详细介绍了。

8.1.2 创 建 用 户

MySQL 在安装时，会默认创建一个名为 root 的用户，该用户拥有超级权限，可以控制整个 MySQL 服务器。

在对 MySQL 的日常管理和操作中，为了避免有人恶意使用 root 用户控制数据库，通常创建一些具有适当权限的用户，尽可能不用或少用 root 用户登录系统，以此来确保数据的安全访问。

在进行用户账户管理前，可以通过 SELECT 语句查看 mysql.user 表，查看当前 MySQL 服务器中有哪些用户。查询使用的 SQL 语句和运行结果如图 8.1 所示。

从图 8.1 所示查询结果看到，当前服务器中有 4 个用户，其中 host 值为 "localhost" 表示允许从本机登录，密码都是经过加密后信息。

图 8.1　查看 MySQL 中的用户信息

MySQL 8.0 之前的版本提供了 3 种方法创建用户，到了 8.0 版本之后，创建用户跟权限必须分开操作，于是取消了用 GRANT 语句创建用户的方式。MySQL 8.0 提供了以下两种方法创建用户：

(1) 使用 CREATE USER 语句创建用户。

(2) 使用 INSERT 语句新建用户。

1. 使用 CREATE USER 语句创建用户

可以使用 CREATE USER 语句来创建 MySQL 用户，并设置相应的密码。其基本语法格式如下：

```
CREATE USER <用户> [ IDENTIFIED BY    'password' ]
[, 用户   [ IDENTIFIED BY    'password' ] ];
```

语法说明如下：

· 用户：指定创建用户账号，格式为 user_name'@'host_name。这里的 user_name 是用户名，host_name 为主机名，即用户连接 MySQL 时所用主机的名字。如果在创建的过程中，只给出了用户名而没指定主机名，那么主机名默认为 "%"，表示一组主机，即对所有主机开放权限。

· IDENTIFIED BY 子句：用于指定用户密码。新用户可以没有初始密码，若该用户不设密码，可省略此子句。

· 'password' 表示用户登录时使用的密码，需要用单引号括起来。

使用 CREATE USER 语句时应注意以下几点：

(1) CREATE USER 语句可以不指定初始密码。从安全的角度来说，不推荐这种做法。

(2) 使用 CREATE USER 语句必须具有 mysql 数据库的 INSERT 权限或全局 CREATE USER 权限。

(3) 使用 CREATE USER 语句创建一个用户后，MySQL 会在 mysql 数据库的 user 表中添加一条新记录。

(4) CREATE USER 语句可以同时创建多个用户，多个用户用逗号隔开。

(5) 新创建的用户的权限很少，它们只能执行不需要权限的操作。如登录 MySQL、使用 SHOW 语句查询所有存储引擎和字符集的列表等。如果两个用户的用户名相同，但主机名不同，MySQL 会将它们视为两个用户，并允许为这两个用户分配不同的权限集合。

【例 8.1】使用 SQL 语句创建名为 user1 的用户，密码为 user1111，其主机名为 localhost。

创建 user1 的 SQL 语句如下：

　　　　CREATE USER 'user1'@'localhost' IDENTIFIED BY 'user1111';

执行上述语句后，可能会出现如图 8.2 所示的结果。

图 8.2　MySQL 密码策略问题

从图 8.2 所示可以看出，创建用户没有成功，出现了密码策略问题异常信息。怎样来处理这个问题呢？我们可以通过输入语句"SHOW VARIABLES LIKE 'validate_password%';"查看 mysql 初始的密码策略，如图 8.3 所示。

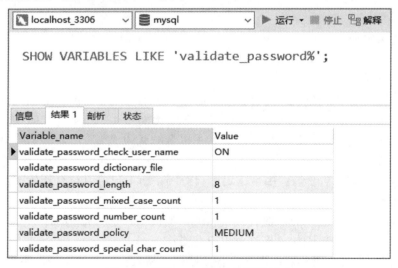

图 8.3　查看 mysql 初始的密码策略

需要设置密码的验证强度等级，设置 validate_password_policy 的全局参数为 LOW 即可，其语句如下：

　　　　SET GLOBAL validate_password_policy=LOW;

当前密码长度为 8，如果不介意的话就不用修改了，通常将密码设置为 6 位，设置 validate_password_length 的全局参数为 6 即可，其语句如下：

　　　　SET GLOBAL validate_password_length=6;

　　mysql 初始的密码策略修改完以后，再运行例 8.1 的语句，就可以成功创建用户，如图 8.4 所示。

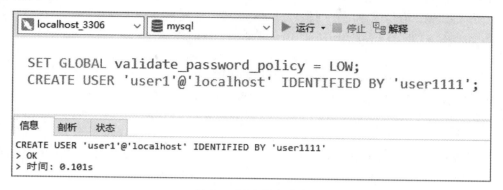

图 8.4　创建用户成功

　　【例 8.2】　使用 SQL 语句创建名为 user2 和 user3 的用户，密码分别为 user2222 和 user3333，其中 user2 可以从本地主机登录，user3 可以从任意主机登录。

　　创建 user2 和 user3 用户的 SQL 语句如下：

```
CREATE USER 'user2'@'localhost' IDENTIFIED BY 'user2222',
             'user3' IDENTIFIED BY 'user3333';
```

　　执行上述语句后，可以通过 SELECT 语句验证用户创建是否成功，查询结果如图 8.5 所示。

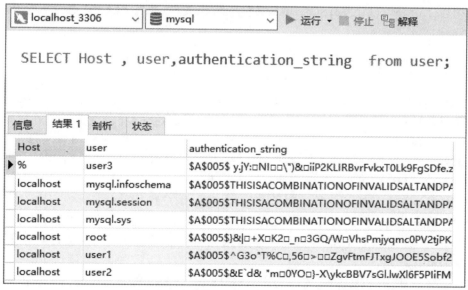

图 8.5　查看 CREATE USER 新建用户

2. 使用 INSERT 语句新建用户

　　在 MySQL 中创建用户，其实质是向系统自带的 MySQL 数据库的 user 表中添加新的记录，因此在创建新用户时，可以直接使用 INSERT 语句，向 mysql.user 表中添加新记录，即可添加新用户。

使用 INSERT 语句将用户的信息添加到 mysql.user 表中，必须拥有对 mysql.user 表的 INSERT 权限。通常 INSERT 语句只添加 Host、User 和 authentication_string 这 3 个字段的值。使用 INSERT 语句创建用户的代码如下：

```
INSERT INTO mysql.user(Host, User,  authentication_string,
            ssl_cipher, x509_issuer, x509_subject)
    VALUES ('hostname', 'username', 'password', ' ', ' ', ' ');
```

由于 mysql 数据库的 user 表中，ssl_cipher、x509_issuer 和 x509_subject 这 3 个字段没有默认值，所以向 user 表插入新记录时，一定要设置这 3 个字段的值，否则 INSERT 语句将不能被执行。

【例 8.3】 使用 SQL 语句创建名为 user4 的用户，主机的 IP 地址为 127.0.0.1，密码为 user4444。

具体语句如下：

```
INSERT INTO mysql.user(Host, User, authentication_string,
    ssl_cipher, x509_issuer, x509_subject)
    VALUES ('127.0.0.1', 'user4', 'user4444', ' ', ' ', ' ' );
```

执行上述语句后，添加用户 user4 成功，且登录主机 IP 地址限制为"127.0.0.1"。

使用 INSERT 语句新建新用户成功后，如果这时通过该账户登录 MySQL 服务器，不会登录成功，因为 user4 用户还没有生效。可以使用 FLUSH 命令让用户生效，命令如下：

```
FLUSH PRIVILEGES;
```

使用以上命令可以让 MySQL 刷新系统权限相关表。执行 FLUSH 命令需要 RELOAD 权限。

8.1.3　修改用户名称

在 MySQL 中，我们可以使用 RENAME USER 语句修改一个或多个已经存在的用户账号。其语法格式如下：

```
RENAME USER <旧用户> TO <新用户>;
```

其中：旧用户表示系统中已经存在的 MySQL 用户账号；新用户表示新的 MySQL 用户账号。

使用 RENAME USER 语句时应注意以下几点：

(1) RENAME USER 语句用于对原有的 MySQL 用户进行重命名。

(2) 若系统中旧账户不存在或者新账户已存在，执行该语句时会出现错误。

(3) 使用 RENAME USER 语句，必须拥有 mysql 数据库的 UPDATE 权限或全局 CREATE USER 权限。

【例 8.4】 使用 SQL 语句修改用户 USER1 和 USER2 的名称分别为 xsc 和 Jack，且 xsc 可以从任意主机登录。

具体语句如下：

```
RENAME USER 'user1'@'localhost' TO 'xsc'@'%',
    'user2'@'localhost' TO 'Jack'@'localhost';
```

执行上述语句后，使用 SELECT 语句查询 mysql.user 表，其结果如图 8.6 所示。

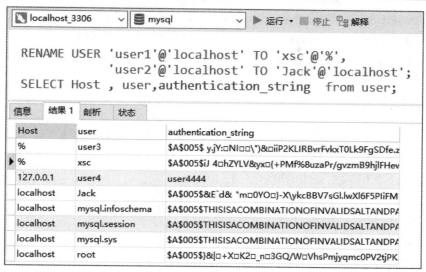

图 8.6　修改用户名称

8.1.4　修改用户密码

用户密码是正确登录 MySQL 服务器的凭证，为保证数据库的安全性，用户需要经常修改密码，以防止密码泄露。

MySQL 修改用户密码的语法格式如下：

　　　　UPDATE MySQL.user SET authentication_string = MD5('newpassword')

　　　　WHERE User = 'username' AND Hos t= 'hostname';

其中：username 表示(需要修改的用户的)用户名；hostname 表示(需要修改的用户的)主机名；MD5 是对密码进行加密。

执行 UPDATE 语句后，需要执行 FLUSH PRIVILEGES 语句，重新加载用户权限。

【例 8.5】 使用 SQL 语句修改当前 root 用户密码为 12345678，并对密码加密。

具体语句如下：

　　　　UPDATE mysql.user SET authentication_string = MD5('12345678')

　　　　WHERE User = 'root' AND Host = 'localhost';

执行上述语句后，执行下面语句让用户密码生效：

　　　　FLUSH PRIVILEGES;

8.1.5　删除用户

在 MySQL 数据库中，可以使用 DROP USER 语句删除用户，也可以直接在 mysql.user 表中删除用户以及相关权限。

1. 使用 DROP USER 语句删除普通用户

使用 DROP USER 语句删除用户的语法格式如下：

　　　　DROP USER <用户 1> [，<用户 2>]…

其中，用户用来指定需要删除的用户账号。

使用 DROP USER 语句应注意以下几点：

(1) DROP USER 语句可用于删除一个或多个用户，并撤销其权限。

(2) 使用 DROP USER 语句必须拥有 mysql 数据库的 DELETE 权限或全局 CREATE USER 权限。

(3) 在 DROP USER 语句的使用中，若没有明确给出账户的主机名，则默认该主机名为"%"。

注意：删除用户不会影响之前所创建的表、索引或其他数据库对象，因为 MySQL 并不会记录是谁创建了这些对象。

【例 8.6】 使用 SQL 语句删除用户 Jack 和 xsc。

具体语句如下：

```
DROP USER 'xsc'@'%', 'Jack'@'localhost';
```

执行上述语句，可以删除用户 Jack 和 xsc。读者也可以通过 SELECT 语句查看是否删除成功。

2. 使用 DELETE 语句删除普通用户

可以使用 DELETE 语句直接删除 mysql.user 表中相应的用户信息，但必须拥有 mysql.user 表的 DELETE 权限。其基本语法格式如下：

```
DELETE FROM mysql.user WHERE Host = 'hostname' AND User = 'username';
```

其中，Host 和 User 这两个字段都是 mysql.user 表的主键。因此，需要两个字段的值才能确定一条记录。

【例 8.7】 使用 DELETE 语句删除用户 'user3'@'%'。

具体语句如下：

```
DELETE FROM mysql.user WHERE Host = '%'AND User='user3';
```

执行上述语句，可以删除用户 user3。读者也可以通过 SELECT 语句查看是否删除成功。

任务8.2　管理权限

【任务描述】 权限是指登录到 MySQL 服务器的用户，能够对数据库对象执行何种操作的规则集合。所有的用户权限都存储在 mysql 数据库的 6 个权限表中，在 MySQL 启动时，服务器会将数据库中的各种权限信息读入内存，以确定用户可进行的操作。本任务就是学习为用户分配合理的权限，以有效保证数据库的安全性，避免不合理的授权给数据库带来的安全隐患。

8.2.1　MySQL 中的权限类型

在 MySQL 数据库中，根据权限的范围，可以将权限分为多个层级。

(1) 全局层级：使用 ON *.*语法赋予权限。

(2) 数据库层级：使用 ON db_name.*语法赋予权限。

(3) 表层级：使用 ON db_name.table_name 语法赋予权限。

（4）列层级：使用 SELECT(col1, col2,…)、INSERT(col1, col2,…)和 UPDATE(col1, col2,…)语法赋予权限。

（5）存储过程、函数级：使用 execute on procedure 或 execute on function 语法赋予权限。

表 8.5 所示为 MySQL 中常用的权限。

表 8.5　MySQL 中常用的权限表

权限名称	对应 user 表中的列	权限的范围
CREATE	Create_priv	数据库、表或索引
DROP	Drop_priv	数据库或表
GRANT OPTION	Grant_priv	数据库、表、存储过程或函数
REFERENCES	References_priv	数据库或表
ALTER	Alter_priv	修改表
DELETE	Delete_priv	删除表
INDEX	Index_priv	用索引查询表
INSERT	Insert_priv	插入表
SELECT	Select_priv	查询表
UPDATE	Update_priv	更新表
CREATE VIEW	Create_view_priv	创建视图
SHOW VIEW	Show_view_priv	查看视图
ALTER ROUTINE	Alter_routine_priv	修改存储过程或存储函数
CREATE ROUTINE	Create_routine_priv	创建存储过程或存储函数
EXECUTE	Execute_priv	执行存储过程或存储函数
FILE	File_priv	加载服务器主机上的文件
CREATE USER	Create_user_priv	创建用户
ALL 或 ALL PRIVILEGES 或 SUPER	Super_priv	所有权限

通过设置权限，不同用户可以拥有不同的权限。拥有 GRANT 权限的用户可以为其他用户设置权限，拥有 REVOKE 权限的用户可以收回自己设置的权限。

8.2.2　查看权限

在 MySQL 中，可以通过查看 mysql.user 表中的数据记录来查看相应的用户权限，也可以使用 SHOW GRANTS 语句查看用户的权限。

在 mysql 数据库下的 user 表中存储着用户的基本权限，可以使用 SELECT 语句来查看，SELECT 语句如下：

```
SELECT * FROM mysql.user  # 全部用户权限查询;
```

或者

```
SELECT * FROM mysql.user WHEREuser = 'username' AND host = 'hostname';
```

\# 单个用户权限查询

要执行上述语句，必须拥有对 user 表的查询权限。

【例 8.8】 使用 SQL 语句查询当前数据库的所有用户权限。

SQL 语句和查询结果如图 8.7 所示。

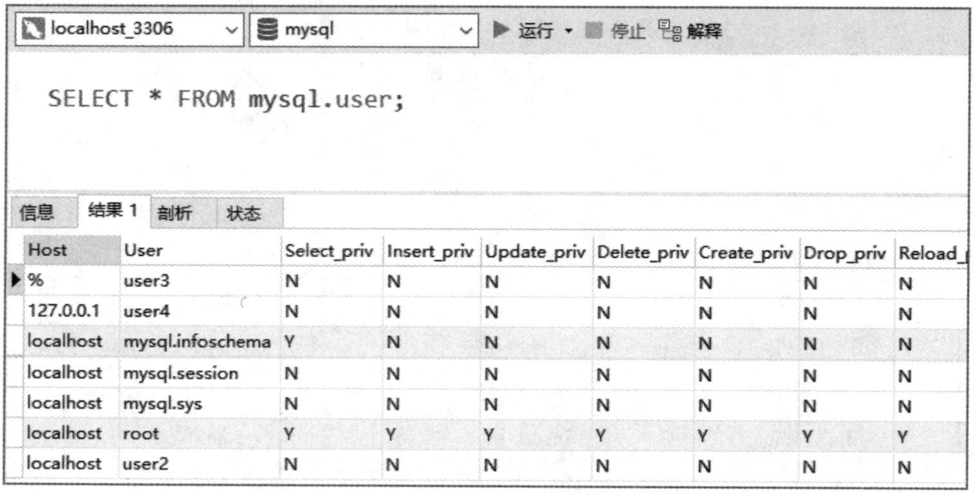

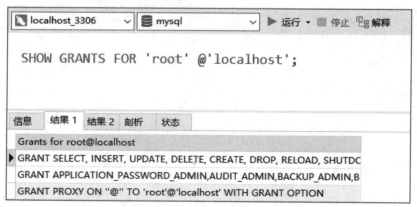

图 8.7　查看所有用户权限

除了使用 SELECT 语句之外，还可以使用 SHOW GRANTS FOR 语句查看权限。其语法格式如下：

　　　　　SHOW GRANTS FOR 'username'@'hostname';

其中，username 表示用户名，hostname 表示主机名或主机 IP。

【例 8.9】 使用 SQL 语句查询当前数据库的 'root'@'localhost' 用户的权限信息。

SQL 语句和运行结果如图 8.8 所示。

图 8.8　查看特定用户权限

8.2.3　授予权限

授权就是为某个用户赋予某些权限，例如，可以为新建的用户赋予查询所有数据库和表的权限。MySQL 提供了 GRANT 语句来为用户设置权限。

在 MySQL 中，拥有 GRANT 权限的用户才可以执行 GRANT 语句。其语法格式如下：

```
GRANT priv_type [(column_list)]
        ON database.table
        TO user
        [WITH with_option [with_option]…]
```

其中：

- priv_type：表示权限类型。
- column_list：表示权限作用于哪些列上，省略该参数时，表示作用于整个表。
- database.table：用于指定权限的级别，即只能在指定的数据库和表上使用权限。
- user：表示用户账户，由用户名和主机名构成，格式是'username'@'hostname'。
- WITH：其后面带有一个或多个 with_option 参数。这个参数有 5 个选项，详细介绍如下：

GRANT OPTION：被授权的用户可以将这些权限赋予别的用户。

MAX_QUERIES_PER_HOUR count：允许每个小时执行 count 次查询。

MAX_UPDATES_PER_HOUR count：允许每个小时执行 count 次更新。

MAX_CONNECTIONS_PER_HOUR count：可以每小时建立 count 个连接。

MAX_USER_CONNECTIONS count：单个用户可以同时具有的 count 个连接。

【例 8.10】　使用 SQL 语句授予用户 user2@localhost 对数据库 db_shop 所有表有 SELECT、INSERT、UPDATE 和 DELETE 的权限，并授予 GRANT 权限。

具体语句如下：

```
GRANT SELECT, INSERT, UPDATE, DELETE
        ON db_shop.*
        TO 'user2'@'localhost'
        WITH GRANT OPTION;
```

执行上述语句，通过 SHOW GRANTS FOR 语句查看用户 user2 的权限，具体语句和查看结果如图 8.9 所示。

图 8.9　查看 user2 的权限

【例 8.11】　使用 SQL 语句授予用户 user2@localhost 对数据库 db_shop 在 goods 表中 g_name、g_Price、g_count 4 列数据有 UPDATE 的权限。

具体语句如下：

```
GRANT UPDATE(g_name, g_Price, g_count)
```

　　　　　　ON　db_shop.goods

　　　　　　TO 'user2'@'localhost';

执行上述语句，并用 SHOW GRANTS 语句查看该用户权限，如图 8.10 所示。

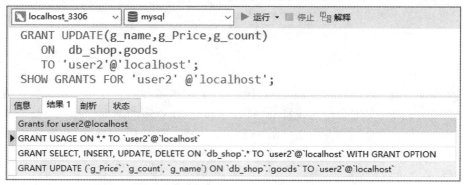

图 8.10　授予用户部分列的权限

【例 8.12】使用 SQL 语句授予用户 user2@localhost 对数据库 db_shop 中名为"spGetgd-Names"存储过程的执行权限。

　　具体语句如下：

　　　　　　GRANT EXECUTE ON PROCEDURE db_shop .spGetgdNames

　　　　　　TO 'user2'@'localhost';

执行上述语句，并用 SHOW GRANTS 语句查看该用户权限，如图 8.11 所示。

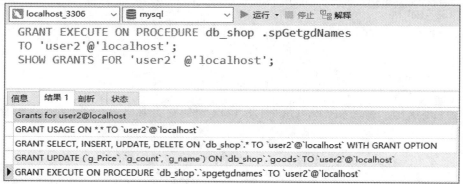

图 8.11　授予用户存储过程的执行权限

8.2.4　收回权限

　　在 MySQL 中，可以使用 REVOKE 语句收回某个用户的某些权限(此用户不会被删除)，这在一定程度上可以保证系统的安全性。例如，如果数据库管理员觉得某个用户不应该拥有 DELETE 权限，那么就可以收回 DELETE 权限。

　　在 MySQL 中，使用 REVOKE 语句可以收回用户的部分或所有权限。REVOKE 语句的语法格式如下：

　　　　　　REVOKE priv_type [(column_list)]…

　　　　　　ON database.table

FROM user [, user]…

REVOKE 语句中的参数与 GRANT 语句的参数意思相同。其中：priv_type 参数表示权限的类型；column_list 参数表示权限作用于哪些列上，没有该参数时作用于整个表上；user 参数由用户名和主机名构成，格式为 username'@'hostname'。

【例 8.13】 使用 SQL 语句收回用户 user2@localhost 对数据库 db_shop 中名为"spGetgdNames"存储过程的执行权限。

具体语句如下：

```
REVOKE EXECUTE ON PROCEDURE   db_shop.spGetgdNames
FROM 'user2'@'localhost';
```

执行完上述语句，并用 SHOW GRANTS 语句查看该用户权限，可以发现用户 user2 没有存储过程 spGetgdNames 的执行权限了。

当要收回用户的所有权限时，只需要在 REVOKE 语句中增加 ALL PRIVILEGES 关键字。其语法格式如下：

```
REVOKE ALL PRIVILEGES, GRANT OPTION FROM user [, user]…
```

删除用户权限需要注意以下两点：

(1) REVOKE 语句和 GRANT 语句的语法格式相似，但具有相反的效果。

(2) 要使用 REVOKE 语句，必须拥有 MySQL 数据库的全局 CREATE USER 权限或 UPDATE 权限。

【例 8.14】 使用 SQL 语句收回用户 user2@localhost 的所有权限。

具体语句如下：

```
REVOKE ALL PRIVILEGES, GRANT OPTION FROM 'user2' @'localhost';
```

执行完上述语句，并用 SHOW GRANTS 语句查看该用户权限，结果如图 8.12 所示。

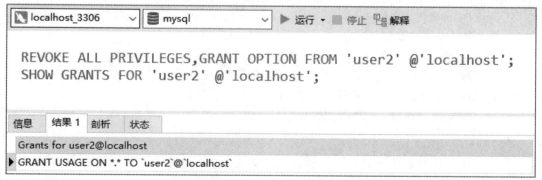

图 8.12　收回用户所有权限

在使用 GRANT 语句授权或者 REVOKE 语句收回权限后，都必须使用 FLUSH PRIVILEGES 语句重新加载权限表，否则可能无法生效。

任务8.3　管理事务和锁

【任务描述】 在通常情况下，每个查询的执行都是相互独立的，不必考虑哪个查询在前，哪个查询在后。在实际应用中，较为复杂的业务逻辑通常都需要执行一组 SQL 语句，且执行这一组语句的数据结果存在一定的关联，语句组的执行要么都执行成功，要么什么都不做。为了控制语句组的执行过程，MySQL 提供事务的机制进行控制。本任务是在 SQL 程序的基础上，详细讨论事务的基本原理和 MySQL 中事务的使用方法。

8.3.1　事务概述

数据库的事务(Transaction)是一种机制、一个操作序列，包含了一组数据库操作命令。事务把所有的命令作为一个整体一起向系统提交或撤销操作请求，即这一组数据库命令要么都执行，要么都不执行，因此事务是一个不可分割的工作逻辑单元。使用事务可以大大提高数据的安全性和执行效率，因为在执行多条 SQL 语句的过程中不需要使用 LOCK 命令锁定整个数据表。MySQL 目前只有 InnoDB 和 BDB 存储引擎支持在数据表上使用事务。

事务是一组有着内在逻辑联系的 SQL 语句。支持事务的数据库系统要么正确执行事务里的所有 SQL 语句，要么把它们当作整体全部放弃，也就是说事务永远不会只完成一部分。从理论上讲，事务有着极其严格的定义，它必须同时满足 4 个特征，即原子性(Atomicity)、一致性(Consistency)、隔离性(Isolation)和持久性(Durability)，俗称为 ACID 标准。

1. 原子性

原子性是指数据库事务是不可分割的操作单位。只有使事务中所有的数据库操作都执行成功，整个事务的执行才算成功。如果事务中有任何一条 SQL 语句执行失败，那么已经执行成功的 SQL 语句都必须撤销，数据库状态退回到执行事务前的状态。

例如，一个用户在 ATM 机上将钱从自己的账户转到另一个账户，在 ATM 机上主要完成如下两步操作：

(1) 从用户账户下把钱划走。

(2) 在另一个账户下增加用户划走的钱。

这两步操作过程应该视为原子操作，要么都做，要么都不做。不能出现用户的钱已经从自己的账户下扣除，但另一个账户下的钱并没有增加的情况。

通过事务，可以保证该操作的原子性。

2. 一致性

一致性是指通过事务将数据库从一种状态变成另一种状态。在事务开始之前和事务结束之后，数据的完整性约束没有被破坏。例如，在表中有一列为姓名，在它之上建立了唯一约束，即在表中姓名不能重复。如果一个事务对表进行修改，但是在事务提交或当事务操作发生回滚后，表中的数据姓名变得非唯一了，那么就破坏了事务的一致性要求。因此，事务是逻辑一致的工作单元，如果事务中某个动作失败了，系统可以自动撤销事务使其返回到初始化的状态。

在 MySQL 中，一致性主要由 MySQL 的日志机制处理，它记录了数据库的所有变化，为事务恢复提供了跟踪记录。如果系统在事务处理中发生错误，MySQL 恢复过程将使用这些日志来发现事务是否已经完全成功执行，是否需要返回。

3. 隔离性

隔离性要求每个读/写事务的对象与其他事务的操作对象能相互分离，即该事务提交前对其他事务都不可见，这通常使用锁来实现。数据库系统中提供一种粒度锁的策略，允许事务仅锁住一个实体对象的子集，以此来提高事务之间的并发度。

4. 持久性

事务一旦提交，其结果就是永久性的，即使发生死机等故障，数据库也能将数据恢复。持久性只能从事务本身的角度来保证结果的永久性，如事务提交后，所有的变化都是永久的，即使当数据库由于崩溃而需要恢复时，也能保证恢复后提交的数据都不会丢失。

事务的 ACID 原则保证了一个事务或者成功提交，或者失败回滚，二者必居其一。因此，它对事务的修改具有可恢复性。即当事务失败时，它对数据的修改都会恢复到该事务执行前的状态。

8.3.2　事务的隔离级别

由于数据库是多线程并发的，所以容易出现多个线程同时开启事务的情况，这样就会出现重复读、脏读或幻读的情况，为了避免这种情况的发生，在 MySQL 中定义了 4 类隔离级别，用来限定事务内外的哪些改变是可见的，哪些是不可见的。低级别的隔离一般支持高级别的并发处理，并具有更低的系统开销。这 4 类隔离级别分别是未提交读(READ UNCOMITTED)、已提交读(READ COMITTED)、可重复读(REPEATABLE READ)和可序列化(SERIALIZABLE)。

1. 未提交读

未提交读隔离级别指读取未提交内容隔离级别，即所有事务都可以看到其他未提交事务的执行结果。该隔离级别很少用于实际应用，因为它的性能不如其他级别好。

2. 已提交读

已提交读隔离级别满足隔离的简单定义，即一个事务只能看见已经提交事务所做的改变。这种情况下，用户可以避免脏读。这种隔离级别支持所有的不可重复读(NONREPEATABLE READ)，因为同一个事务的其他实例在该实例处理期间可能会有新的事务提交，所以同一查询可能返回不同结果。

3. 可重复读

可重复读隔离级别是 MySQL 的默认事务隔离级别。它确保同一个事务的多个实例在并发读取数据时，会看到同样的数据行。

REPEATABLE READ 隔离级别只允许读取已经提交的记录，而且在一个事务两次读取一个记录期间保持一致，但是该事务不要求其他事务可串行化。例如，一个事务可以找到由一个已提交事务更新的记录，但是可能产生幻读问题。幻读指用户读取某一范围的数据行时，另一个事务又在该范围内插入新行，当用户再读取该范围的数据行时，就发现数据改变了。InnoDB 存储引擎通过多版本并发控制机制解决了该问题。

4. 可序列化

可序列化隔离级别是最高的隔离级别。它通过强制事务排序，使之不可能相互冲突，从而解决幻读、脏读和重复读的问题。它是在每个读的数据行上加上共享锁，如果一个事务来查询同一份数据就必须等待，直到前一个事务完成并解除锁定位置。这个级别可能导致大量的超时现象和锁竞争，对数据库查询性能影响较大，因此实际中很少使用。

在 MySQL 中，4 种隔离级别分别有可能产生的问题如表 8.6 所示。

表 8.6　MySQL 4 种隔离级别可能产生的问题

隔离级别	读数据一致性	脏读	不可重复读	幻读
未提交读	最低级别，只能保证不读取物理上损坏的数据	Y	Y	Y
已提交读	语句级	N	Y	Y
可重复读	事务级	N	N	Y
可序列化	最高级别，事务级	N	N	N

8.3.3　MySQL 的锁机制

为解决数据库并发控制问题，MySQL 中使用了锁机制。若在同一时刻，客户端对于同一个表做更新或者查询操作，为保证数据的一致性，则需要对并发操作进行控制。与此同时，锁机制为实现 MySQL 的各个隔离级别提供了安全保障。

1. MySQL 中锁的分类

MySQL 中锁的种类主要有以下几种。

1) 共享锁(S 锁)

共享锁的锁粒度是行或者多行。一个事务获取了共享锁之后，可以对锁定范围内的数据执行读操作。

2) 排他锁(X 锁)

排他锁的粒度与共享锁相同，也是行或者多行。一个事务获取了排他锁之后，可以对锁定范围内的数据执行写操作。

如有两个事务 A 和 B，如果事务 A 获取了一个多行的共享锁，事务 B 还可以立即获取这个多行的共享锁，但不能立即获取这个多行的排他锁，必须等到事务 A 释放共享锁之后。如果事务 A 获取了一个多行的排他锁，事务 B 不能立即获取这个多行的共享锁，也不能立即获取这个多行的排他锁，必须等到事务 A 释放排他锁之后。

3) 意向锁

意向锁是一种表锁，锁定的粒度是整个表，分为意向共享锁(IS 锁)和意向排他锁(IX 锁)两类。意向共享锁表示一个事务有意对数据使用共享锁或者排他锁。"有意"表示事务想执行操作但还没有真正执行。锁和锁之间的关系，要么是相容的，要么是互斥的。

例如，锁 a 和锁 b 相容是指操作同样一组数据时，如果事务 t1 获取了锁 a，则另一个事务 t2 还可以获取锁 b。锁 a 和锁 b 互斥是指操作同样一组数据时，如果事务 t1 获取了锁 a，则另一个事务 t2 在 t1 释放锁 a 之前无法获取锁 b。

共享锁、排他锁、意向共享锁、意向排他锁相互之间的兼容/互斥关系如表 8.7 所示。

Y 表示相容，N 表示互斥。

表 8.7　MySQL 锁兼容情况

参数	排他锁	共享锁	意向排他锁	意向共享锁
排他锁	N	N	N	N
共享锁	N	Y	N	Y
意向排他锁	N	N	Y	Y
意向共享锁	N	Y	Y	Y

为了尽可能提高数据库的并发量，需每次锁定的数据范围越小越好，但越小的锁其耗费系统越多，导致系统性能下降。为在高并发响应和系统性能两方面进行均衡，就产生了锁粒度的概念。

锁的粒度主要分为表锁和行锁。表锁管理锁的开销最小，同时允许的并发量也是最小的。MylSAM 存储引擎使用该锁机制。当要写入数据时，整个表记录被锁。此时，其他读/写操作一律等待。行锁可以支持最大的并发。InnoDB 存储引擎使用该锁机制。如果要支持并发读/写，建议采用 InnoDB 存储引擎。

不同的事务隔离级别下，不同的数据操作加锁也不相同。当事务隔离级别为未提交读时，不加锁；在已提交读和可重复读的事务隔离下，数据读操作都不加锁，但插入、删除和修改都会加上 X 锁，该级别以下的级别中读和写不冲突；在可序列化事务隔离级别下，读和写冲突，其中读加共享锁，而写则加排他锁。

对于同一条 SQL 语句，其加锁机制除受隔离级别影响外，还与是否是主键、是否有索引、是否是唯一索引及 SQL 的查询计划有关。

2. 死锁的处理

InnoDB 存储引擎自动检测事务的死锁，并回滚一个或几个事务来防止死锁。InnoDB 存储引擎不能在 MySQL 设定表锁的范围或者涉及 InnoDB 之外的存储引擎所设置锁定的范围检测死锁。可以通过设置 innodb_lock_wait_timeout 系统变量的值来解决这些情况。如果要依靠锁等待超时来解决死锁问题，对于更新事务密集的应用，将有可能导致大量事务的锁等待，导致系统异常。所以不推荐在一个事务中混合更新不同存储类型的表，也不推荐相同类型的表采用不同的锁定方式加锁。

8.3.4　MySQL 中的事务应用

事务的开始与结束可以由用户显示控制。在 MySQL 服务器中，显示操作事务的语句主要包括 START TRANSACTION、COMMIT 和 ROLLBACK 等。

1. 启动事务

在默认设置下，MySQL 中的事务是默认提交的。MySQL 中使用 START TRANSACTION 或 BEGIN 语句可以显示控制一个事务的开始。其语法格式如下：

　　　　START TRANSACTION | BEGIN [WORK];

MySQL 中不允许事务的嵌套。若在第 1 个事务中使用 START TRANSACTION 命令，当第 2 个事务开启时，系统会自动提交第 1 个事务。

2. 提交事务

MySQL 使用 COMMIT 或者 COMMIT WORK 语句提交事务。提交事务后，对数据库的修改将是永久性的。其语法格式如下：

    COMMIT [WORK] [AND [NO] CHAIN] [[NO] RELEASE];

其中：CHAIN 和 RELEASE 子句分别用来定义在事务提交之后的操作；CHAIN 会立即启动一个新事务，并且和刚才的事务具有相同的隔离级别；RELEASE 则会断开和客户端的连接。

MySQL 中对象的创建、修改和删除操作都会隐式地执行事务的提交，如 CREATE DATABASE、ALTER TABLE、DROP INDEX 等。

3. 回滚事务

MySQL 中，使用 ROLLBACK 或者 ROLLBACK WORK 语句回滚事务，回滚事务会撤销正在进行的所有未提交的修改。其语法格式如下：

    ROLLBACK [WORK] [AND [NO] CHAIN] [[NO] RELEASE];

其中，CHAIN 和 RELEASE 子句参考提交事务中的说明。

4. 事务保存点

除了启动事务、提交事务和回滚事务外，在事务中还可以设置保存点 SAVEPOINT，可以将处理的事务回滚至保存点。具体用法如下：

(1) SAVEPOINT identifier：允许在事务中创建一个保存点，一个事务中可以有多个保存点。

(2) RELEASE SAVEPOINT identifier：删除一个事务的保存点，当没有一个保存点时执行此语句会抛出一个异常。

(3) ROLLBACK TO [SAVEPOINT] identifier：如果给出 SAVEPOINT，则可以把事务回滚到 SAVEPOINT 指定的保存点；如果回滚到一个不存在的保存点，则会抛出异常；如果不给出 SAVEPOINT，则回滚到启动事务之前的状态。

5. 设置事务的隔离级别

MySQL 中设置事务隔离级别的语法格式如下：

    SET [GLOBAL | SESSION] TRANSACTION ISOLATION LEVEL

    [READ UNCOMMITTED | READ COMMITTED | REPEATABLE READ | SERIALIZABLE];

其中：GLOBAL 表示此语句将应用于之后的所有会话(SESSION)，而当前已经存在的 SESSION 不受影响；SESSION 表示此语句将应用于当前 SESSION 内之后的所有事务。若为默认则表示此语句将应用于当前 SESSION 内的下一个还未开始的事务。

在 MySQL 中通过@@global.transaction_isolation、@@session.transaction_isolation、@@transaction_isolation 分别存储当前隔离级别的值。

使用如下语句也可以设置事务的隔离级别：

    SET [@@global.transaction_isolation |

     @@session. transaction_isolation |

     @@transaction_isolation] =

    ['READ-UNCOMMITTED' |'READ-COMMITTED' |

'REPEATABLE-READ' | 'SERIALIZABLE'];

【例 8.15】　使用 SQL 语句查看数据库中事务的各种隔离级别。

具体语句如下：

SELECT　@@global.transaction_isolation，

@@session.transaction_isolation，@@transaction_isolation;

执行上述语句后，运行结果如图 8.13 所示。

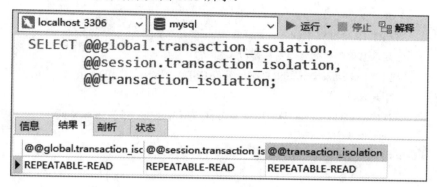

图 8.13　查看数据库中事务的隔离级别

从图 8.13 所示查询结果可以看出，当前事务的隔离级别为 REPEATABLE-READ，该级别也是 MySQL 默认的事务级别。

【例 8.16】　使用 SQL 语句修改例 8.15 中当前会话的隔离级别为 READ UNCOM-MITTED。

具体语句如下：

SET SESSION TRANSACTION ISOLATION LEVEL READ UNCOMMITTED;

或者

SET @@session.transaction_isolation = 'READ-UNCOMMITTED';

执行上述语句，并查看当前会话的事务隔离级别，结果如图 8.14 所示。

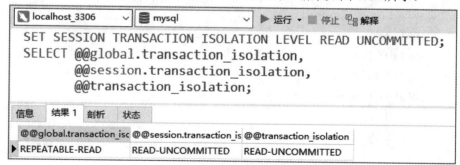

图 8.14　修改后的隔离级别

从图 8.14 所示查询结果可以看出，当前会话及下一个未开始的事务隔离级别都改成了未提交读(READ UNCOMMITTED)。

【例 8.17】　使用 SQL 语句创建存储过程，实现用户确认下单之后，需要删除该用户在购物车中的商品信息，并将其添加到订单表中，使用事务完成。

具体语句如下：

```
CREATE PROCEDURE upAddOrders(id INT)
BEGIN
    DECLARE odtotal INT;
    DECLARE odid INT;
    -- 指定事务的起始位置
Loop_label：LOOP
    -- 启动事务
    START TRANSACTION;
    -- 获取当前用户购物车中商品的数量
    SELECT SUM(scNum) INTO odtotal FROM scar WHERE uID = id;
    -- 创建订单
    INSERT INTO orders(uID, oTime, oTotal) VALUES(id, NOW(), odtotal);
    -- 如果创建失败，回滚
    IF ROW_COUNT() < 1 THEN
        ROLLBACK;
        LEAVE loop_label;
    END IF;
    -- 获取订单 ID
    SET odid = LAST_INSERT_ID();
    -- 将购物车中的商品添加到订单详细表中
    INSERT INTO orderdetail(oID, gdID, odNum)
    SELECT odid, gdID, scNum    FROM scar   WHERE uID = id;
    -- 如果添加失败，回滚
    IF ROW_COUNT() <1 THEN
        ROLLBACK;
        LEAVE loop_label;
    END IF;
    DELETE FROM scar WHERE uID = id;      -- 删除购物车中的商品
    -- 如果删除失败回滚，否则提交
    IF ROW_COUNT() < 1 THEN
        ROLLBACK;
        LEAVE loop_label;
    ELSE
        COMMIT;
    END IF：
    END LOOP;
END
```

　　这里需要注意的是，处理多个 SQL 语句的回滚情况不能直接使用 ROLLBACK，这样不能实现回滚或者可能出现意外的错误，通常使用 LOOP 定位事务的范围来解决上述问题。

课 后 练 习

一、单项选择题

1. 以下语句用于撤销权限的是(　　　)。

A. DELETE
B. DROP
C. REVOKE
D. UPDATE

2. MySQL 中存储用户全局权限的表是(　　　)。

A. table_priv
B. procs_priv
C. columns_priv
D. user

3. 创建用户的语句是(　　　)。

A. CREATE USER
B. INSERT USER
C. CREATE root
D. MySQL user

4. 用于将事务处理提交到数据库的语句是(　　　)。

A. INSERT
B. ROLLBACK
C. COMMIT
D. SAVEPOINT

5. 如果要回滚一个事务，则要使用(　　　)语句。

A. COMMIT TRANSACTION
B. BEGIN TRANSACTION
C. REVOKE
D. ROLLBACK TRANSACTION

6. 在 MySQL 中，预设的、拥有最高权限超级用户的用户名为(　　　)。

A. test
B. Administrator
C. DA
D. root

7. 在 MySQL 中，使用(　　　)语句来为指定的数据库添加用户。

A. CREATE USER
B. GRANT
C. INSERT
D. UPDATE

8. 在事务的 ACID 特性中，(　　　)是指事物将数据库从一种状态变成另一种一致的状态。

A. Atomicity
B. Durability
C. Consistency
D. Isolation

9. 在下列的 MySQL 存储引擎中，(　　　)存储引擎支持事务。

A. MyISAM
B. MEMORY
C. InnoDB
D. PERFORMANCE SCHEMA

二、填空题

1. MySQL 中存在 5 个控制权限的表，分别为_____表，_____表，tables_priv 表、columns_priv 表和 procs_priv 表。 这些表位于系统数据库_____中。

2. user 表中权限列的字段决定了用户的_____，描述了在全局范围内允许对数据库进行的操作，包括_____和_____等用于数据库操作的普通权限，也包括_____服务器和加载用户等管理权限。

3. 常用创建账号的方式有两种：一种是使用＿＿＿＿＿＿语句；另一种是使用＿＿＿＿＿＿语句。

4. 在 MySQL 中，可以使用＿＿＿＿＿＿语句删除用户。

5. 由于所有账号信息都保存在 user 表中，因此可以通过修改 user 表中的＿＿＿＿＿＿字段值来改变 root 用户的密码。

6. 创建好账号后，可以使用＿＿＿＿＿＿语句和＿＿＿＿＿＿语句查看账号的权限信息。

7. 在 MySQL 中，使用＿＿＿＿＿＿语句为用户授权，使用＿＿＿＿＿＿语句取消用户权限。

三、简述题

1. 数据库中创建的新用户可以给其他用户授权吗？

2. 简述 MySQL 中用户和权限的作用。

3. 为什么事务非正常结束时会影响数据库数据的正确性？

4. 简述事务的隔离级别。

四、项目实践题

1. 使用 SQL 语句创建一个无密码的用户 admin。

2. 使用 SQL 语句创建一个用户 zhang，密码为 123456。

3. 使用 SQL 语句创建一个用户 wang，密码是 123456，同时授予该用户对数据库 db_shop 的表 T_users 拥有 SELECT 权限。

4. 使用 SQL 语句修改用户名为 zhang 的登录密码，修改为 zhang123456。

5. 使用 SQL 语句为已经创建的用户 zhang 授予对数据库 db_shop 的表 orders 的 UPDATE 权限。

6. 使用 SQL 语句收回对用户 zhang 对 orders 表的 UPDATE 权限。

7. 使用事务实现，当更改表 goodstype 中某个商品类别 ID 时，同时将 goods 表对应的商品类别 ID 全部更新。

项目九

备份与恢复数据

数据是信息系统运行的基础与核心，随着信息技术的普及，数据的安全性和高可用性也受到人们的关注。用户操作错误、存储媒体损坏、黑客入侵和服务器故障等不可抗拒因素都将导致数据丢失，从而引起灾难性后果。因此必须对数据库系统采取必要的措施，以保证在发生故障时，可以将数据库恢复到最新的状态，将损失降低到最小。

本项目主要学习数据库备份和恢复机制，文件的迁移，数据的导入和导出，各种日志以及使用日志备份数据库。

学习目标

(1) 掌握数据备份与恢复的操作方法。
(2) 掌握数据的导入和导出的操作方法。
(3) 掌握使用日志文件还原数据的操作方法。

任务 9.1 备份和恢复数据

【任务描述】 数据库的备份与恢复是数据库管理最重要的工作之一。系统的意外崩溃或系统硬件的损坏都可能导致数据丢失或损坏，数据库管理员务必定期备份数据，当数据库中的数据出现了错误或损坏时，就可以使用已备份的数据进行数据还原。本任务就是学习数据库备份与恢复的操作方法。

9.1.1 数据备份概述

数据备份就是对应用数据库建立相应副本，包括数据库结构、对象及数据。

根据备份的数据集合的范围，数据备份分为完全备份、增量备份和差异备份。

(1) 完全备份：对某一个时间点上的所有数据或应用进行的一个完全拷贝，包含用户表、系统表、索引、视图和存储过程等所有数据库对象。

(2) 增量备份：备份数据库的部分内容，包含自上一次完整备份或最近一次增量备份后改变的内容。

(3) 差异备份：在一次完全备份后到进行差异备份的这段时间内，对那些增加或者修改文件的备份，在进行恢复时，只需对第一次完全备份和最后一次差异备份进行恢复。

三种备份类型的优缺点如表 9.1 所示。

表 9.1　三种备份类型的优缺点

备份类型	优　点	缺　点
完全备份	备份数据完整，恢复操作简单	各个完全备份中数据大量重复，且每一次备份所需时间长
增量备份	没有重复地备份数据，备份所需的时间很短	恢复数据较麻烦，操作员必须把每次增量的结果逐个按顺序进行恢复；每个增量数据构成一个链，恢复时缺一不可；恢复时间长
差异备份	比完全备份需要时间短、节省磁盘空间；恢复操作比增量备份步骤少、恢复时间短	—

按数据备份时数据库服务器的在线情况，数据备份可分为热备份、温备份和冷备份。其中热备份是指数据库在线服务正常运行的情况下进行数据备份；而温备份是指进行备份操作时，服务器在运行，但只能读不能写；冷备份则是指在数据库已经正常关闭的情况下进行的备份，这种情况下提供的备份都是完全备份。

MySQL 中，使用 SQL 语句和图形工具都可以轻松完成数据备份工作。

9.1.2　使用 Navicat 图形工具备份数据

使用 Navicat 图形工具备份数据可以简单、快速地完成备份操作。

【例 9.1】　使用 Navicat 图形工具备份数据库 db_shop。

操作步骤如下：

(1) 启动 Navicat 图形工具，打开数据库 db_shop 所在服务器的连接，选中 db_shop 数据库中的"备份"对象，如图 9.1 所示。

图 9.1　选中"备份"对象

(2) 单击对象标签中"新建备份"按钮,弹出"新建备份"窗口,如图 9.2 所示。

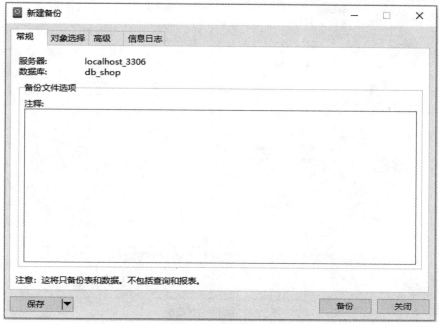

图 9.2 "新建备份"窗口

(3) 选择"新建备份"窗口中的"高级"选项卡,勾选"使用指定文件名"复选框并在对应的文本框中输入备份数据库文件名 db_shop(文件名用户设定),如图 9.3 所示。如果在"新建备份"窗口中不设置文件名,直接备份,则系统会生成一个默认文件名。

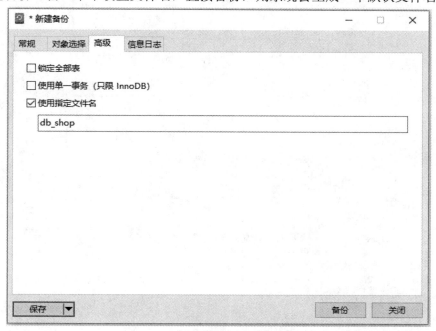

图 9.3 在"新建备份"窗口设置高级属性

(4) 单击"备份"按钮,系统开始执行备份,如图 9.4 所示。

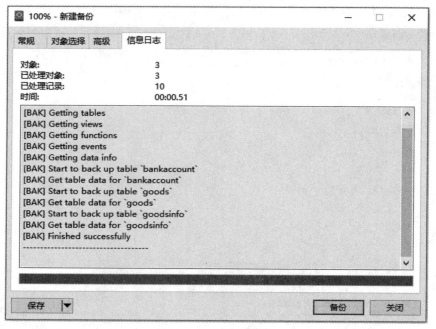

图 9.4　执行数据备份

(5) 执行备份完毕后，单击"保存"按钮，在弹出的"配置文件名"对话框中输入配置文件名 db_shop_config(文件名用户设定)，如图 9.5 所示，并单击"确定"按钮，完成数据备份操作，单击"关闭"按钮，则可以在 Navicat 图形界面发现备份结果如图 9.6 所示。

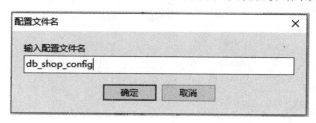

图 9.5　设置备份文件名

图 9.6　备份结果

（6）查看备份文件，首先需要关闭连接，然后右击连接名，在快捷菜单中选择"编辑连接"选项，如图9.7所示。打开"编辑连接"对话框，在 "编辑连接"对话框中选择"高级"选项卡，在"设置位置"后面的文本框中则是保存备份文件的地址，如图9.8所示。

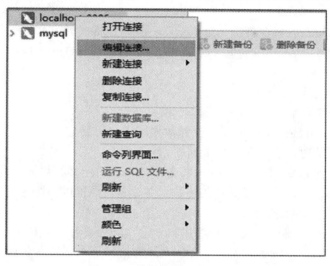

图 9.7　"编辑连接"菜单选项

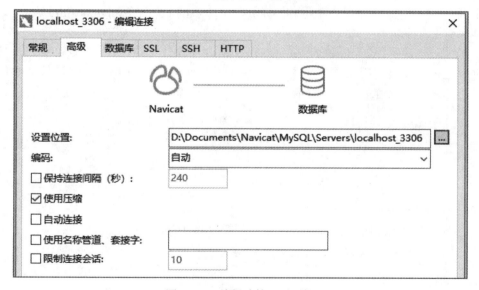

图 9.8　"编辑连接"对话框

9.1.3　使用 mysqldump 命令备份数据

mysqldump 命令是 MySQL 提供的实现数据库备份的工具，在 Windows 控制台的命令行窗口中执行。该文件存放在 MySQL 安装目录的 bin 文件夹下。

mysqldump 是采用 SQL 级别的备份机制，数据表的结构和数据将存储在生成的文本文件中。它将数据表导出生成 SQL 脚本文件，该文件包含多个 CREATE 和 INSERT 语句，使用这些语句可以重新创建表和插入数据。在不同的 MySQL 版本之间升级时相对比较合适，这也是最常用的备份方法。

使用 mysqldump 命令可以备份一个数据库，也可以备份多个数据库，还可以备份一个连接实例中的所有数据库。

(1) 使用 mysqldump 命令备份一个数据库。其语法格式如下：

    mysqldump –uusername –ppassword dbname [tbname1 tbname2…] >BackName.sql;

语法说明如下：

- username：表示用户名称。
- dbname：表示需要备份的数据库名称。
- tbname：表示数据库中需要备份的数据表，可以指定多个数据表，表名之间用空格隔开，省略该参数时，会备份整个数据库。
- 右箭头 ">"：指示 mysqldump 将备份数据表的定义和数据写入备份文件。
- BackName.sql：表示备份文件的名称，文件名前面可以加绝对路径。通常将数据库备份成一个后缀名为.sql 的文件。

注意：mysqldump 命令备份的文件并非一定要求后缀名为.sql，备份成其他格式的文件也是可以的。例如，后缀名为.txt 的文件。通常情况下，建议备份成后缀名为.sql 的文件是因为给人第一感觉就是与数据库有关的文件。

【例 9.2】 使用 root 用户备份 db_shop 数据库下的 goods 表和 goodsinfo 表。

具体命令如下：

    mysqldump -uroot -proot db_shop goods goodsinfo>D:\db1.sql;

执行上述命令语句后，在 D 盘根目录下可以找到 db1.sql 文件，使用记事本或者写字板打开，部分文件内容如图 9.9 所示。

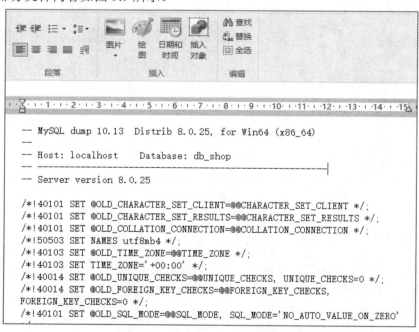

图 9.9　备份文件 db1.sql 的部分内容

（2）使用 mysqldump 命令备份多个数据库。其语法格式如下：

　　　　mysqldump -uusername –ppassword --databases dbname1 dbname2 >BackName.sql;

其中 databases 选项表示指定的多个数据库名称，前面是双短线，其他释义同上。

【例9.3】　使用 root 用户备份 db_shop 数据库和 mysql 数据库。

具体命令语句如下：

　　　　mysqldump -uroot -proot --databases　db_shop mysql>D:\db2.sql;

（3）使用 mysqldump 命令备份所有数据库。其语法格式如下：

　　　　mysqldump –uusername –ppassword --all-databsaes>BackName.sql;

其中，--all-databsaes 参数表示用于备份服务器上所有的数据库，不需要指定数据库名称。其他释义同(1)。

【例9.4】　使用 root 用户备份该服务器下的所有数据库。

具体命令语句如下：

　　　　mysqldump -uroot -proot--all-databases>D:\alldb.sql;

9.1.4　使用 Navicat 图形工具恢复数据

恢复数据就是将数据库的副本加载到数据库管理系统中。恢复数据也可以使用图形工具、mysql 命令等方式进行。

使用 Navicat 图形工具同样可以简单快速地恢复数据。

【例9.5】　使用 Navicat 图形工具，将前面生成的备份文件 db_shop.nb3，还原到数据库 db_shop2 中。

操作步骤如下：

（1）启动 Navicat，打开服务器连接，右击服务器，单击新建数据库，新建库名为 db_shop2 的数据库，右击 db_shop2 数据库名称，从快捷菜单中选择"还原备份从…"选项，弹出"打开"窗口，如图 9.10 所示，根据备份文件存储路径找到备份文件。

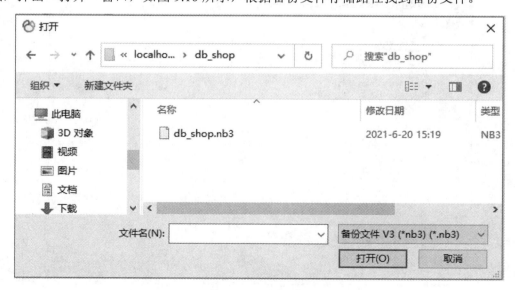

图 9.10　选择备份文件

(2) 在图 9.10 中选中备份文件 db_shop.nb3，单击"打开"按钮，打开"还原备份"对话框，如图 9.11 所示。

图 9.11　"还原备份"对话框

(3) 单击"还原备份"对话框中"对象选择"选项卡，选择待还原数据库对象，如图 9.12 所示。

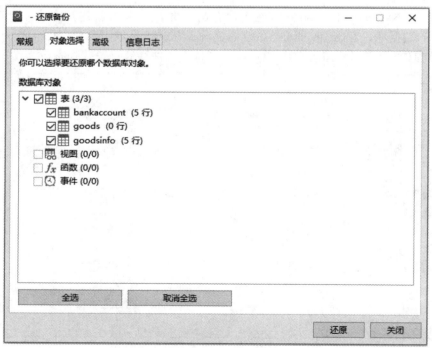

图 9.12　"对象选择"选项卡

(4) 单击"还原备份"对话框中"高级"选项卡，选择所需的服务选项和对象选项，如图 9.13 所示。

图 9.13　"高级"选项卡

(5) 单击"还原备份"对话框中的"还原"按钮，在弹出的"警告"对话框中单击"确定"按钮，执行数据库还原操作，如图 9.14 所示。

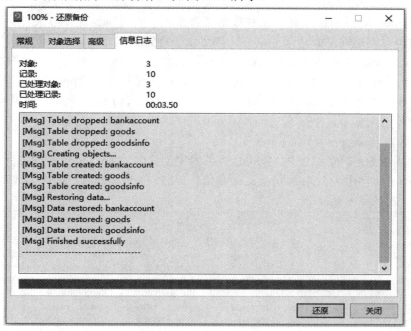

图 9.14　执行还原操作

(6) 还原操作执行完后，单击"还原备份"对话框中的"关闭"按钮。选择数据库

db_shop2 的表对象, 可以看到数据库 db_shop 的表已经全部还原到 db_shop2 中, 如图 9.15 所示。

图 9.15　还原后的数据库内容

9.1.5　使用 mysql 命令恢复数据

在 MySQL 中, 可以使用 mysql 命令来恢复备份的数据。mysql 命令可以执行备份文件中的 CREATE 语句和 INSERT 语句, 也就是说, mysql 命令可以通过 CREATE 语句来创建数据库和表, 通过 INSERT 语句来插入备份的数据。对于包含 CREATE、INSERT 语句的 SQL 脚本文件(扩展名为 sql), 可以使用 mysql 命令进行数据恢复。其语法格式如下:

　　　　mysql -uusername -ppassword [dbname] <backup.sql;

语法说明如下:
- username: 表示用户名。
- password: 表示密码。
- dbname: 表示数据库名, 该参数是可选参数。如果 backup .sql 文件为 mysqldump 命令创建的包含创建数据库语句的文件, 则可以不指定数据库名。
- backup.sql: 表示需要恢复的脚本文件, 文件名前面可以加上一个绝对路径。

注意: mysql 命令和 mysqldump 命令一样, 都直接在命令行(cmd)窗口下执行。

【例 9.6】使用 mysql 命令将 D 盘根目录的脚本文件"db1.sql"还原成数据库 db_shop3。具体命令语句如下:

　　　　mysql -uroot -prootdb_shop3<D:\db1.sql;

执行上述命令前, 必须先在 MySQL 服务器中创建名为 db_shop3 的数据库。执行命令成功后, db1.sql 文件中的 SQL 语句会自动被执行, 从而在 db_shop3 数据库中成功恢复 goods 和 goodsinfo 表, 如图 9.16 所示。

id	name	price	origin	tel	remark
1001	冰箱	3500.00	四川绵阳	13652421234	无氟环保
1002	洗衣机	2600.00	重庆	17536452154	全自动
1003	电视机	5600.00	北京	01023651254	液晶无辐射
1004	电脑	7800.00	西安	18725413215	无
1005	热水器	850.00	重庆	02312365412	节能

图 9.16　恢复后的 db_shop3 数据库

【例 9.7】　使用 root 用户恢复所有数据库。

具体命令语句如下：

```
mysql -uroot -proot< D:\alldb.sql;
```

执行上述命令后，MySQL 数据库就已经恢复了 alldb.sql 文件中的所有数据库。

注意：如果使用--all-databases 参数备份所有的数据库，那么恢复时不需要指定数据库。因为，其对应的 SQL 文件中含有 CREATE DATABASE 语句，可以通过该语句创建数据库。创建数据库之后，可以执行 SQL 文件中的 USE 语句选择数据库，然后在数据库中创建表并且插入记录。

任务 9.2　导出和导入数据

【任务描述】　随着信息系统数据量的不断增加，数据迁移是企业在解决存储空间不足、新老系统切换和信息系统升级改造等过程中必须面对的一个现实问题。数据的导出和导入是数据迁移过程的必要技术。本任务就是学习通过 Navicat 图形工具和 SQL 命令，对数据进行导出和导入，从而达到数据迁徙的目的。

9.2.1　数据库迁移

数据库迁移是指把数据从一个系统移动到另一个系统中。在 MySQL 中，数据的迁移主要有 3 种方式，分别是相同版本的 MySQL 数据库之间的迁移，不同版本的 MySQL 数据库之间的迁移和不同数据库管理系统之间的迁移。

1. 相同版本的 MySQL 数据库之间的迁移

相同版本的 MySQL 数据库之间的迁移是指在版本号相同的 MySQL 数据库之间进行的数据库移动。迁移过程实质就是源数据库备份和目标数据库还原过程的组合。

在前面任务中分别介绍了数据备份和数据恢复的常用方法。由于基于复制的数据迁移方法不适合 InnoDB 引擎的表，因此，在相同版本的数据库之间迁移主要采用 mysqldump 命令备份数据，然后在目标数据库服务器中使用 mysql 命令恢复数据，或者通过图形方式操作实现。

2. 不同版本的 MySQL 数据库之间的迁移

在实际应用中，由于数据库升级等原因，而需要将旧版本 MySQL 数据库中的数据迁移到较新版本的数据库中。迁移过程仍是源数据库备份和目标数据库恢复过程的组合。在迁移过程中如果想保留旧版本中的用户访问控制信息，则需要备份 MySQL 中 mysql 数据库，在新版本 MySQL 安装好之后，重新读入 mysql 备份文件中的信息。如果迁移的数据库包含有中文数据，还需注意新旧版本使用的默认字符集是否一致，若不一致则需对其进行修改。

新旧版本之间迁移还具有兼容性问题，从旧版本的 MySQL 向新版本的 MySQL 迁移时，对于 MyISAM 引擎的表，可以直接复制数据库文件，也可以使用 mysqldump 命令等。对于 InnoDB 引擎的表，一般只能使用 mysqldump 命令备份数据，然后使用 mysql 命令恢复数据。而从新版本向旧版本的 MySQL 迁移数据时要特别小心，最好使用 mysqldump 命令备份数据，再使用 mysql 命令恢复数据。

3. 不同数据库之间的迁移

不同类型的数据库之间的迁移，是指把 MySQL 的数据库转移到其他类型的数据库，例如从 MySQL 迁移到 SQL Server 等。

迁移之前，需要了解不同数据库的架构，比较它们之间的差异。不同数据库中定义相同类型的数据的关键字可能会不同。例如 MySQL 中 ifnull( )函数在 SQL Sever 中应写为 isnull( )。另外，由于数据库厂商并没有完全按照 SQL 标准来设计数据库系统，从而导致不同的数据库系统的 SQL 语句有差别，因此在迁移时必须对这些不同之处的语句进行映射处理。

9.2.2　使用 Navicat 图形工具导出数据

MySQL 数据库中不仅提供数据库的备份和恢复方法，还可以直接通过导出数据实现对数据的迁移。MySQL 中的数据可以导出到外部存储文件中，可以导出成文本文件、XML 文件或者 HTML 文件等。这些类型的文件也可以导入至 MySQL 数据库中。在数据库的日常维护中，经常需要进行数据表的导入和导出操作。

MySQL 提供了多种导出数据的工具，包括图形工具或是 SQL 语句，其中 SQL 语句又分为 SELELET…INTO OUTFILE 语句和 mysql 命令。

使用 Navicat 图形工具导出数据的方法简单、快捷。

【例 9.8】 使用 Navicat 图形工具导出 db_shop 数据库中的 goodsinfo 表中的数据，要求导出文件格式是文本文件。

操作步骤如下：

(1) 启动 Navicat，打开 db_shop 所在服务器的连接，选中 db_shop 数据库，单击"对象"选项卡上的"导出向导"按钮，打开"导出向导"对话框，如图 9.17 所示。

图 9.17　"导出向导"对话框"导出格式"选项

(2) 选择"导出格式"中的"文本文件(*.txt)",单击"下一步"按钮,打开导出对象
选择窗口,选中 goodsinfo 表,并设置导出文件的路径,如图 9.18 所示。

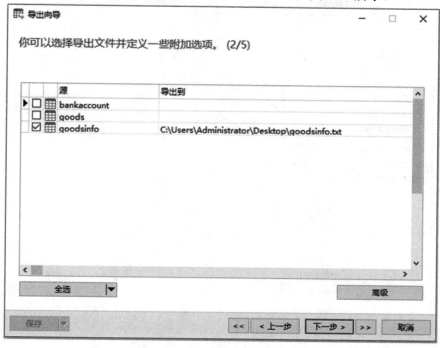

图 9.18　导出对象选择

(3) 单击"下一步"按钮,打开设置导出数据列的窗口,设置如图 9.19 所示。

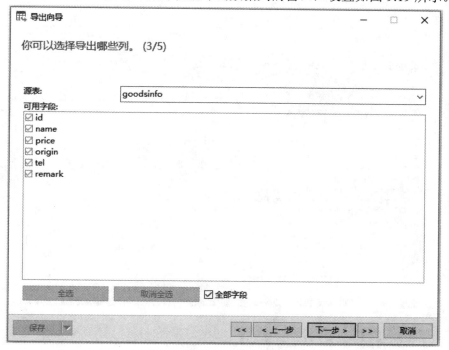

图 9.19　设置导出的数据列

(4) 单击"下一步"按钮，打开设置附加选项的窗口，设置字段分隔符为逗号等，如图 9.20 所示。

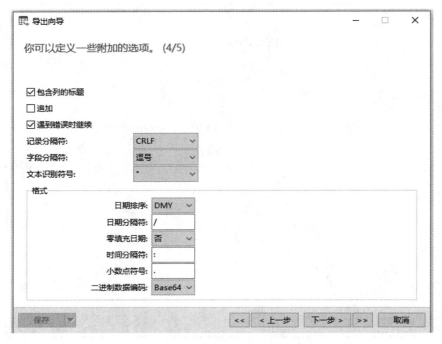

图 9.20　设置附加选项

(5) 单击"下一步"按钮，打开"导出向导"配置完成窗口，单击"开始"按钮，完成导出数据，如图 9.21 所示。

图 9.21　数据导出

数据导出执行完成后，可以在保存文件目录下查看生成的 txt 文件，该文件内容如图 9.22 所示。

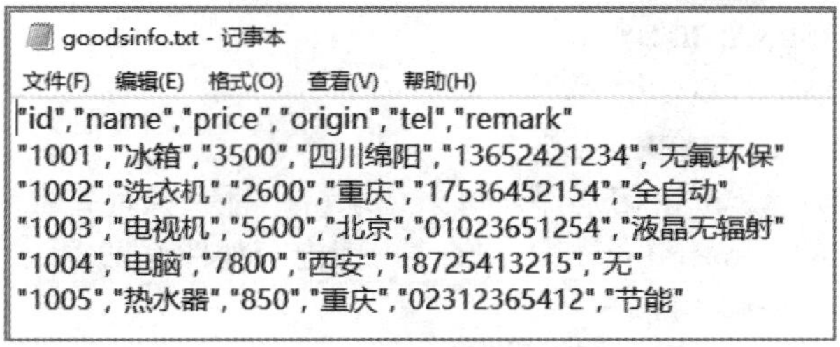
goodsinfo.txt - 记事本
文件(F) 编辑(E) 格式(O) 查看(V) 帮助(H)
"id","name","price","origin","tel","remark"
"1001","冰箱","3500","四川绵阳","13652421234","无氟环保"
"1002","洗衣机","2600","重庆","17536452154","全自动"
"1003","电视机","5600","北京","01023651254","液晶无辐射"
"1004","电脑","7800","西安","18725413215","无"
"1005","热水器","850","重庆","02312365412","节能"

图 9.22　goodsinfo.txt 文件的文本数据

9.2.3　使用 SELECT…INTO OUTFILE 语句导出数据

在 MySQL 中，除使用图形工具方法外，还可以使用 SELECTI…INTO OUTFILE 语句将表的内容导出生成一个文本文件。SELECT…INTO OUTFILE 语句的基本语法格式如下：

```
SELECT 列名 FROM 表名
[WHERE 语句]
INTO OUTFILE '目标文件'
[OPTIONS];
```

该语句用 SELECT 来查询所需要的数据，用 INTO OUTFILE 来导出数据。其中，目标文件用来指定将查询的记录导出到哪个文件。这里需要注意的是，目标文件不能是一个已经存在的文件。[OPTIONS]为可选参数选项，OPTIONS 部分的语法包括 FIELDS 和 LINES 子句，其常用的取值有：

- FIELDS TERMINATED BY '字符串'：设置字符串为字段之间的分隔符，可以为单个或多个字符，默认情况下为制表符 '\t'。
- FIELDS [OPTIONALLY] ENCLOSED BY '字符'：设置字段的分隔字符，只能为单个字符，用来包括 CHAR、VARCHAR 和 TEXT 等字符型字段。如果使用了 OPTIONALLY，则只能用来包括 CHAR 和 VARCHAR 等字符型字段。
- FIELDS ESCAPED BY '字符'：设置如何写入或读取特殊字符，只能为单个字符，即设置转义字符，默认值为 '\'。
- LINES STARTING BY '字符串'：设置每行数据开头的字符，可以为单个或多个字符，默认情况下不使用任何字符。
- LINES TERMINATED BY '字符串'：设置每行数据结尾的字符，可以为单个或多个字符，默认值为 '\n' 。

注意：FIELDS 和 LINES 两个子句都是自选的，但是如果两个都被指定了，FIELDS 必须位于 LINES 的前面。多个 FIELDS 子句排列在一起时，后面的 FIELEDS 必须省略；同样，多个 LINES 子句排列在一起时，后面的 LINES 也必须省略。

【例 9.9】 使用 SELECT…INTO OUTFILE 语句导出 db_shop 数据库中的 goodsinfo 表中的数据。其中，字段之间用“\t”隔开，字符型数据用双引号分隔。

具体语句如下：

```
SELECT * FROM goodsinfo
INTO OUTFILE 'D://goodsinfo.txt '
FIELDS TERMINATED BY ' \t '
OPTIONALLY ENCLOSED BY ' \ " '
LINES TERMINATED BY ' \r\n ';
```

TERMINATED BY ' \r\n '语句是保证每条记录占一行。执行完上述命令后，在 D 盘根目录下可以找到生成的 goodsinfo.txt 文本文件，其内容如图 9.23 所示。

图 9.23   goodsinfo.txt 文本文件内容

注意：导出时可能会出现下面的错误：

The MySQL server is running with the --secure-file-priv option so it cannot execute this statement

这是因为 MySQL 限制了数据的导出路径。MySQL 导入导出文件只能是在 secure-file-priv 变量的指定路径下的文件。解决的方法有以下两种。

(1) 使用"SHOW VARIABLES LIKE '%secure%'; "语句查看 secure-file-priv 变量配置，即 MySQL 导出数据的默认路径，如图 9.24 所示。

图 9.24   MySQL 默认导出路径

从图 9.24 中可以看出，secure_file_priv 的值指定的是 MySQL 导入导出文件的路径。将 SQL 语句中的导出文件路径修改为该变量的指定路径，再执行导入导出操作即可。也可以在 my.ini 配置文件中修改 secure-file-priv 的值，然后重启服务即可。

(2) 如果 secure_file_priv 的值为 NULL，则禁止导出，可以在 MySQL 安装路径下的 my.ini 文件中添加 secure_file_priv=设置路径语句，然后重启服务即可。

9.2.4   使用 mysql 命令导出数据

mysql 命令在 Windows 命令窗口执行，它是一个功能丰富的命令工具，不仅可以用来登录服务器，还原备份文件，还能将查询结果导出生成文本文件。其语法格式如下：

```
mysql -uroot -pPassword -e "SELECT 语句" dbname>目标文件;
```

【例 9.10】 使用 mysql 命令导出 db_shop 数据库中的 goodsinfo 表中的数据，要求文件格式为 txt 格式。

mysql 命令语句如下：

　　　mysql -uroot -proot -e "SELECT * FROM goodsinfo" db_shop > D:\goodsinfo.txt;

执行上述命令语句后，打开 D 盘根目录下生成的 goodsinfo.txt 文件，其内容如图 9.25 所示。

id	name	price	origin	tel	remark	
1001	冰箱	3500.00	四川绵阳	13652421234		无氟环保
1002	洗衣机	2600.00	重庆	17536452154		全自动
1003	电视机	5600.00	北京	01023651254		液晶无辐射
1004	电脑	7800.00	西安	18725413215		无
1005	热水器	850.00	重庆	02312365412		节能

图 9.25　goodsinfo.txt 文件内容

使用 mysql 命令导出文本文件时，不需要指定数据分隔符，文件中自动使用了制表符分隔数据，并且自动生成了列名。

9.2.5　使用 Navicat 图形工具导入数据

MySQL 允许将数据导出到外部文件，也可以将符合格式要求的外部文件导入到数据库中。MySQL 提供了丰富的导入数据工具，包括图形工具、LOAD DATA INFILE 语句等。

【例 9.11】　使用 Navicat 图形工具，将 goodsinfo.txt 文件中的数据导入到 db_shop2 数据库的 goodsinfo 表中。

操作步骤如下：

(1) 启动 Navicat，打开服务器的连接，选中 db_shop 数据库，单击"对象"选项卡上的"导入向导"，打开"导入向导"对话框，选择导入格式，选择"文本文件"(*.txt)格式，如图 9.26 所示。

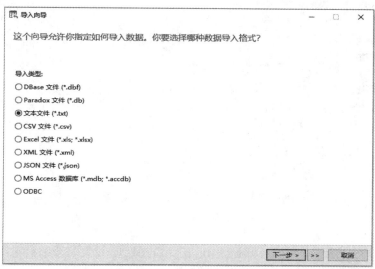

图 9.26　选择导入格式

(2) 单击"下一步"按钮，打开选择导入文件的窗口，选择需导入的文件和编码，如图 9.27 所示。

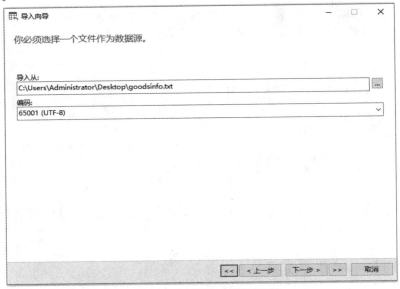

图 9.27　选择导入文件和编码

(3) 单击"下一步"按钮，打开设置分隔符的窗口，设置记录分隔符为"CRLF"、字段分隔符为逗号(,)和文本识别符号为" "，如图 9.28 所示。

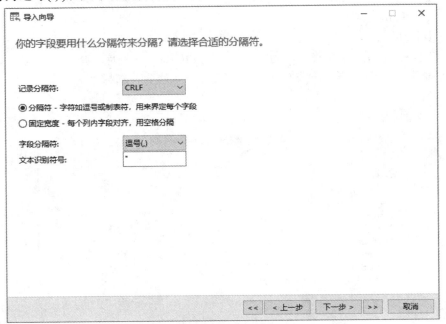

图 9.28　设置数据分隔符

(4) 单击"下一步"按钮，打开设置附加选项的窗口，设置字段名行为"1"，表示 txt 文档的第一行表示字段；第一个数据行为"2"，表示 txt 文档第二行开始是数据；其他均为默认值，如图 9.29 所示。

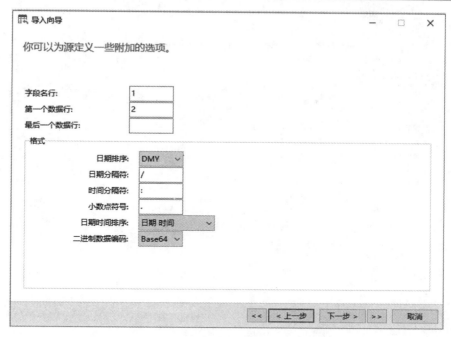

图 9.29 设置附加选项

(5) 单击"下一步"按钮,打开选择目标表的窗口,设置源表和目标表均为 goodsinfo 表,如图 9.30 所示。

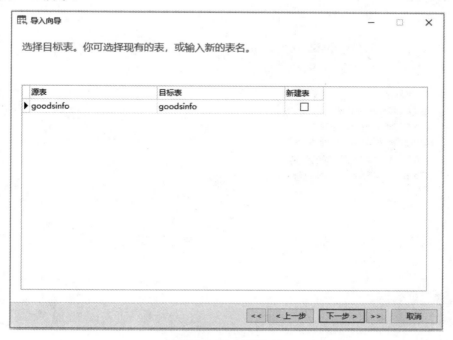

图 9.30 选择目标表

(6) 单击"下一步"按钮,打开设置字段映射的窗口,设置源表与目标表对应的列,如图 9.31 所示。

图 9.31　设置字段映射

(7) 单击"下一步"按钮，打开设置导入模式的窗口，选择"追加：添加记录到目标表"选项，如图 9.32 所示。

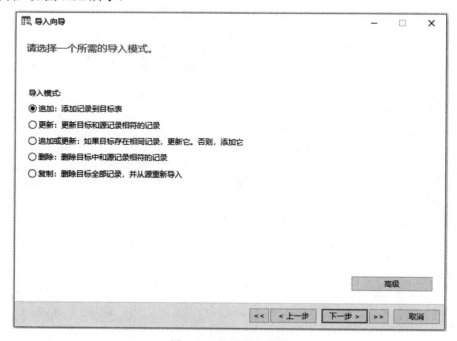

图 9.32　设置导入模式

(8) 单击"下一步"按钮，在打开的对话框中点击"开始"按钮，完成导入数据，如图 9.33 所示。

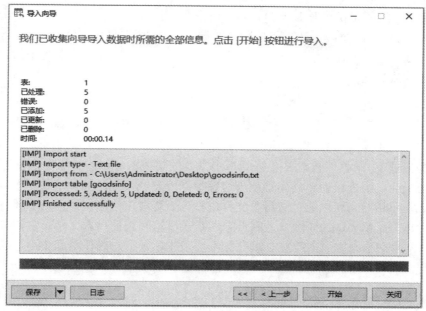

图 9.33　导入数据

9.2.6　使用 LOAD DATA INFILE 语句导入数据

LOAD DATA INFILE 语句主要用于从外部存储文件中读取行，并导入到数据库的某一个表中。其语法格式如下：

> LOAD DATA INFILE 'filename.txt'
>
> INTO TABLE tablename
>
> [OPTIONS] [IGNORE number LINES];

语法说明如下：

- filename：表示导入数据的来源文件，文件名必须是文字字符串。
- tablename：表示导入的数据表的名称。
- OPTIONS：可选参数，为导入数据指定分隔符，其释义与导出数据相同。
- IGNORE number LINES：表示忽略文件开始处的行数，其中 number 表示忽略的行数。

执行 LOAD DATA 语句需要 FILE 权限。

【例 9.12】使用 LOAD DATA INFILE 语句将 D:/goodsinfo.txt 文件中的数据导入至数据库 db_shop 中 goodsinfo 表中。

具体语句如下：

> LOAD DATA INFILE 'D:\goodsinfo.txt'
>
> INTO TABLE db_shop2.goodsinfo
>
> FIELDS TERMINATED BY '\t' OPTIONALLY ENCLOSED BY '\"'
>
> LINES TERMINATED BY '\r\n';

导入导出数据时需要注意，当 secure_file_priv 的值为 null 的时候，MySQL 是禁止导入导出数据的，这就是说这时 LOAD DATA 命令是无法执行的。当 secure_file_priv 的值为空时(不是 null)时，可以从任意文件地址导入导出数据，建议修改 my.ini 文件中 secure_file_priv 的属性值为"secure_file_priv=";当 secure_file_priv 有其他值时，只能从该文件夹内导入或导出。

任务9.3　使用日志备份和恢复数据

【任务描述】　数据库日志是数据管理中重要的组成部分，它记录了数据库运行期间发生的任何变化，用来帮助数据库管理员追踪数据库曾经发生的各种事件。当数据库遇到意外损害或是出错时，可以通过对日志文件进行分析查找出错原因，也可以通过日志记录对数据进行恢复。MySQL 提供二进制日志、错误日志和查询日志文件，它们分别记录着 MySQL 数据库在不同方面的踪迹。本任务主要阐述各种日志的作用和使用方法，以及使用二进制日志文件恢复数据的方法。

9.3.1　MySQL 日志概述

在数据库领域，日志就是将数据库中的每一个变化和操作时产生的信息记载到一个专用的文件里，这种文件就叫作日志文件。从日志中可以查询到数据库的运行情况、用户操作、错误信息等，为数据库管理和优化提供必要的信息。

MySQL 中日志主要分为 3 类，分别说明如下：

(1) 二进制日志：以二进制文件的形式记录数据库中所有更改数据的语句。

(2) 错误日志：记录 MySQL 服务的启动、运行或停止时出现的问题。

(3) 查询日志：又分为通用查询日志和慢查询日志，其中通用查询日志记录建立的客户端连接和记录查询的信息,慢查询日志记录执行时间超过 long_query_time 的所有查询或不使用索引的查询。

除二进制日志外，所有日志文件都是文本文件。日志文件通常存储在 MySQL 数据库的数据目录下。只要日志功能处于启用状态，日志信息就会不断地被写入相应的日志文件中。

使用日志可以帮助用户提高系统的安全性，加强对系统的监控,便于对系统进行优化，建立镜像机制和让事务变得更加安全。但日志的启动会降低 MySQL 数据库的性能，在查询频繁的数据库系统中，若开启了通用查询日志和慢查询日志，数据库服务器会花费较多的时间用于记录日志，且日志文件会占用较大的存储空间。

默认情况下，MySQL 服务器只启动错误日志功能，其他日志类型都需要数据库管理员进行配置。

9.3.2　二进制日志

二进制日志记录了所有的 DDL 语句和 DML 语句对数据的更改操作。语句以"事件"的形式保存，它描述了数据的更改过程。二进制日志是基于时间点的恢复，对于数据灾难时的数据恢复起着极其重要的作用。

二进制日志文件主要包括以下两类文件：

(1) 二进制日志索引文件，用于记录所有的二进制文件，文件名后缀为 .index。

(2) 二进制日志文件，用于记录数据库所有的 DDL 语句和 DML(除了 SELECT 操作)语句的事件，文件名后缀为 .00000n，n 是从 1 开始的自然数。

1. 启动和设置二进制日志

默认情况下，二进制日志是关闭的，可以通过修改 MySQL 的配置文件 my.ini 来设置和启动二进制日志。

在配置文件 my.ini 中与二进制日志相关的参数在[mysqld]组中设置，主要参数如下：

```
[mysqld]
log_bin[=path/[filename]]
expire_logs_days = 10
max_binlog_size = 100M
```

参数说明如下：

- log_bin：用于设置开启二进制日志。path 表明日志文件所在的物理路径，在目录的文件夹命名中不能有空格，否则在访问日志时会报错。filename 则指定了日志文件的名称，如文件的命名为 filename.000001、filename000002 等，另外还有一个名称为 filename.index 的文件，文件内容为所有日志的清单，该文件为文本文件。

- expire_logs_days：用来定义 MySQL 清除过期日志的时间，即二进制日志自动删除的天数。默认值为 0，表示没有自动删除。

- max_binlog_size：定义了单个日志文件的大小限制，如果二进制日志写入的内容大小超出给定值，日志就会发生滚动(关闭当前文件，重新打开一个新的日志文件)。不能将该变量设置为大于 1 GB 或小于 4 KB，默认值是 1 GB。

设置二进制日志完成并添加完毕之后，只有重新启动 MySQL 服务，配置的二进制日志信息才能生效。用户可以通过 SHOW VARIABLES 语句来查询日志设置。

若想关闭二进制日志功能，只需注释[mysqld]组中与二进制日志相关的参数设置即可。

【例 9.13】启动 MySQL 的二进制日志，二进制日志文件存放于 MySQL 的安装目录，并查看日志设置。

操作步骤如下：

(1) 查看 my.ini 配置文件中[mysqld]下的 log_bin 语句，默认如下，可修改，如果修改则需要重启 MySQL 服务器才生效。

```
log_bin = "SKY-20190619DAN-bin"
```

(2) 执行 SHOW VARIABLES 语句查看日志设置，具体语句和运行结果部分内容如图 9.34 所示。

从图 9.34 中可以看到 log_bin 变量的值为 ON，表示二进制日志已经开启。MySQL 重启后，在 MySQL 的数据文件夹或 MySQL 的安装目录下产生文件后缀为 .index 和 .000005 的两个文件。日志文件的名称格式一般是"文件名.00000n"(文件名＋日志序号)，此处的日志文件后缀名是 .000005 说明 MySQL 服务启动了 5 次，生成了第 5 个日志文件，如图 9.35 所示。

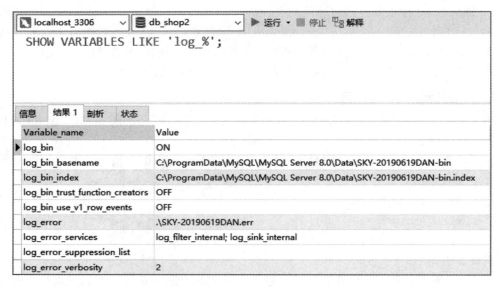

图 9.34　查看日志设置

提示：数据库文件和日志文件最好不要放在同一磁盘驱动器上，当数据库磁盘发生故障时，可以使用日志文件恢复数据。

C:\ProgramData\MySQL\MySQL Server 8.0\Data			
名称	修改日期	类型	大小
SKY-20190619DAN-bin.000002	2021-6-22 12:05	000002 文件	14 KB
SKY-20190619DAN-bin.000003	2021-6-24 19:55	000003 文件	8 KB
SKY-20190619DAN-bin.000004	2021-6-24 20:25	000004 文件	1 KB
SKY-20190619DAN-bin.000005	2021-6-25 9:25	000005 文件	3 KB
auto.cnf	2021-6-19 9:55	CNF 文件	1 KB
#ib_16384_0.dblwr	2021-6-24 20:19	DBLWR 文件	192 KB
#ib_16384_1.dblwr	2021-6-20 10:51	DBLWR 文件	8,384 KB
SKY-20190619DAN.err	2021-6-24 20:26	ERR 文件	7 KB
mysql.ibd	2021-6-25 9:26	IBD 文件	24,576 KB
SKY-20190619DAN-bin.index	2021-6-24 20:26	INDEX 文件	1 KB

图 9.35　查看日志文件

2. 读取二进制日志

(1) 使用 SHOW BINARY LOGS 语句查看二进制日志个数及文件名。

【例 9.14】 使用 SHOW BINARY LOGS 语句查看当前二进制日志个数及文件信息。具体语句如下：

```
SHOW BINARY LOGS;
```

执行上述语句后，运行结果如图 9.36 所示。

从图 9.36 所示可知，当前二进制日志个数有 5 个，文件名是 SKY-20190619DAN-bin.00000n。日志文件的个数与 MySQL 服务启动的次数相同，每启动一次服务，就会产生一个新的日志文件。

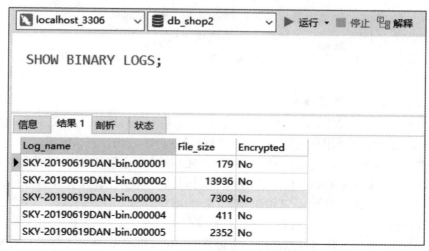

图 9.36 查看二进制日志文件信息

(2) 使用 mysqlbinlog 查看二进制日志内容。

二进制日志是以二进制编码对数据更改进行的记录,因此需要特殊工具读取该文件。MySQL 提供的 mysqlbinlog 工具可以查看二进制日志文件的具体内容。

mysqlbinlog 的命令语法格式如下:

mysqlbinlog "二进制日志文件"

其中,二进制日志文件包含其物理路径。

【例 9.15】 使用 mysqlbinlog 命令查看二进制日志文件 C:\ProgramData\MySQL\MySQL Server 8.0\Data\SKY-20190619DAN-bin.000003 的具体内容。

(1) 通过 DOS 命令 CD,将 mysqlbinlog 工具所在的磁盘目录设置为当前目录。

CD C:\Program Files\MySQL\MySQL Server 8.0\bin

(2) 使用 mysqlbinlog 查看日志文件。

mysqlbinlog "C:\ProgramData\MySQL\MySQL Server 8.0\Data\

SKY-20190619DAN-bin.000003"

运行结果(部分内容)如图 9.37 所示。

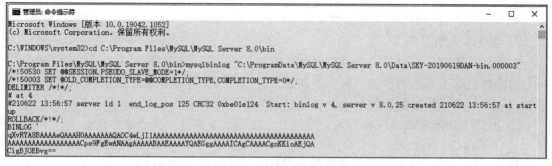

图 9.37 使用 mysqlbinlog 查看二进制日志内容

【例 9.16】 将二进制日志文件 C:\ProgramData\MySQL\MySQL Server 8.0\Data\SKY-20190619DAN-bin.000005 的内容,输出到 D 盘名为 mysql_temp.sql 的文件中。

具体命令语句如下:

mysqlbinlog "C:\ProgramData\MySQL\MySQL Server 8.0\Data\

SKY-20190619DAN-bin.000005">D:\mysql_temp.sql

执行上述命令，在 D 盘根目录中生成了 mysql_temp.sql 文件。读者可以打开该文件查看文件内容。

3. 从二进制日志中恢复数据

在数据量较小的情况下，数据库备份操作通常采用 mysqldump 命令进行数据库完全备份，但是当数据量达到一定程度之后，常采用增量备份的方法。在 MySQL 中，增量备份主要是通过恢复二进制日志文件完成的。MySQL 数据库会以二进制形式自动把用户对 MySQL 数据库的操作记录到文件，当用户需要恢复时，使用二进制日志备份文件进行恢复。因此，二进制日志文件可以说就是 MySQL 的增量备份文件。

mysqlbinlog 工具除了可以查看二进制日志文件内容外，还可以将二进制日志文件两个指定时间点之间的所有对数据修改的操作进行恢复。mysqlbinlog 恢复数据的语法格式如下：

mysqlbinlog [option] filename | mysql -uuser -ppassword

其中，filename 为二进制日志文件名；option 为可选参数，语法说明如下：

- --start-date：恢复数据操作的起始时间点。
- --stop-date：恢复数据操作的结束时间点。
- --start-position：恢复数据操作的起始偏移位置。
- --stop-position：恢复数据操作的结束偏移位置

【例 9.17】使用 mysqlbinlog 工具将 MySQL 数据库恢复到 2021 年 6 月 24 日 20:25:00 时的状态。

(1) 在存放二进制日志文件的目录下找到 2021 年 6 月 24 日 20:25:00 这个时间点的日志文件对应为 SKY-20190619DAN-bin.000004。

(2) 打开 Windows 命令行窗口，将 mysqlbinlog 命令所在的目录设置为当前目录。

(3) 在命令窗口中输入如下命令：

mysqlbinlog --stop-date-"2021-06-24 20:25:00""C:\ProgramData\MySQL\MySQL Server 8.0\ Data\SKY-20190619DAN-bin.000004"| mysql -uroot -Proot

执行命令后，MySQL 服务器会恢复 SKY-20190619DAN-bin.000004 日志文件中 2021-06-24 20:25:00 时间点以前的所有操作。

4. 删除二进制日志

二进制日志文件会记录用户对数据的修改操作，随着时间的推移，该文件会不断增长，势必影响数据库服务器的性能，对于过期的二进制日志文件应当及时删除。MySQL 的二进制日志文件可以配置为自动删除，也可以采用安全的手动删除方法。

(1) 使用 RESET MASTER 语句删除所有二进制日志文件。其语法格式如下：

RESET MASTER;

执行该语句后，当前数据库服务器下所有的二进制日志文件将被删除，MySQL 会重新创建二进制日志文件，日志文件扩展名的编号重新从 000001 开始。

(2) 使用 PUREG MASTER LOGS 语句删除指定日志文件。

使用 PUREG MASTER LOGS 语句删除指定日志文件的语法格式如下：

PURGE {MASTER | BINARY} LOGS TO 'log_name'

或

PURGE {MASTER | BINARY} LOGS BEFORE 'data'

其中，MASTER 与 BINARY 等效。第 1 种方法指定文件名，执行该命令将删除文件名编号比指定文件名编号小的所有日志文件。第 2 种方法指定日期，执行该命令将删除指定日期以前的所有日志文件。

RESET MASTER 删除所有的二进制日志文件；PURGE MASTER LOGS 只删除部分二进制日志文件。

【例 9.18】 使用 PURGE MASTER LOGS 删除比 SKY-20190619DAN-bin.000003 编号小的日志文件。

(1) 使用 SHOW BINARY LOGS 语句查看当前二进制日志文件。

(2) 删除比 SKY-20190619DAN-bin.000003 编号小的日志文件，语句如下：

PURGE BINARY LOGS TO 'SKY-20190619DAN-bin.000003'

(3) 再次执行 SHOW BINARY LOGS 语句查看当前二进制日志文件，运行结果如图 9.38 所示。

图 9.38　删除指定日志文件后显示结果

从图 9.38 所示结果可以看出，执行删除二进制日志文件语句后，比 SKY-20190619DAN-bin.000003 编号小的日志文件都已被删除。

9.3.3　错误日志

错误日志记载着 MySQL 服务器数据库系统的诊断和出错信息，包括 MySQL 服务器启动、运行和停止数据库的信息以及所有服务器出错信息。

1. 启动和设置错误日志

默认情况下，MySQL 会开启错误日志，用于记录 MySQL 服务器运行过程中发生的错误相关信息。错误日志文件默认存放在 MySQL 服务器的 data 目录下，文件名默认为主机名.err。错误日志的启动和停止及日志文件名，都可以通过修改 my.ini 来配置，只需在 my.ini 文件的[mysqld]组中配置 log_error 参数，就可以启动错误日志。如果需要指定文件名，则配置如下：

[mysqld]

log_error = [path/ [file_name]]

其中，path 为日志文件所在的目录路径，file_name 为日志文件名。修改配置后，重新启动 MySQL 服务器即可。

若想关闭数据库错误日志功能，只需注释 log-error 参数行。

2. 查看错误日志

通过错误日志可以监视系统的运行状态，便于及时发现故障，修复故障。MySQL 错误日志是以文本文件形式存储的，可以使用文本编辑器直接查看错误日志。

【例 9.19】 使用 SQL 语句查看 MySQL 的错误日志。

可以通过 SHOW VARIABLES 语句查看错误日志名和路径。具体语句如下：

　　SHOW VARIABLES LIKE 'log_error';

执行上述语句后，运行结果如图 9.39 所示。

图 9.39　查看错误日志存储路径和名称

从图 9.39 中可以看出，错误日志存储在默认的数据目录下，读者可以使用记事本打开该文件，查看文件相关内容。

3. 删除错误日志

由于错误日志是以文本格式存储的，因此可以直接删除。在运行状态下删除错误日志文件后，MySQL 并不会自动创建日志文件，需要使用 flush logs 重新加载。

用户可以在服务器端执行 mysqladmin 命令重新加载，Windows 窗口命令如下：

　　C:\>mysqladmin -u root -pPassword flush logs

此外，删除错误日志还可以在数据库已登录的客户端重新加载，SQL 语句如下：

　　mysql>flush logs;

9.3.4　通用查询日志

查询日志分为通用查询日志和慢查询日志，其中，通用查询日志记载着 MySQL 的所有用户操作，包括启动和关闭服务、执行查询和更新语句等信息，慢查询日志记载着查询时长超过指定时间的查询信息。

通用查询日志一般是以 .log 为后缀名的文件，如果没有在 my.ini 文件中指定文件名，就默认主机名为文件名。这个文件的用途不是为了恢复数据，而是为了监控用户的操作情况，例如，用户什么时候登录，哪个用户修改了哪些数据等。

1. 启动和设置通用查询日志

在默认情况下,MySQL 服务器并没有开启查询日志。可以通过修改系统配置文件 my.ini 来开启,它与二进制日志和错误日志类似,需要在 my.ini 文件的[mysqld]组下修改 log 选项设置,配置信息如下:

```
[mysqld]
log = [path/ [filename]]
```

其中 path/[filename]表示日志文件存储的物理路径和文件名。如果不指定存储位置,通用查询日志默认存储在 MySQL 数据文件夹中,并以"主机名.log"命名。

此外通用查询日志也可以通过在 my.ini 配置文件中设置如下系统变量来设置。

```
[mysqld]
log.output = [ none | file | table | file, table ]
general_log = [1|0]
general_log_file = [filename]
```

其中:log.output 用于设置通用查询日志输出格式;general_log 用于设置是否启用通用查询日志;general_log_file 指定日志输出的物理文件。

以上方法中均需要重新启动 MySQL 服务器才能使设置生效。

【例 9.20】 启用 MySQL 的通用查询日志。

操作步骤如下:

(1) 使用 SHOW VARIABLES 语句可以查看与通用查询日志相关的系统变量,查询结果如图 9.40 所示。

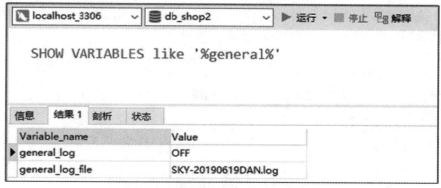

图 9.40 查看默认的通用查询日志系统变量

(2) 在 my.ini 文件的[mysqld]组中修改如下配置信息:

```
[mysqld]
general_log = 1
```

保存文件并重新启动 MySQL 服务器。使用 SHOW VARIABLES 语句可以查看与通用查询日志相关的系统变量,如图 9.41 所示。

从查询结果可以看到,通用查询日志呈开启状态。

注意: 由于查询日志会记录用户的所有操作,其中还包含增删改查等信息,在并发操作多的环境下会产生大量的信息,从而导致不必要的磁盘输入/输出,会影响 MySQL 的性能,若不是为了调试数据库的目的,则建议不要开启查询日志。

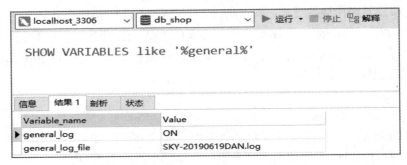

图 9.41   查看启用后的通用查询日志系统变量

为了方便数据库对通用查询日志的使用，数据库管理员还可以在 MySQL 的客户端中直接设置相关变量，开启或关闭通用查询日志。其语法格式如下：

SET GLOBAL general_log = [1|0];

或

SET @@GLOBAL.general_log = [1|0];

2. 设置通用查询日志输出格式

在默认情况下，通用查询日志输出格式为文本，可以通过设置 log_output 变量来修改输出类型。其语法格式如下：

SET GLOBAL log_output = [none | file| table | file，table];

其中：file 设置输出日志为文本格式；table 是指输出为数据表，该表存储在 mysql 数据库中的 general_log 表中；file，table 表示同时向文件和数据表中添加日志记录；设置为 none 时不输出任务日志。

【例 9.21】 设置输出通用查询日志格式为 table。

具体语句如下：

SET GLOBAL log_output = 'table';

执行上述语句，并使用 SHOW VARIABLES 语句查询 log_output 变量，运行结果如图 9.42 所示。

图 9.42   修改和查看 log_output 变量

从图 9.42 中可以看出，通用查询日志格式已更改为 "TABLE" 类型。此时，用户对数据库的所有操作都会记录在 mysql 数据库的 general_log 表中。

3. 查看通用查询日志

查看通用查询日志，数据库管理员可以清楚地知道用户对 MySQL 进行的所有操作。

当通用查询日志输出为文本格式时，只需使用文本编辑器打开相应的日志文件即可。

【例 9.22】 使用文本编辑器查看 MySQL 通用查询日志。

打开日志文件存放目录下的 SKY-20190619DAN.log 文件，内容如图 9.43 所示。

图 9.43 SKY-20190619DAN.log 文件中的部分内容

从图 9.43 中可以看到，MySQL 的启动信息和用户 root 连接服务器、切换数据库及数据查询语句都记录在该文件中。

当通用查询日志输出为数据表时，可以通过查询 mysql 数据库中的 general_log 表查看数据库的操作情况。

【例 9.23】 查询 mysql 数据库的 general_log 表的记录信息。

(1) 使用 DESC 语句查看 general_log 表的结构。语句如下：

        DESC mysql.general_log;

运行结果如图 9.44 所示。

localhost_3306	db_shop	▶ 运行 ▾ ■ 停止 ᗎ 解释

```
DESC mysql.general_log;
```

| 信息 | 结果 1 | 剖析 | 状态 |

Field	Type	Null	Key	Default	Extra
event_time	timestamp(6)	NO		CURRENT_TIMESTAMP(6)	DEFAULT_GENERATED
user_host	mediumtext	NO		(Null)	
thread_id	bigint unsigned	NO		(Null)	
server_id	int unsigned	NO		(Null)	
command_type	varchar(64)	NO		(Null)	
argument	mediumblob	NO		(Null)	

图 9.44 系统日志表结构

图 9.44 中：event_time 表示事件发生时间；user_host 表示操作的用户名；thread_id 表示操作进程 ID；server_id 表示操作的服务器 ID；command_type 表示操作类型；argument 表示操作内容。

(2) 使用 SELECT 语句查询日志表中操作类型和操作内容。语句如下：

        SELECT command_type, argument FROM mysql.general_log;

4. 删除通用查询日志

由于通用查询日志记录用户的所有操作，因此在用户频繁查询、更新的情况下，通用查询日志会增长很快。数据库管理员可以定期删除早期的通用查询日志，以节省磁盘空间。当通用查日志是文本格式时，直接删除磁盘文件即可；当通用查询日志记录在表中时，可以使用 DELETE 语句删除数据表的方式删除查询日志。

9.3.5　慢查询日志

慢查询日志，顾名思义就是记录执行比较慢的查询的日志。数据库管理员通过对慢查询日志进行分析，可以找出执行时间较长、执行效率较低的语句，并对其进行优化。

MySQL 中默认慢查询日志是关闭的，若需要开启慢查询日志，则可以修改系统配置文件 my.ini。在 my.ini 文件的[mysqld]组下加入慢查询日志的配置选项，即可以开启慢查询日志。其语法格式如下：

```
[mysqld]
slow_query_log = [0 | 1]
slow_query_log_file = [filename]
long_query_time = n;
```

语法说明如下：

• slow_query_log_file：代表 MySQL 慢查询日志的存储文件名，如果不指定文件名，默认存储在数据目录中，文件名是 MySQL 服务器的主机名。

• long_query_time=n：表示查询执行的阈值。n 为时间值，单位是 s，默认时间为 10s。当查询超过执行的阈值时，将会被记录。

• slow_query_log：值为 0 时，在日志中将没有使用索引的查询记录。

【例 9.24】　使用 SHOW VARIABLES 语句查看慢查询日志的系统变量。

具体语句如下：

```
SHOW VARIABLES LIKE '%slow_%';
```

执行上述语句后，查询结果如图 9.45 所示。

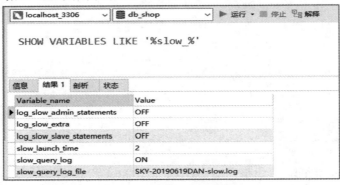

图 9.45　查看慢查询日志的系统变量

此外，数据库管理员可以在当前会话中，使用 SET GLOBAL 语句重设慢日志查询的变量状态。

课　后　练　习

一、单选选择题

1. 备份 MySQL 数据库的命令是(　　　　)。

A. mysqldump   B. mysql

C. copy   D. backup

2. 实现 MySQL 导入数据的命令是(   )。

A. mysqldump   B. mysqlimport

C. backup   D. return

3. 还原 MySQL 数据库的命令是(   )。

A. mysqldump   B. mysql

C. return   D. backup

4. 在某一次完全备份基础上，只备份其后数据变化的备份类型称为(   )。

A. 完全备份   B. 增量备份

C. 差异备份   D. 比较备份

5. 下列有关 mysqldump 备份特性的描述中(   )是不正确的。

A. 是逻辑备份，需要将表结构和数据转换成 SQL 语句

B. MySQL 服务器必须运行

C. 备份与恢复速度比物理备份快

D. 支持 MySQL 所有存储引擎

6. 在 MySQL 内部有 4 种常见的日志,(   )不能直接使用文本编辑器查看日志内容。

A. 错误日志   B. 二进制日志

C. 通用查询日志   D. 慢查询日志

7. 查看和恢复二进制日志的命令是(   )。

A. mysqldump   B. mysql

C. mysqlimport   D. mysqlbinlog

8. (   )是 MySQL 官方提供的日志分析工具。

A. mysqldump   B. mysql-explain-slow-log

C. mysqlsla   D. mysqldumpslow

二、项目实践题

1. 使用 mysqldump 命令备份 db_shop 数据库。

2. 使用 Navicat 工具备份 db_shop 数据库。

3. 使用 mysql 命令恢复 db_shop 数据库。

4. 使用 Navicat 工具恢复 db_shop 数据库。

5. 使用 SELECT…INTO OUTFILE 语句导出 db_shop.goods 表中的数据，导出文件名为 goods.txt，文件格式为 txt 格式。

6. 使用 Navicat 工具导出 db_shop.users 表中的数据，导出文件名为 users.txt。

7. 使用 LOAD DATA 语句导入 goods.txt 数据到 db_shop.goods1 表。

8. 使用 mysqlimport 语句导入 users.txt 数据到 db_shop.users1 表。

9. 设置启动二进制日志，并使用 mysqlbinlog 命令查看该文件。

10. 为 users1 表添加一条记录，然后删除 users1 表，使用 mysqlbinlog 工具恢复 user1 表在删除记录之前的数据。

项目十

数据库设计

　　一个成功的应用管理系统，是由 50%的业务加 50%的软件所组成的，而 50%的成功软件又是由 25%的数据库加 25%的程序所组成的。因此，一个应用管理系统的成功与否，系统数据库设计得好坏是关键，它将直接影响系统的功能性和可扩展性。

　　数据库设计(Database Design)是指对于给定的应用环境，构造最优的数据模式，建立数据库及其应用系统，使之能够有效地存储数据，满足各类用户的应用需求。数据库建模是指在数据库设计阶段，对现实世界进行分析和抽象，进而确定应用系统的数据库结构。本项目通过分析数据库系统设计的需求，结合数据库设计概念和设计理论，完成数据库的 E-R 模型图的设计。

学习目标

　　(1) 理解数据库系统设计的需求。
　　(2) 理解数据库设计的一般过程。
　　(3) 会根据需求抽象实体与实体间的关系。
　　(4) 掌握 E-R 模型图的设计。

任务 10.1　理解数据库设计与用户需求分析

　　【任务描述】　要进行数据库设计首先要了解和分析用户需求。需求分析是整个设计过程的基础，也是最困难、最耗时的一项工作。本任务主要是了解数据库系统设计的基本概念、特点和设计过程，掌握获取用户需求的方法和步骤。

10.1.1　数据库系统设计的任务

　　数据库系统的生命周期分为两个重要的阶段：一是数据库系统的设计阶段，二是数据库系统的实施和运行阶段。其中数据库系统的设计阶段是数据库系统整个生命周期中工作量比较大的一个阶段，其质量对整个数据库系统的影响很大。

　　数据库系统设计的基本任务是：根据一个组织部门的信息需求、处理需求和数据库的支持环境(包括 DBMS、操作系统和硬件)，设计出数据模式，包括外模式、逻辑(概念)模式和内模式及典型的应用程序。其中信息需求表示一个组织部门所需要的数据及其结构；处理需求表示一个组织部门需要经常进行的数据处理，如工资计算、成绩统计等。前者表达了对数据库的内容及结构的要求，也就是静态要求；后者表达了基于数据库的数据处理要求，也就是动态要求。DBMS、操作系统和硬件既是建立数据库系统的软、硬件基础，也是其制约因素。为了便于理解上面的概念，下面举一个具体的例子。

某大学需要利用数据库来存储和处理每个学生、每门课程以及每个学生所选课程及成绩的数据。其中每个学生的属性有姓名(Name)、性别(Sex)、出生日期(Birthdate)、系别(Department)、入学日期(EnterDate)等；每门课程的属性有课程号(Cno)、学时(Ctime)、学分(Credit)、教师(Teacher)等；学生和课程之间的联系是学生选了哪些课程以及学生所选课程的成绩或所选课程是否通过等。以上这些都是这所大学需要的数据及其结构，属于整个数据库系统的信息需求。而该大学在数据库上进行的操作，例如统计每门课的平均分、每个学生的平均分等，则是该大学需要的数据处理，属于整个数据库系统的处理需求。此外，该大学运行数据库系统的操作系统(Windows，UNIX)、硬件环境(CPU 速度、硬盘容量)等，也是设计数据库系统时需要考虑的因素。

信息需求主要是定义数据库系统将要用到的所有信息，包括描述实体、属性、数据之间的联系以及联系的性质，处理需求则定义所设计的数据库系统将要进行的数据处理，描述操作的优先次序、操作执行的频率和场合，描述操作与数据之间的联系。当然，信息需求和处理需求的区分不是绝对的，只不过侧重点不同而已。信息需求要反映处理的需求，处理需求自然包括其所需的数据。

通过上面的分析我们看到，数据库系统设计的任务有两个：一是数据模式的设计，二是以数据库管理系统(DBMS)为基础的应用程序的设计。应用程序是随着业务的发展而不断变化的，在有些数据库系统中(例如情报检索)，事先很难编出所需的应用程序或事务，因此，数据库系统设计的最基本的任务是数据模式的设计。不过，数据模式的设计必须适应数据处理的要求，以保证大多数常用的数据处理能够方便、快速地进行。

10.1.2 数据库系统设计的特点

同其他的工程设计一样，数据库系统设计具有下述 3 个特点。

1. 反复性(iterative)

数据库系统的设计不可能"一气呵成"，需要经过反复推敲和修改才能完成。前阶段的设计是后阶段设计的基础和起点，后阶段也可向前阶段反馈其要求。如此反复修改，才能比较圆满地完成数据库系统的设计。

2. 试探性(tentative)

与解决一般问题不同，数据库系统设计的结果经常不是唯一的，所以设计的过程通常是一个试探的过程。由于在设计过程中，有各种各样的需求和制约的因素，它们之间有时可能会相互矛盾，因此数据库系统的设计结果很难达到非常满意的效果，常常为了达到某些方面的优化而降低了另一方面的性能。这些取舍是由数据库系统设计者权衡本组织部门的需求来决定的。

3. 分步进行(multistage)

数据库系统的设计常常由不同的人员分阶段地进行。这样既使整个数据库系统的设计变得条理清晰、目的明确，又满足了技术上分工的需要。而且分步进行可以分段把关，逐级审查，能够保证数据库系统设计的质量和进度。尽管后阶段可能会向前阶段反馈其要求，但在正常情况下，这种反馈修改的工作量不会很大。

10.1.3　数据库设计的主要步骤

数据库系统是以数据为中心，在数据库管理系统的支持下进行数据的收集、整理、存储、更新、加工和统计，并进行信息的查询和传播等操作的计算机系统。数据库系统的设计既要满足用户的需求，又要与给定的应用环境密切相关，因此必须采用系统化、规范化的设计方法进行设计。

设计与使用数据库系统的过程是把现实世界的数据经过人为的加工和计算机的处理，为现实世界提供信息的过程。在给定的 DBMS、操作系统和硬件环境下，表达用户的需求，并将其转换为有效的数据库结构，构成较好的数据库模式，这个过程称为数据库设计。要设计一个好的数据库必须用系统的观点分析和处理问题。数据库及其应用系统开发的全过程可分为两大阶段：数据库系统的分析与设计阶段；数据库系统的实施、运行与维护阶段。具体细分为如下 6 个步骤：需求分析、概念结构设计、逻辑结构设计、物理结构设计、数据库实施和数据库运行与维护。

(1) 需求分析。需求分析是数据库系统设计的基础，通过调查和分析，了解用户的信息需求和处理需求，并以数据流图、数据字典等形式加以描述。需求分析是整个设计过程的基础，是最困难、最耗时的一步。需求分析做得不好，将会导致整个系统返工重做。

(2) 概念结构设计。概念结构设计主要是把需求分析阶段得到的用户需求进行综合、归纳与抽象，形成一个独立于具体 DBMS 的概念模型。概念结构设计是数据库系统设计的关键，我们将使用 E-R 模型作为概念模式设计的工具。

(3) 逻辑结构设计。逻辑结构设计就是将概念结构设计阶段产生的概念结构转换成为某个 DBMS 所支持的数据模型，并对其进行优化。由于本书主要是围绕关系模型来进行讨论的，所以本章以关系模型和关系数据库管理系统为基础来讨论逻辑结构设计。

(4) 物理结构设计。物理结构设计是为逻辑数据模型选取一个最合适的物理环境(包括存储结构和存取方法)。

(5) 数据库实施。在这个阶段，设计人员运用 DBMS 提供的数据库语言(如 SQL)及其宿主语言，根据逻辑结构设计和物理结构设计的结果建立数据库，编制与调试应用程序，组织数据入库，并进行试运行。

(6) 数据库运行与维护。数据库应用系统经过试运行后即可投入正式运行。在数据库系统运行过程中必须不断对其进行评价、调整与修改。

图 10.1 所示反映了数据库系统设计过程中需求分析、概念模式设计阶段独立于计算机系统(软件、硬件)，而逻辑结构设计阶段、物理结构设计阶段应根据应用的要求和计算机软硬件的资源(操作系统 OS、数据库管理系统 DBMS、内存的容量、CPU 的速度等)进行设计。

图 10.1　数据库设计步骤

10.1.4　需求分析的目标

　　设计一个数据库系统，首先必须确认数据库系统的用户和用途。由于数据库系统是一个组织部门的模拟，数据库系统设计者必须对一个组织部门的基本情况有所了解，比如该组织部门的组织机构、各部门的联系、有关事物和活动，以及描述它们的数据、信息流程、政策制度、报表及其格式和有关的文档等。收集和分析这些资料的过程称为需求分析。需求分析的目标是给出应用领域中数据项、数据项之间的关系和数据操作任务的详细定义，为数据库系统的概念结构设计、逻辑结构设计和物理结构设计奠定基础，为优化数据库系统的逻辑结构和物理结构提供可靠依据。设计人员应与用户密切合作，用户则应积极参与，从而使设计人员对用户需求有全面、准确的理解。

　　需求分析的过程是对现实世界深入了解的过程，数据库系统能否正确地反映现实世界，主要取决于需求分析的结果。需求分析人员既要对数据库技术有一定的了解，又要对组织部门的情况比较熟悉，故需求分析一般由数据库系统设计人员和组织部门的有关工作人员合作进行。将需求分析的结果整理成需求分析说明书，这是数据库技术人员与应用组织部门的工作人员取得共识的基础，必须得到有关组织部门人员的确认。

10.1.5　需求信息的收集

　　需求信息的收集又称为系统调查。为了充分地了解用户可能提出的要求，在调查研究之前，要做好充分的准备工作，要明确调查的目的、调查的内容和调查的方式。

1. 调查的目的

　　首先，要了解一个组织部门的机构设置，主要业务活动和职能；其次，要了解组织部门的大致工作流程和任务范围划分。这一阶段的工作是大量的和繁琐的，其原因一方面是管理人员缺乏对计算机的了解，他们不知道或不清楚哪些信息对于数据库系统设计者是必要的或重要的，不了解计算机在管理中能起什么作用，做哪些工作；另一方面是数据库系统设计者缺乏对管理对象的了解，不了解管理对象内部的各种联系，不了解数据处理中的各种要求。由于管理人员与数据库系统设计者之间存在着这样的距离，所以需要管理人员和数据库系统设计者更加紧密地配合，充分提供有关信息和资料，为数据库系统的设计打下良好的基础。

2. 调查的内容

　　外部要求：信息的性质，响应的时间、频度和如何发生的规则，以及对经济效益的考虑和要求，安全性及完整性要求。

　　业务现状：这是调查的重点，包括信息的种类、信息流程、信息的处理方式、各种业务工作过程和各种票据。

组织机构：了解组织部门内部机构的作用、现状、存在的问题，以及是否适应计算机管理、规划中的应用范围和要求。

3．调查的方式

调查方式包括开座谈会，跟班作业，请调查对象填写调查表，查看业务记录、票据，个别交谈等。

对高层负责人的调查，最好采用个别交谈方式。在交谈之前，应给他们一份详细的调查提纲，以便他们有所准备。从访问中，可获得有关该组织高层管理活动和决策过程的信息需求、该组织的运行政策、未来发展变化趋势与战略规划等有关的信息。

对中层管理人员的访问，可采用开座谈会、个别交谈或发调查表、查看业务记录的方式，目的是了解企业的具体业务控制方式和约束条件、不同业务之间的接口、日常控制管理的信息需求以及预测未来发展的潜在信息要求。

对基层操作人员的调查，主要采用发调查表和个别交谈方式来了解每项具体业务的过程、数据要求和约束条件。

10.1.6　需求信息的整理

要把收集到的信息(如文件、图表、票据、笔记等)转化为下一设计阶段可用的信息，必须对需求信息做分析整理工作。

1．业务流程分析

业务流程分析的目的是获得业务流程及业务与数据联系形式的描述。一般采用数据流分析法，分析结果以数据流图(DFD)表示。图 10.2 是一个数据流图的示意图。图中的有向线表示数据流，圆圈代表一个处理，圆圈中写上处理的名称，双向箭头线段表示数据的存储。

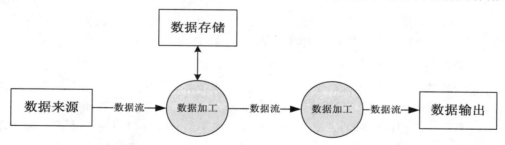

图 10.2　数据流图基本形式

下面是学校教学管理系统数据库系统设计的业务流程分析，原始的数据是学生的成绩，系统要求统计学生的成绩，并根据成绩的统计结果由奖学金评委评选出获得奖学金的学生，其数据流图如图 10.3 所示。

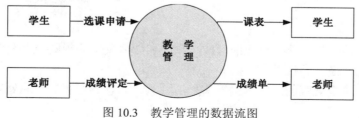

图 10.3　教学管理的数据流图

2. 编制数据字典

数据流图表达了数据和处理的关系,数据字典则是系统中各类数据描述的集合,是进行详细的数据收集和数据分析所获得的主要成果。数据字典在数据库设计中占有很重要的地位。

数据字典通常包括数据项、数据结构、数据流、数据存储和处理过程5个部分。其中数据项是数据的最小组成单位,若干个数据项可以组成一个数据结构,数据字典通过对数据项和数据结构的定义来描述数据流、数据存储的逻辑内容。

1) 数据项

数据项是不可再分的数据单位。对数据项的描述通常包括以下内容:

数据项描述 = {数据项名,数据项含义说明、别名、数据类型、长度、取值范围、取值含义,与其他数据项的逻辑关系,数据项之间的联系}

2) 数据结构

数据结构反映了数据之间的组合关系。一个数据结构可以由若干个数据项组成,也可以由若干个数据结构组成,或由若干个数据项和数据结构混合组成。对数据结构描述通常包括以下内容:

数据结构描述 = {数据结构名,数据结构含义说明,组成:{数据项或数据结构}}

3) 数据流

数据流是数据结构在系统内传输的路径。对数据流的描述通常包括以下内容:

数据流描述 = {数据流名,数据流含义说明,数据流来源,数据流去向,组成:{数据结构},平均流量,高峰期流量}

4) 数据存储

数据存储是数据结构停留或保存的地方,也是数据流的来源和去向之一。它可以是手工文档或手工凭单,也可以是计算机文档。对数据存储的表述通常包括以下内容:

数据存储描述 = {数据存储名,数据存储含义说明、编号,输入的数据流,输出的数据流,组成:{数据结构},数据量,存取频度,存取方式}

5) 处理过程

处理过程的具体处理逻辑一般用判定表或判定树来描述。数据字典中只需要描述处理过程的说明性信息,通常包括以下内容:

处理过程描述 = {处理过程名,处理过程含义说明,输入:{数据流},输出:{数据流},处理:{简要说明}}

可见,数据字典是关于数据库中数据的描述,即元数据,而不是数据本身。数据字典是在需求分析阶段建立并在数据库设计过程中不断修改、充实、完善的。

3. 评审

评审的目的在于确认某一阶段的任务是否全部完成,以免出现重大的疏漏和错误。评审要有项目组以外的专家和主管部门负责人参加,以保证评审工作的客观性和质量。评审常常导致设计过程的回溯和反复,需要根据评审意见修改所提交的阶段设计成果,有时修改甚至要回溯到前面的某一阶段,进行部分乃至全部重新设计,然后再进行评审,直至达到全部系统的预期目标为止。

最后要强调两点：

(1) 需求分析阶段的一个重要而困难的任务是收集将来应用所涉及的数据，设计人员应充分考虑到可能的扩充和改变，使设计易于更改，系统易于扩充。

(2) 必须强调用户的参与，这是数据库应用系统设计的特点。数据库应用系统和广泛的用户有密切的联系，许多人要使用数据库。数据库的设计和建立又可能对更多人的工作环境产生重要影响。因此用户的参与是数据库设计不可分割的一部分。在数据分析阶段，任何调查研究没有用户的积极参与都是寸步难行的。设计人员应该和用户取得共识，帮助不熟悉计算机的用户建立数据库环境下的共同概念，并对设计工作的最后结构承担共同的责任。

任务 10.2　数据库概念结构设计

【任务描述】　数据库概念结构设计阶段的主要任务是对应用领域进行概念建模，提供一个单位的数据和数据间关系的模型，为数据库逻辑设计提供基础，其中 E-R 模型图的设计是数据库概念结构设计的重点。本任务在于了解概念结构设计的基本概念和设计方法，理解实体、属性和联系等的关系，重点是掌握 E-R 模型图的设计。

10.2.1　概念结构设计的目标

概念结构设计的目标是设计出反映某个组织部门信息需求的数据库系统概念模式，数据库系统的概念模式独立于数据库系统的逻辑结构，独立于数据库管理系统(DBMS)，独立于计算机系统。

概念模式的主要特点如下：

(1) 能真实、充分地反映现实世界，包括事物和事物之间的联系，能满足用户对数据的处理要求，是对现实世界建立的一个真实模型。

(2) 易于理解，从而可以用它和不熟悉计算机的用户交换意见，用户的积极参与是数据库设计成功的关键。

(3) 易于更改，当应用环境和应用要求改变时，容易对概念模型进行修改和扩充。

(4) 易于向关系、网状、层次等各种数据模型转换。

10.2.2　概念结构设计的方法与步骤

概念结构设计通常有 4 种方法。

(1) 自顶向下：即首先定义全局概念结构的框架，然后逐步细化，如图 10.4(a)所示。

(2) 自底向上：即首先定义各局部应用的概念结构，然后将它们集成起来，得到全局概念结构，如图 10.4(b)所示。

(3) 逐步扩充：首先定义最重要的核心概念结构，然后向外扩充，以滚雪球的方式逐步生成其他概念结构，直至总体概念结构，如图 10.4(c)所示。

(4) 混合策略：即将上述 3 种方法与实际情况结合起来使用。

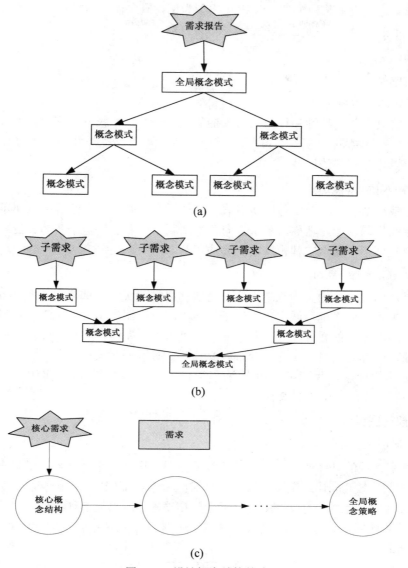

图 10.4　设计概念结构策略

通常，当数据库系统不是特别复杂且很容易掌握全局的时候，我们可以采用自顶向下策略；当数据库系统十分庞大且结构复杂时，很难一次性地掌握全局，这时一般采用自底向上策略；当时间紧迫，需要快速建立一个数据库系统时，可以采用逐步扩充策略，但是该策略容易产生负面效果，所以要慎用。

一般来说，自底向上的策略最常被采用，这里我们只介绍这种设计方法。它通常分为两步：第一步是数据抽象并设计局部视图；第二步是集成局部视图，得到全局概念结构。

10.2.3　数据抽象与局部视图的设计

概念结构是对现实世界的一种抽象。所谓抽象是对实际的人、物、事和概念进行人为处理，抽取所关心的共同特性，忽略非本质的细节，并把这些特征用各种概念精确地加以描述。这些概念组成了某种模型，以 E-R 模型为例，概念模型就是将需求分析中的信息抽象成一个一个的实体，并确定这些实体之间的关系。

1．抽象

抽象一般分 3 种情况：

1）分类(Classification)

分类是将具有共同特性和行为的对象抽象成为一类。如张三、李四、王五、赵六等抽象成"学生"；计算机、通信、管理等抽象成"专业"。这些类既可以作为 E-R 模型中的实体，也可以作为实体的属性。

2）聚集(Aggregation)

聚集是找出从属于一个实体的所有属性。如学号、姓名、专业等都从属于"学生"这个实体；专业代码、专业名称、基本方向等都从属于"专业"这个实体。当一个实体中的所有属性都找到了，这个实体也基本上完成了。

3）概括(Generalization)

概括是从面向对象的角度来考虑实体与实体之间的关系，即类似于类之间的"继承"或"派生"关系。如"车"派生出"汽车"，"汽车"派生出"轿车"；反过来看，"轿车"继承了"汽车"的属性，"汽车"继承了"车"的属性。当然，原 E-R 模型不支持概括这种抽象，除非对其进行扩充，允许定义超类实体和子类实体。

通过上述的抽象，我们可以初步完成实体的设计，然后再确定实体之间的联系类型（1∶1，1∶n，m∶n），设计 E-R 图。

2．局部视图设计

1）选择局部应用

根据某个系统的具体情况，在多层的数据流图中选择一个适当层次的数据流图，作为设计 E-R 图的出发点，让这组图中每一部分对应一个局部应用。由于高层的数据流图只能反映系统的概貌，而底层的数据图又过于分散和琐碎，所以人们往往以中层数据流图作为设计 E-R 图的依据，因为中层的数据流图能较好地反映系统中各局部应用的子系统组成，如图 10.5 所示。

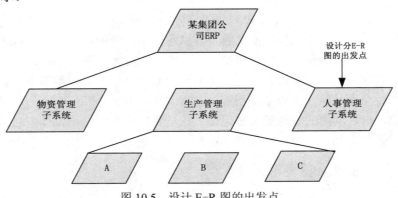

图 10.5　设计 E-R 图的出发点

2) 逐一设计 E-R 图

选择好局部应用之后，就要对每个局部应用逐一设计 E-R 图。

在前面选好的某一层次的数据流图中，每个局部应用都对应了一组数据流图，局部运用涉及的数据都已经收集在数据字典中了。现在就是要将这些数据从数据字典中抽取出来，参照数据流图，标定局部应用中的实体、实体属性，标识实体的码，确定实体之间的联系及其类型。

事实上，在现实世界中最具体的应用环境常常对实体和属性已经作了大体的自然的划分。在数据字典中，"数据结构""数据流"和"数据存储"就体现了这种划分。可以从这些内容出发定义 E-R 图，然后再进行必要的调整。

在设计的过程中，我们可能会发现有些事物既可以抽象为实体也可以抽象为属性或实体间的联系。对于这样的事物，我们应该使用最易于为用户理解的概念模型结构来表示。在易于被用户理解的前提下，既可抽象为属性又可抽象为实体的尽量抽象为属性。

【例 10.1】　对于某学校学生课程管理系统的数据库系统，在学校中有教务处和研究生院两个管理学生的部门，在设计 E-R 模型图时，可分别设计局部的 E-R 模型图，如图 10.6 和图 10.7 所示。

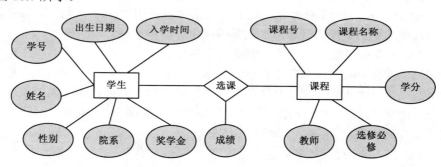

图 10.6　教务处管理学生的 E-R 模型图

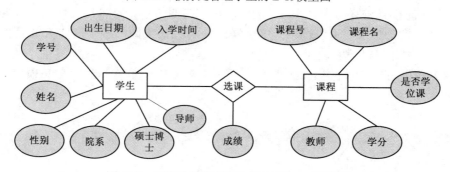

图 10.7　研究生院管理学生的局部 E-R 模型图

10.2.4　全局概念模式的设计

局部 E-R 图的设计是从局部的需求出发，比一开始就设计全局模式要简单得多。有了各个局部 E-R 图，就可通过局部 E-R 图的集成来设计全局模式。在进行局部 E-R 图集成时，需按照下面 3 个步骤来进行。

(1) 确认局部 E-R 模型图中的对应关系和冲突。

对应关系是指局部 E-R 图中语义都相同的概念，也就是它们的共同部分；冲突指相互之间有矛盾的概念。常见的冲突有下列 4 种：

① 命名冲突。命名冲突有同名异义和同义异名两种。例如"学生"和"课程"这两个实体集在教务处的局部 E-R 图和研究生院的局部 E-R 图中含义是不同的：在教务处的局部 E-R 图中，"学生"和"课程"是指大学生和大学生的课程，在研究生院的局部 E-R 图中，"学生"和"课程"是指研究生和研究生课程，这属于同名异义；在教务处的局部 E-R 图中学生实体集有"何时入学"这一属性，在研究生院的局部 E-R 图中有"入学日期"这一属性，两者是同义异名。

② 概念冲突。同一个概念在一个局部 E-R 图中可能作为实体集，在另一个局部 E-R 图中可能作为属性或联系。例如，在图 10.7 中，如果用户要求，"选课"也可以作为实体集，而不作为联系。

③ 域冲突。相同的属性在不同的局部 E-R 图中有不同的域。例如，学号在一个局部 E-R 图中可能被当作字符串，在另一个局部 E-R 图中可能被当作整数。相同的属性采用不同的度量单位，称为域冲突。

④ 约束冲突。不同局部 E-R 图可能有不同的约束。例如，对于"选课"这个联系，大学生和研究生选课的最少门数和最多门数的限定可能不一样。

(2) 对局部 E-R 图进行某些修改，解决部门冲突。

解决部门的冲突是对各个部门中存在的命名冲突、概念冲突、域冲突，约束冲突按照统一的规范定义。如"入学日期"和"何时入学"两个属性名可以统一成"入学日期"，"学号"统一用字符串表示，"学生"分为大学生和研究生两类，"课程"也分为本科生课程和研究生课程两类等。

(3) 合并局部 E-R 图，形成全局模式。

在合并局部 E-R 图的过程中，应尽可能合并对应的部分，保留特殊的部分，删除冗余部分，必要时对模式进行适当的修改，力求使模式简明清晰。局部 E-R 图的集成并不限于两个局部 E-R 图的集成，可以推广到多个局部 E-R 图的集成，多个局部 E-R 图的集成比较复杂，一般用计算机辅助设计工具进行。

【例 10.2】 在学校机构中设计学生管理系统的数据库系统的全局 E-R 模型图，如图 10.8 所示。

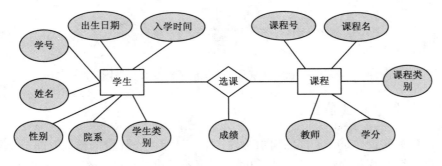

图 10.8　学生管理系统的数据库系统 E-R 模型图

图 10.8 中"学生"实体的属性中学生类别的域为本科生、研究生、博士生，如果是研

究生、博士生，应有他们的指导老师属性；课程属性中课程类别的域为研究生课程、本科生课程。图 10.8 是由图 10.6 和图 10.7 进行综合而成的 E-R 模型图。

　　【例 10.3】　设计一个工厂生产管理系统的 E-R 模型图。

　　分析：工厂的生产由技术部门和供应部门提供保障。技术部门关心的是产品的性能参数，产品由哪些零件组成，零件使用的材料和耗用量等；供应部门关心的是产品的价格、使用材料的价格及库存量等。分别设计技术部门和供应部门的 E-R 模型图，如图 10.9 和图 10.10 所示。

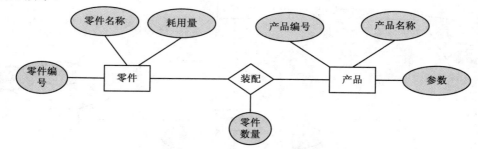

图 10.9　技术部门的 E-R 模型图

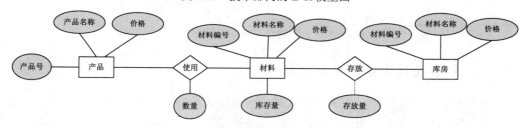

图 10.10　供应部门的 E-R 模型图

　　进一步分析：在图 10.9 和图 10.10 中实体产品的实体名称和含义是相同的，在综合成 E-R 模型图时可以合并为一个实体。在现实世界中产品是通过消耗材料生产出来的，即产品和材料之间也是有联系的。零件也是通过消耗材料而生产出来的，零件和材料之间也有消耗关系。因此图 10.9 和图 10.10 可合并成如图 10.11 所示的全局 E-R 模型图。

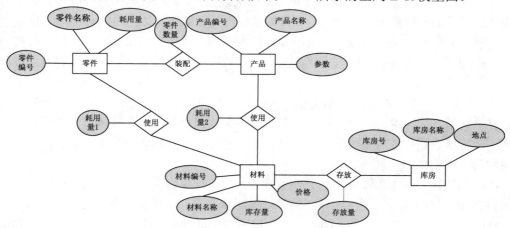

图 10.11　综合后的 E-R 模型图

　　分析：综合后的 E-R 模型图中存在着数据的冗余。产品对材料的耗用量 1 可以通过计算组成产品的零件所消耗材料的耗用量 2 获得，因此耗用量 1 为冗余数据，应该从 E-R 图中删除，联系没有了属性，产品与材料之间的联系也可以从图中删除。每一种材料的库存量可以通过计算各个仓库中这种材料的存放量获得，因此材料实体的库存量为冗余属性应该从图中删除。除去冗余后的综合 E-R 模型图如图 10.12 所示。

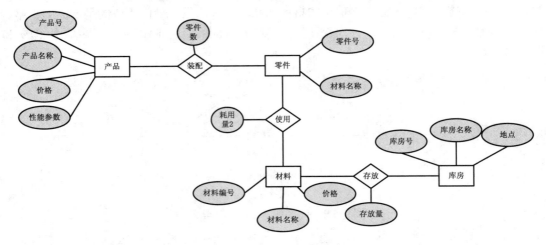

图 10.12　生产管理系统的 E-R 模型图

10.2.5　E-R 模型向关系模型的转换

关系模型的逻辑结构是一组关系模式的集合。E-R 图则是由实体型、实体的属性和实体型之间的联系 3 个要素组成。E-R 模型向关系模型的转换要解决的问题是如何将实体和实体之间的联系转换为关系模式，如何确定这些关系模式的属性和主键。这种转换一般遵循如下原则：

(1) 一个实体型转换为一个关系模型。实体的属性就是关系的属性，实体的主键就是关系的主键。

(2) 一个 1∶1 联系可以转换为一个独立的关系模式，也可以与任意一端实体对应的关系模式合并。如果转换为一个独立的关系模式，则与该联系相连的各实体的主键以及联系本身的属性均转换为关系的属性，每个实体的主键均是该关系的候选主键。如果与某一端实体对应的关系模式合并，则需要在该关系模式的属性中加入另一个关系模式的主键和联系本身的属性。

(3) 合并时，在 n 端加入一端实体的主键及联系的属性。一个 1∶n 联系可以转换为一个独立的关系模式，也可以与 n 端实体对应的关系模式合并。如果转换为一个独立的关系模式，则与该联系相连的各实体的主键以及联系本身的属性均转换为关系的属性，而关系的主键为 n 端实体的主键。

(4) 一个 m∶n 联系转换为一个关系模式。与该联系相连的各实体的主键以及联系本身的属性均转换为关系的属性，各实体的主键组成关系的主键或关系主键的一部分。

(5) 3 个或 3 个以上实体间的一个多元联系可以转换为一个关系模式。与该多元联系相连的各实体的主键以及联系本身的属性均转换为关系的属性，各实体的主键组成关系的主键或关系主键的一部分。

(6) 具有相同主键的关系模式可以合并。

【例 10.4】 学生管理系统的 E-R 模型向关系模型转换，如图 10.13 所示。

按照上述规则，转换结果可以有多种，其中的一种如下(带单下画线__属性为主键，带双下画线__属性为外键)：

  课程表(<u>课程号</u>，课程名，开学学期，学分)

  学生表(<u>学号</u>，姓名，年龄，性别，<u><u>系名</u></u>)

  系表(<u>系名</u>，专业简介，<u><u>教工号</u></u>)

  系主任表(<u>教工号</u>，姓名，性别)

  成绩表(<u>课程号</u>，<u>学号</u>，成绩)

  说明：成绩表(课程号，学号)是组合码。

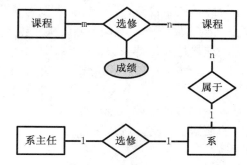

图 10.13 学生管理系统 E-R 模型图

【例 10.5】 项目管理系统的 E-R 模型向关系模型转换，如图 10.14 所示。

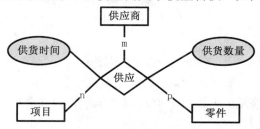

图 10.14 项目管理系统 E-R 模型图

转换后的结果如下：

  供应商表(供应商号，供应商名，地址)

  零件表(零件号，零件名，颜色，重量)

  项目表(项目号，项目名，地址)

  供应表(供应商号，零件号，项目号，供货时间，供货数量)

10.2.6 数据模型的优化

数据库逻辑模型设计的结果可能有多种，但为了使设计出来的系统效率和可靠性更高，还必须对系统进行适当的修改，调整数据模型的结构，这就是数据模型的优化，优化的指导方针就是规范化理论。

（1）找出系统中所有的函数依赖。

（2）消除冗余的函数依赖。

（3）消除部分函数依赖、传递函数依赖、多值依赖等，确定关系模式的范式级别。

（4）判断当前的关系模式是否适用于当前的应用环境，如果需要，还要对关系模式做进一步的合并或分解。

注意：关系模式的范式级别不是越高越好。因为，范式级别越高，关系模式就越细，在进行查询操作时，遇到连接运算的可能性就越高。连接运算的代价是非常高的，无形中就降低了系统的运行效率，所以不要盲目追求范式的优化程度，我们需要的范式级别是"最合适"的，而不是"最高"的。

关系模式的分解涉及水平分解和垂直分解。垂直分解是将一个关系模式分解为两个或多个子关系模式。在垂直分解中，除了要遵循规范化理论外，还要考虑到效率问题。比如一个关系模式中的某几个字段经常被用户查询，这样就可以考虑将那些常被查询的字段与不常用的字段分离开，作为两个子关系模式，这两个新的关系模式的主键还是原来的主键。同时，垂直分解还要确保无损连接性和保持函数依赖(这部分知识可参考有关书籍)。

水平分解是把(基本)关系的元组分为若干子集合，定义每个子集合为一个子关系，以提高系统的效率。根据"80/20 原则"，一个大关系中，经常被使用的数据只是关系的一部分，约 20%，可以把经常使用的数据分解出来，形成一个子关系。如果关系 R 上具有 n 个事务，而且多数事务存取的数据不相交，则 R 可分解为少于或等于 n 个子关系，使每个事务存取的数据对应一个关系。

课 后 练 习

项目实践题

1. 学校有若干系，每个系有若干个班级和教研室，每个教研室有若干名教师，每名教师只教一门课，每门课可由多名教师教；每个班有若干名学生，每名学生选修若干门课程，每门课程可有若干名学生选修。请用 E-R 图画出该学校的概念模型，注明联系类型，再将 E-R 模型转换为关系模型。

2. 工厂生产的每种产品由不同的零件组成，有的零件可用于不同的产品。这些零件由不同的原材料制成，不同的零件所用的材料可以相同。一个仓库存放多种产品，一种产品存放在一个仓库中。零件按所属的不同产品分别放在仓库中，原材料按照类别放在若干仓库中(不跨仓库存放)。请用 E-R 图画出关于此产品、零件、材料、仓库的概念模型。注明联系类型，再将 E-R 模型转换为关系模型。

3. 一个图书馆管理系统中有如下信息：

图书：书号、书名、数量、位置；

借书人：借书证号、姓名、单位；

出版社：出版社名、邮编、地址、电话、E-mail。

其中约定：任何人可以借多种书，任何一种书可以被多个人借，借书和还书时，要登记相应的借书日期和还书日期；一个出版社可以出版多种书籍，同一本书仅为一个出版社所出版，出版社名具有唯一性。

根据以上信息，完成以下设计：

(1) 设计系统的 E-R 图。

(2) 将 E-R 图转换为关系模式。

(3) 指出转换后的每个关系模式的关系键。

4. 假定一个部门的数据库包括以下信息：

职工的信息：职工号、姓名、住址和所在部门；

部门的信息：部门所有职工、经理和销售的产品；

产品的信息：产品名称、制造商、价格、型号和产品内部编号；

制造商的信息：制造商名称、地址、生产的产品名称和价格。

根据以上信息，完成以下设计：

(1) 设计该计算机管理系统的 E-R 图。

(2) 将该 E-R 图转换为关系模型结构。

(3) 指出转换结果中每个关系模式的主键。

5. 有如下运动队和运动会两个方面的实体。

(1) 运动队方面。

运动队：队名、教练姓名、队员姓名；

队员：队名、队员姓名、性别、项名；

其中，一个运动队有多个队员，一个队员仅属于一个运动队，一个队有一个教练。

(2) 运动会方面。

运动队：队编号、队名、教练姓名；

项目：项目名、参加运动队编号、队员姓名、性别、比赛场地；

其中，一个项目可由多个队参加，一个运动员可参加多个项目，一个项目一个比赛场地。

请完成如下设计：

(1) 分别设计运动队和运动会两个局部 E-R 图。

(2) 将它们合并为一个全局 E-R 图。

(3) 合并时存在什么冲突，如何解决这些冲突？

参 考 文 献

[1]   崔洋，贺亚茹. MySQL 数据库应用从入门到精通[M]. 北京：中国铁道出版社，2016.

[2]   唐汉明，翟振兴，关宝军，等. 深入浅出 MySQL 数据库[M]. 2 版. 北京：人民邮电出版社，2014.

[3]   武洪萍，马桂婷. MySQL 数据库原理及应用[M]. 北京：人民邮电出版社，2018.

[4]   李锡辉，王樱，杨丽，等. MySQL 数据库技术与项目应用教程[M]. 北京：人民邮电出版社，2018.

[5]   杨晓春，秦婧，刘存勇. SQLServer 2017 数据库从入门到实战[M]. 北京：清华大学出版社，2020.

[6]   郭静，李真. 数据库技术及应用[M]. 重庆：重庆大学出版社，2019.